REVISION DES ESPÈCES FRANÇAISES

APPARTENANT AUX GENRES

PSEUDANODONTA ET ANODONTA

XIV

REVISION DES ESPÈCES FRANÇAISES

APPARTENANT AUX GENRES

PSEUDANODONTA ET ANODONTA

PAR

ARNOULD LOCARD

PARIS

LIBRAIRIE J.-B. BAILLIÈRE ET FILS

19, RUE HAUTEFEUILLE, 19

1890

INTRODUCTION

———

Il y a un an, nous avons publié, dans cette même collection, une revision des espèces françaises appartenant aux genres *Margaritana* et *Unio* (1). Pour compléter l'histoire actuelle de nos Nayades, il importait d'exécuter un travail analogue à propos des genres *Pseudanodonta* et *Anodonta*. C'est ce que nous nous proposons de faire dans ce nouveau mémoire. Mais une fois ce travail publié, nous ne nous le dissimulons nullement, le dernier mot de la science malacologique, ni même l'avant-dernier, sera bien loin d'avoir été dit à propos des grands Acéphales de France. C'est un simple jalon nouveau que nous ajoutons à ceux qui ont été déjà posés.

Chaque jour en effet amène des découvertes nouvelles. Notre faune encore si mal explorée, avouons-le, même absolument ignorée dans nombre de départements entiers, enregistre cependant petit à petit des trouvailles jusqu'alors inconnues, qui condamnent forcément à élargir le cadre de nos observations. Que de torrents, de ruisseaux, de rivières, de marais, de lacs ou d'étangs, dont nous ne soupçonnons même pas les richesses malacologiques !

Faudra-t-il pour cela en conclure que ce cadre est absolument illi-

(1) A. Locard, 1889. *Contributions à la faune malacologique française*, XIII. — *Revision des espèces françaises appartenant aux genres Margaritana et Unio.* 1 vol. gr. in-8.

mité ? Bien loin de là, et les observations accomplies seulement depuis une dizaine d'années nous montrent que, à mesure que le champ des découvertes s'agrandit, on trouve un beaucoup plus grand nombre de formes communes à bien des localités.

Lors de la publication de notre *Prodrome* (1), il y a huit années de cela, bien des espèces nouvelles ne figuraient encore que dans un très petit nombre de stations ; on aurait pu croire que, pour beaucoup d'entre elles , il s'agissait uniquement d'individualités, ou tout au moins de formes absolument locales.

Aujourd'hui, en lisant notre nouveau catalogue, on constatera que la plupart de ces mêmes formes ont au contraire un area géographique de plus en plus étendu, et que beaucoup d'entre elles vivent non seulement en France, mais qu'elles font partie de la faune de la Suisse, de l'Italie, de l'Allemagne, du Danemark, de la Suède, etc. C'est qu'actuellement, non seulement nous connaissons déjà un peu mieux notre faune locale, grâce à de plus nombreuses explorations, mais encore nous commençons à être en mesure de mieux paralléliser notre faune avec celle des pays voisins (2).

(1) **A. Locard**, 1882. *Prodrome de malacologie française. — Catalogue général des Mollusques vivants de France, Mollusques terrestres des eaux douces et des eaux saumâtres,* 1 vol. gr. in-8.

(2) Parmi les publications relatives à la faune des Nayades européennes publiées dans ces dernières années et répondant à nos connaissances actuelles, nous signalerons :

Bourguignat, 1881-1882. *Matériaux pour servir à l'histoire des Mollusques acéphales du système européen,* t. I. 1 vol. in-8, avec pl.

Servain, 1881. *Histoire malacologique du lac Balaton en Hongrie.* 1 vol. in-8.

Servain, 1882. *Histoire des Mollusques acéphales des environs de Francfort.* 1 vol. in-8.

Da Silva e Castro, 1883. *Contribution à la faune malacologique du Portugal.* 1 vol. in-8.

Péchaud, 1884. *Anodontes nouvelles de France, in Bull. Soc. malac. France,* I, p. 189 à 196.

Locard, 1884. *Contributions à la faune malacologique de France, VIII. Description de quelques Anodontes nouveaux.* 1 vol. gr. in-8.

Da Silva e Castro, 1885. *Unionidés nouveaux du Portugal, in Bull. Soc. malac. France,* II, p. 277 à 294.

Schröter, 1885. *Notice sur quelques Unionidés allemands de l'Elbe et des environs de Halle-sur-Saale, in Bull. Soc. malac. France,* II, p. 208 à 221.

Servain, 1885. *Unios et Anodontes du lac de Zurich, in Bull. Soc. malac. France,* II, p. 323 à 352.

Sourbieu, 1887. *Espèces nouvelles pour la Faune française, in Bull. Soc. malac. France,* IV, p. 233 à 236.

Servain, 1887. *Histoire malacologique du lac de Grandlieu, dans la Loire-Inférieure, in Bull. Soc. malac. France,* IV, p. 237 à 266.

Servain, 1889. *Aperçu sur la faune des Mollusques fluviatiles des environs de Hambourg, in Bull. Soc. malac. France,* V, p. 287 à 340, avec 2 pl.

Drouët, 1889. *Unionidés du Bassin du Rhône.* 1 vol. in-8, avec 3 pl.

Westerlund, 1890. *Fauna der in den Palæarctischen Region,* VII. 1 vol. in-8.

Une telle extension géographique n'a, du reste, en elle-même rien de
bien surprenant. En effet, si nous remontons en arrière dans l'historique
de notre faune, nous voyons que les premières Nayades, Unios ou Anodontes ont fait partie de la faune quaternaire et même tertiaire. C'est en
Allemagne que nous commençons à les voir apparaître; puis, en vertu des
lois de migration, elles se propagent plus ou moins rapidement de l'est à
l'ouest, passant d'un cours d'eau dans un autre, entraînées par les cou-
rants, et se dispersent ensuite en France suivant une sorte de rayonne-
ment autour du plateau Central. Elles s'adaptent ou se modifient petit à
petit, suivant les conditions nouvelles des milieux où elles sont appelées
à faire souche. Il n'y a donc absolument rien de surprenant à ce que
la même forme, plus solide ou plus robuste que ses congénères, ait pu
persister, toujours semblable à elle-même, à travers un area géographique
aussi considérable.

C'est du reste depuis un très petit nombre d'années que nos connaissances malacologiques ont fait de sérieux et utiles progrès. On peut affir-
mer hautement que jusqu'en 1881, époque où parut la magistrale publication de M. Bourguignat, intitulée : *Matériaux pour servir à l'histoire
des acéphales du système européen*, on ne se doutait pour ainsi dire pas
de la valeur spécifique des grands acéphales de notre faune. Aujourd'hui,
grâce à ce savant auteur et à ses nombreux imitateurs, nous commençons
enfin, non seulement à mieux connaître la faune française, mais encore à
pouvoir la comparer, d'une manière positive et rationnelle, avec celle des
pays qui nous environnent.

Avant cette époque bien des espèces ont été déjà publiées par nombre
d'auteurs, les unes incontestablement très bonnes et parfaitement jus-
tifiées, les autres malheureusement plus douteuses, par suite d'un
manque de termes de comparaison suffisants. Nous n'en ferons pas ici
l'histoire, puisque nous aurons nécessairement l'occasion d'y revenir
dans nos synonymies, et que M. Bourguignat l'a déjà très suffisamment
traité, dans les savantes critiques qui accompagnent chacune de ses
espèces.

Mais, il faut bien l'avouer, il est un certain nombre de formes, même
des plus communes, dont on a étrangement abusé. Il en est, de quelques
Anodontes comme de ces prétendus *Unio pictorum*, *Requieni* ou *Batavus*, à
l'égard desquels de trop nombreux auteurs se sont bien singulièrement
mépris. Sous les noms d'*Anodonta cellensis*, *cygnœa*, *anatina*, *ponderosa*, *rostrata* ou *Rosmässleriana*, nous avons reçu les formes les plus

étrangement disparates. Il semble, pour certains naturalistes, que toute la malacologie des Acéphales doit fatalement être condamnée à rentrer quand même dans ces cinq ou six types, dont ils ne connaissent souvent pas les véritables formes originales ! Nous ne saurions admettre une telle manière d'envisager la science ; il est temps de réformer de semblables errements, qui ont pour conséquence fatale de rendre toute coordination méthodique des êtres absolument incompréhensible.

Dans ces conditions, le nombre des espèces s'est considérablement accru ; mais cela importe peu, du moment que chacune de ces espèces est convenablement justifiée par une somme de caractères précis et constants ; l'essentiel c'est que toutes ces formes se reconnaissent facilement ; or c'est précisément ce à quoi nous croyons être arrivé. On veut bien admettre pour les coquilles terrestres un grand nombre de formes spécifiques, pourquoi refuser pareille privauté aux Mollusques d'eau douce qui sont soumis à des influences de milieux beaucoup plus variables et beaucoup plus multiples. Nous ne saurions trop le répéter, le devoir du naturaliste est de faire connaître toutes les formes qui sont dans la nature. Or ici, ce que nous avons admis comme espèces sont des formes telles que chacune d'elles est encore susceptible d'un grand nombre de modifications, non seulement individuelles, mais encore propres à des colonies entières, et portant alors sur des caractères secondaires qui constituent ce que l'on nomme des variétés. Le cadre que nous nous sommes tracé ne comporte pas l'étude de ces variétés. Mais nous dirons une fois pour toutes que chacune de nos espèces peut avoir des variétés *ex-forma* et *ex-colore*, en nombre parfois très considérable.

Nous avons admis la division des anciens Anodontes en deux genres, les *Pseudanodonta* (1) et *Anodonta* (2). Cette coupe générique des plus logiques permet de séparer des formes bien nettement tranchées. Comme l'a fait observer M. Bourguignat, il est à remarquer que, au fur et à mesure que l'on suit la filiation des espèces de Pseudanodontes du centre de l'Asie, jusqu'à notre pays, on voit la dent cardinale, d'abord forte et tuberculeuse de ces coquilles, diminuer peu à peu, s'allonger, puis devenir

---

(1) *Pseudanodonta*, Bourguignat, 1876. *In Sched.* — 1877. *Classification des familles et des genres de Mollusques terrestres et fluviatiles du système européen*, p. 55. — 1880. *Matér. moll. acéph.*, I, p. 11.

(2) *Anodonta*, Cuvier, 1798. *Tabl. élém. d'hist. nat.* — Bourguignat, 1877. *Classific. fam. genres syst. europ.*, p. 55. — 1880. *Matér. moll. acéph.*, I, p. 98.

presque nulle chez les formes les plus occidentales (1). Mais malgré cela,
nos Pseudanodontes français ont toujours un galbe, une allure particu-
lière qui les distingue et les sépare, à toute première vue, de leurs
anciens congénères.

Une grande simplification dans le classement des Anodontes a été
apportée par M. Bourguignat; nous l'avons également suivie dans ce travail :
c'est le mode de groupement des espèces affines, autour d'un type plus
particulièrement connu ou répandu. Ce mode a le grand avantage de
subdiviser un genre très riche en espèces, en coupes naturelles, sans avoir
besoin de faire intervenir la moindre dénomination nouvelle. A cet égard
M. Bourguignat a bien voulu nous communiquer le catalogue complet de
sa magnifique collection. Ce catalogue renferme, comme on le verra, au
point de vue du mode de constitution des groupes quelques modifications
par rapport à sa publication de 1881, modifications nécessairement impo-
sées par les découvertes nouvelles et l'abondance des matériaux mis en
œuvre. Ce mode de groupement s'applique non seulement aux espèces
françaises, mais encore à tout le système européen.

Nous profiterons de cette nouvelle circonstance pour remercier ici nos
bienveillants et généreux correspondants : MM. E. Ballé, abbé Baichère,
Beaudouin, de Brebisson, Brevière, Dʳ Bureau, Caziot, C. Chantre,
Charpy, Coutagne, Depéret, P. Fagot, de Finance, les Frères Euthyme,
Florence et Pacôme, Gabillot, Gadeau de Kerville, Jourdan, Lacroix, de
Loriol, Dʳ Lortet, Couturier, Nicollon, Marion, Perroud, Redon-Neyre-
neuf, Riel, Roy, Servain, Saint-Simon, etc., et plus particulièrement
notre savant maître et ami M. J.-R. Bourguignat, toujours si obligeam-
ment empressé lorsqu'il s'agit de seconder les travailleurs dans leurs
recherches. Comme nous le disions à propos de notre travail sur les
Unios, si son nom ne figure pas à côté du nôtre, sur la couverture de
ce mémoire, c'est que sa modestie n'a pas voulu nous permettre d'assi-
gner à son nom la véritable place qu'il devrait occuper.

A la suite du catalogue des espèces, nous avons donné les descriptions
des formes qui nous ont paru nouvelles, en suivant le mode de men-
suration inauguré par M. Bourguignat, et qui se répand aujourd'hui
de plus en plus. Il est maintenant assez connu pour que nous nous dis-
pensions d'y revenir. Grâce à lui, tout le monde peut, en quelques in-

(1) **Bourguignat,** 1877. *Classific. fam. genres syst. europ.,* p. 55.

stants, reconstituer la figuration exacte, mathématique de n'importe quelle Nayade.

On remarquera que, dans nos indications de localités, comme dans nos synonymies, nous n'avons pas fait figurer un grand nombre d'indications déjà données par d'autres auteurs. La raison en est que, dans ce travail, nous avons tenu essentiellement à signaler uniquement les synonymies et les habitats dont nous étions absolument certain, et à l'égard desquels nous avions pu exercer le plus rigoureux contrôle.

Lyon, juillet 1890.

CATALOGUE

DES

ESPÈCES FRANÇAISES APPARTENANT AUX GENRES

PSEUDANODONTA ET ANODONTA

CONNUES JUSQU'A| CE JOUR

Genre PSEUDANODONTA, Bourguignat.

1876. *In Sched.* — 1877. *Classif. fam. gen. moll. syst. Europ.*, p. 55. (1)

A. — Groupe du *Ps. Grateloupiana* (2).

Pseudanodonta Grateloupiana, BOURGUIGNAT.

Anodonta Gratelupeana, Gassies, 1849. *Moll. Agenais*, p. 193, pl. II,
fig. 13 et 14 *(tantum)*, pl. III, fig. 1 à 3, et pl. IV, fig. 2. —

---

(1) M. Bourguignat divise actuellement les *Pseudanodonta* en cinq groupes : *Complanatiana, Rossmässleriana, Scrupeana. Rayana* et *Elongatiana.*

Le groupe des *Complanatiana* renferme les espèces suivantes : *Pseudanodonta Letourneuxi*, Bourg.; *Ps. præclara*, Bourg.; *Ps. Danubialis*, Bourg.; *Ps. mecyna*, Bourg.; *Ps. Penchinati*, Bourg.; *Ps. Pancici*, Letourneux; *Ps. Tanousi*, Letourneux; *Ps. complanata*, Ziegler *(Anodonta complanata*, Ziegler, *in* Rossmässler, 1835. *Iconographie*, fig. 68); *Ps. anticomplanata*, Bourg. *(Anodonta complanata*, Drouët, 1887. *Union. bas. Rhône*, pl. III, fig. 1. L'échantillon représenté provient de Hongrie).

Toutes ces espèces sont spéciales aux cours d'eau du bassin danubien ; aucune n'a été trouvée en France, pas même le *complanata* (Bourg.).

(2) Le type européen de ce groupe est le *Pseudanodonta Rossmässleri*, Bourg. *(Anodonta complanata*, Rossmässler, 1836. *Iconographie*, fig. 283 ; et Moquin-Tandon, 1855. *Hist. moll.*, II, pl. XLV, fig. 3 La figure donnée par ce dernier auteur a été maladroitement copiée sur la figure 283 de Rossmässler du bassin danubien).

Toutes les espèces de ce groupe sont remarquables par le mode ellipsoïde de leurs stries concentriques (Bourg.).

Dupuy, 1849. *Cat. ext. Gall. test.*, n° 16. — Dupuy, 1852.
Hist. moll. France, p. 618, pl. XVII, fig. 1 et 2.
Pseudanodonta Gratelupeana, Bourguignat, 1877. *Class. moll. syst.
europ.*, p. 55.
— *Grateloupiana*, Bourguignat, 1880. *Mat. moll. acéph.*, I, p. 29.
— Locard, 1882. *Prodrome*, p. 265.
Anodonta Grateloupiana, Westerlund, 1890. *Fauna Palæar. reg.*, VII,
p. 307.

Dans les eaux de la Garonne, aux environs de Beauregard, de Rouquet
et de Boé (Lot-et-Garonne) [Gassies, Bourguignat] (1).

Pseudanondota globosa, BOURGUIGNAT.

Anodonta Gratelupeana var. globosa, Gassies, 1849. *Moll. Agenais*,
p. 192, pl. II, fig. 15 et 16.
Pseudanodonta globosa, Bourguignat, 1880. *Mat. moll. acéph.*, I, p. 31.
— Locard, 1882. *Prodrome*, p. 265.

Dans les eaux de la Garonne (Gassies).

Pseudanodonta Nantelica, BOURGUIGNAT.

Pseudanodonta Nantelica, Bourguignat, 1889. *Nov. sp.*

L'Erdre, au-dessus de Nantes [Bourguignat] ; la Loire, à Ingrandes et
aux environs de Nantes [Loc.] (Loire-Inférieure) ; etc.

Pseudanodonta Pechaudi, BOURGUIGNAT.

Pseudanodonta Pechaudi, Bourguignat, 1889. *Nov. sp.*

La Nièvre, à sa jonction avec la Loire [Bourguignat]; La Grosne, à
La Ferté et à Marnay; la Saône, près Chalon-sur-Saône (Saône-et-
Loire) [Loc.]; etc.

Pseudanodonta Rothomagensis, LOCARD.

Pseudanodonta Rothomagensis, Locard, 1890. *Nov. sp.*

La Seine, aux environs de Rouen, à Orival et près du Havre (Seine-
Inférieure) [Loc.]; etc.

---

(1) Je crois cette espèce spéciale à la Garonne malgré l'affirmation de l'abbé Dupuy qui la
cite dans la Seine et dans la Loire (Bourg.).

Pseudanodonta Arnouldi, F. PACÔME.

Pseudanodonta Arnouldi, F. Pacôme, 1889. *Nov. sp.*

La Saône, à Fleurieux (Rhône) [Bourguignat, F. Pacôme] (1).

B. — Groupe du *Ps. imperialis* (2).

Pseudanodonta imperialis, SERVAIN.

Pseudanodonta imperialis, Servain, 1884. *Nov. sp.*

La Loire, au port Thibaut, près Angers (Maine-et-Loire); la Saône, à Neuville-sur-Saône (Rhône) [Bourguignat]; La Vie, près Crève-Cœur (Calvados) [Loc.]; etc.

Pseudanodonta Isarana, BOURGUIGNAT.

Pseudanodonta Isarana, Bourguignat, 1889. *Nov. sp.*

La Seine, à Poissy; l'Oise, à Conflans, à son embouchure dans la Seine (Seine-et-Oise) [Bourguignat].

Pseudanodonta Mongazonæ, BOURGUIGNAT.

Pseudanodonta Mongazonæ, Bourguignat, 1884. *Nov. sp.*

La Loire, au port Thibaut, près Angers (Maine-et-Loire) [Bourguignat].

Pseudanodonta lacustris, SERVAIN.

Pseudanodonta lacustris, Servain, 1889. *Nov. sp.*

Le lac de Grandlieu (Loire-Inférieure) [Bourguignat]; les environs d'Elbeuf (Seine-Inférieure) [Loc.]; etc.

(1) Le type européen de ce groupe est le *Pseudanodonta scrupea*, Bourguignat *(Mat. mol. acéph.*, p. 34) du Bas-Danube, aux environs de Giurgewo.

Toutes les espèces de cette série sont remarquables par leur région postérieure paraissant comme tronquée au dessus du rostre (Bourg.).

(2) A ce même groupe appartiennent encore: *Pseudanodonta ellipsiformis*, Bourg., 1880; *Ps. Nordenskioldi*, Bourg., 1880 *(Anodonta complanata*, Nordenskiold et Nylander, 1856. *Find. moll.*, pl. VII, fig. 77); ces deux espèces vivent en Russie (Bourg.).

Pseudanodonta Ligerica, SERVAIN (1).

> *Pseudanodonta Ligerica,* Servain, *in* Bourguignat, 1877. *Classif. fam. gen. moll. syst. europ.,* I, p. 55. — Bourguignat, 1880. *Mat. moll. acéph.,* I, p. 50. — Locard, 1882. *Prodrome,* p. 266.
> *Anodonta Ligerica,* Westerlund, 1890. *Fauna Palæar. reg.,* VII, p. 308.

La Loire, près Angers (Maine-et-Loire) ; la Seine, à Poissy (Seine-et-Oise) [Bourguignat, Servain] ; etc. (2).

C. — Groupe du *Ps. Rayi* (3).

Pseudanodonta Rayi, MABILLE.

> *Pseudanodonta Rayi,* Mabille, *in* Bourguignat, 1880. *Mat. moll. acéph.,* I, p. 43. — Locard, 1882. *Prodrome,* p. 266.
> *Anodonta elongata,* Borcherding, 1888. *Moll. Nordw.,* p. 15, pl. IV, fig. 5 *(non* Holandre).
> — *Rayi,* Westerlund, 1890. *Fauna Palæar. reg.,* VII, p. 307.

La Seine, au port Marly, à Poissy, etc. (Seine-et-Oise) [Bourguignat] ; l'Auboir (Cher) ; la Loire, près Nantes (Loire-Inférieure) [Loc.] ; etc. (4).

Pseudanodonta rivalis, BOURGUIGNAT.

> *Pseudanodonta rivalis,* Bourguignat, 1889. *Nov. sp.*

La Saône, à Auxonne (Côte-d'Or) ; la Saône, à Neuville-sur-Saône (Rhône) [Bourguignat] ; les environs de Caen ; l'Orne, à Feugerolles (Calvados) [Loc.] ; etc.

---

(1) Siemaschko *(Bemerkungen über einige Land- und Sussw. Moll. Russland's,* mai 1848, extrait des *Bull. Acad. imp. sc. Saint-Pétersbourg,* 1848, VII) a décrit et fait figurer : 1° sous le nom d'*Anodonta Sedakowii,* une espèce voisine de l'*Anodonta inornata* ; 2° sous celui d'*Anodonta Middendorffii* une petite Anodonte (fig. 3, A, B, C) de la série des *Tricassiniana* et (fig. 2, A, B, C) le *Pseudanodonta Ligerica,* provenant de France. Cette Pseudanodonte française, que Siemaschko a confondue avec sa *Middendorffii,* lui avait été envoyée par M. Furet de Dieppe (Bourg.).

(2) Cette espèce a été encore constatée dans la Save près Agram (Croatie) et dans l'Elbe près Hambourg (Allemagne du nord-ouest) (Bourg.).

Ce groupe renferme encore : *Pseudanodonta scrupea,* Bourguignat (1880. *Mat. moll. acéph.,* I, p. 34) et *Ps. Berlani,* Bourg. *(Anodonta Berlani,* Bourg., 1870, *in Ann. malac.,* I, p. 72, pl. III, fig. 7 et 8).

(3) Groupe européen des *Rayana,* Bourg.

(4) Se trouve également dans l'Elbe, près Hambourg, et dans le Weser, près Végésack (Bourg.).

Pseudanodonta Normandi, DUPUY.

Anodonta Normandi, Dupuy, 1849. *Cat. extramar. Gall. test.,* n° 21.
    — 1852. *Hist. moll.,* p. 620, pl. XVI, fig. 15. — Westerlund,
    1890, *Fauna Palæar. reg.,* VII, p. 303.
    —   *complanata, var. Normandi,* Moquin-Tandon, 1855. *Hist. moll.,* II, p. 560.
Pseudanodonta Normandi, Bourguignat, 1880. *Mat. moll. acéph.,* I,
    p. 31. — Locard, 1882. *Prodrome,* p. 265.

L'Escaut, à Valenciennes (Nord); les environs d'Abbeville (Somme) ; la Noë et l'Orne, près Caen (Calvados) [Dupuy, Bourguignat, Loc.] etc. ; les environs de Châtillon- sur-Seine, Etrochey, Vix, Pothières (Côte-d'Or) [Beaudouin]; etc.

Pseudanodonta septentrionalis, LOCARD.

Pseudanodonta septentrionalis, Locard, 1889. *Nov. sp.*

La Seine, au nord de Rouen; les environs d'Elbeuf, etc. (Seine-Inférieure) [Loc.] ; etc.

D. — Groupe du *Ps. elongata.*

Pseudanodonta Servaini, BOURGUIGNAT.

Pseudanodonta Servaini, Bourguignat, 1882. — Locard, 1885. *Descr. Nayades nouv.,* p. 6 ; *in Bull. Soc. sc. nat. Rouen,* 1er sem. 1885.
Anodonta Servaini, Westerlund, 1890. *Fauna Palæar. reg.,* VII, p. 307.

La Loire, à Saint-Gemmes et à Port-Thibaut, près Angers (Maine-et-Loire) [Bourguignat, Servain] ; la Seine, au nord de Rouen, aux environs de la Bouille et de Duclair (Seine-Inférieure) [Loc.] ; la Saône, à Couzon (Rhône) [Bourg.] ; etc.

Pseudanodonta Klettii, ROSSMASSLER,

Anodonta Klettii, Rossmässler, 1835. *Iconogr.,* I, p. 112 *(sine descr.).*
    — Scholtz, 1843. *Schlefien's Land und Wass. Moll.,* p. 122 ;
    — 1853. *Suppl.,* p. 15. — Mörch, 1864. *Syn. moll. terr. fluv. Daniæ,* p. 90. — Westerlund, 1890. *Fauna Palæar. reg.,* VII, p. 306.

Anodonta rhomboidea, Schlüter, 1838. *Kurzg. syst. verz. conch. Halle*, p. 32
     (sine descr.) (teste Mörch, 1864).
     —   *minima*, Joba, 1844. *Cat. moll. Moselle*, p. 14, pl. I *(non*
     Millet).
     —   *elongata*, Joba, 1851. *Suppl. cat. Mos.*, p. 6 *(non* Holandre).
Pseudanodonta Klettii, Bourguignat, 1877. *Classif. moll. syst. europ.*,
     p. 55. — Bourguignat, 1880. *Mat. moll. acéph.*, I, p. 45.
     — Locard, 1882. *Prodrome*, p. 266.

Le nord de la France [Bourguignat] ; la Moselle, à Metz [Joba] ; la
Saône, à Rochetaillée, à Neuville-sur-Saône, à Fleurieux, etc. (Rhône);
la Saône, à Saint-Bernard (Ain), [Bourguignat]; etc. (1).

Pseudanodonta Euthymei, F. Pacôme.

Pseudanodonta Euthymei, F. Pacôme, 1889. *Nov. sp.*

La Saône, à Neuville-sur-Saône, Fleurieux, Trévoux, etc. (Rhône)
[Bourguignat, F. Pacôme].

Pseudanodonta aploa, Bourguignat.

Pseudanodonta aploa, Bourguignat, 1885. *Nov. sp.*

La Seine, au Port-Marly (Seine-et-Oise) ; la Saône, à Couzon, à
Fleurieux, etc. (Rhône) [Bourguignat]; etc.

Pseudanodonta elongata, Holandre.

Anodonta elongata, Holandre, 1836. *Faune Moselle, Moll.*, p. 54 *(non*
     Joba). — Dupuy, 1852. *Hist. moll.*, p. 620, pl. XVI, fig. 16.
     — Westerlund, 1890. *Fauna Palæar. reg.*, VII, p. 30.
     —   *Jobæ*, Dupuy, 1849. *Cat. extramar. Gall. test.*, n° 18.
     —   *complanata, var. elongata (pars)*, Moquin-Tandon, 1885. *Hist.*
     moll., II, p. 560.
Pseudanodonta elongata, Bourguignat, 1877. *Class. moll. syst. Europ.*,
     p. 55. — 1880. *Mat. moll. acéph.*, I, p. 48. — Locard, 1882.
     Prodrome, p. 266.

La Moselle, à Metz [Holandre, Bourguignat].

---

(1) Le type vit en Danemark. Cette espèce est commune dans tout le nord de l'Europe, en
Angleterre, en Belgique, en Allemagne, jusqu'en Russie (Bourg.).

Pseudanodonta Ararisana, COUTAGNE.

*Pseudanodonta Ararisana,*Coutagne, *in* Locard, 1882. *Prodrome,*p. 266
et 349.
Anodonta Arasiana (per err.), Westerlund. 1890. *Fauna Palœar. reg.*,
VII, p. 309.

La Saône, à Auxonne (Côte-d'Or) [Coutagne, Bourguignat]; etc.

Pseudanodonta Cazioti, BOURGUIGNAT.

Pseudanodonta Cazioti, Bourguignat, 1889. *Nov. sp.*

La Saône, à Auxonne (Côte-d'Or) [Bourguignat].

Pseudanodonta Locardi, COUTAGNE.

Pseudanodonta Locardi, Coutagne, *in* Locard, 1882. *Prodrome*, p. 266
et 347.
Anodonta Locardi, Westerlund, 1890. *Fauna Palæar. reg.*, VII, p. 309
(*non* Bourguignat).

La Saône, à Auxonne [Coutagne]; la Saône, à Pontarlier, et aux environs de Saint-Jean-de-Losne; la Seine, aux environs de Châtillon-sur-
Seine [Loc.] (Côte-d'Or); etc.

Pseudanodonta dorsuosa, DROUËT.

Anodonta dorsuosa, Drouët, 1881. *In Journ. conch.*, p. 303. — 1889.
Union Bassin Rhône (pars), p. 90, pl. III, fig. 2. — Westerlund, 1890. *Fauna Palæar. reg.*, VII, p. 308.
Pseudanodonta dorsuosa, Bourguignat, 1880. *Mat. moll. acéph.*, I,
p. 372.
— *dorsuata (per err.)*, Locard, 1882. *Prodrome*, p. 266.

La Saône, à Pontarlier et à Charrey [Drouët], à Auxonne [Coutagne,
Bourguignat], à Saint-Jean-de-Losne et à Seurres [Drouët, Loc.], les
environs de Châtillon-sur-Seine [Beaudouin] (Côte-d'Or); etc.

Pseudanodonta Pacomei, BOURGUIGNAT.

Pseudanodonta Pacomei, Bourguignat, 1889. *Nov. sp.*

La Saône, à Neuville-sur-Saône (Rhône) [Bourguignat, F. Pacôme].

Pseudanodonta Trivurtina, BOURGUIGNAT.

Pseudanodonta Trivurtina, Bourguignat, 1889. *Nov. sp.*

La Saône, à Trévoux (Rhône) [Bourguignat].

Pseudanodonta Brebissoni, LOCARD.

Pseudanodonta Brebissoni, Locard, 1890. *Nov. sp.*

L'Orne et la Ncë, aux environs de Caen (Calvados) [Loc.] (1).

Genre ANODONTA, Cuvier.

1798 *Tabl. élém. d'hist. nat. — Règne anim.*

A. — Groupe de l'*A. pammegala* (2).

Anodonta pammegala, BOURGUIGNAT.

Musculus maximus planior viridescens edentulus, Schröter, 1779.
    Flussconch. Thuring., pl. I, fig. 1.
Anodonta cygnæa, Rossmässler, 1837. *Iconogr.*, pl. XXV, fig. 342. —
    Küster, 1852. *Syst. conch. cab.*, pl. XV. — Drouët, 1853.
    Naïades de l'Aube, pl. I. — Brot, 1867. *Fam. Nayades*
    Léman, pl. 1. — Westerlund, 1890. *Fauna Palæar. reg.*,
    p. 199.
—   *pammegala*, Bourguignat, 1881. *Mat. moll. acéph.*, I, p. 107. —
    Locard, 1887. *Prodrome*, p. 267.
—   *maxima*, Drouët, 1884. *Union. bass. Rhône*, p. 62.

Etangs de Villemereuil et de Gérosdots, près Troyes (Aube); étangs des bois Sainte-Marie, et étangs du Ranceau, près Saint-Saulge (Nièvre) [Bourguignat]; la Seine, près Rouen, et au nord de Rouen (Seine-Inférieure); les environs de Caen (Calvados); l'Allier, près Moulins (Allier); les environs de Dijon (Côte-d'Or); Arles, tête de Camargue (Bouches-du-Rhône) [Loc.]; etc. (3).

---

(1) A cette liste il conviendrait peut-être d'ajouter : l'*Anodonta convexa*, Drouët (1888. *In Journ. conch.*, p. 110. — 1889. *Unionidæ du bassin du Rhône*, p. 110, pl. III, fig. 1) de la Saône, à Charrey (Côte-d'Or), qui nous est encore inconnue et qui doit très vraisemblablement appartenir au genre *Pseudanodonta*.

(2) Groupe européen des *Pammegaliana*, Bourguignat, 1881. *Mat. moll. acéph.*, I, p. 106.

(3) Cette belle espèce vit également en Angleterre, dans les étangs de la Saxe et de la Bavière (Bourg.); M. Brot l'a signalée dans le lac Léman, en Suisse.

Anodonta eucypha, Bourguignat.

> *Anodonta cygnæa*, Rossmässler, 1835. *Iconogr.*, I, pl. III, fig. 67. —
> Dupuy, 1850. *Hist. moll.*, pl. XV, fig. 14. — Westerlund,
> 1890. *Fauna Palæar. reg.*, VII, p. 199.
> — *eucypha*, Bourguignat, 1881. *Mat. moll. acéph.*, I, p. 108. —
> Locard, 1882. *Prodrome*, p. 267.

Bassins du parc de Rambouillet (Seine-et-Oise) ; les environs de Fontenay-le-Comte (Vendée) [Bourguignat]; les eaux de la Saône [Dupuy]; ruisseaux du lac d'Enghien (Seine-et-Oise) ; la Saône, à Lyon (Rhône) [Loc.]; etc. (1).

Anodonta Reneana, Pechaud.

> *Anodonta Reneana*, Péchaud, 1884. *Anod. nouv., in Bull. soc. malac.*
> *France*, I, p. 189. — Westerlund, 1890. *Fauna Palæar.*
> *reg.*, VII, p. 200.

Etang-Neuf, près Saint-Saulge (Nièvre) [Bourguignat, Péchaud].

Anodonta Nevirnensis, Pechaud.

> *Anodonta Nevirnensis*, Péchaud, *in* Locard, 1884. *Contrib. faune malac.*
> *France*, VIII, p. 7. — Westerlund, 1890. *Fauna Palæar.*
> *reg.*, VII, p. 201.

Le type, dans l'Indre, à Prissault (Indre-et-Loire); le canal du Nivernais, à Nevers (Nièvre) [Bourguignat]; l'Indre (Indre-et-Loire) [Coutagne]; Saint-Laurent d'Ain, près Mâcon (Ain); lac de Bouverans (Doubs) [Loc.] ; etc.

Anodonta Hecartiana, Locard.

> *Anodonta Hecartiana*, Locard, 1884. *Contrib. faune malac. franç.*, VIII,
> p. 9. — Westerlund, 1890. *Fauna Palæar. reg.*, VII,
> p. 201.

Le canal de Mons à Condé (Nord) [Bourguignat]; la Saône, à Lyon ; les délaissés du Rhône, à Irigny et à Vernaison (Rhône) ; les délaissés du Rhône, vers Avignon (Vaucluse) ; et aux environs d'Arles (Bouches-du-Rhône); les environs de Fréjus (Var) [Loc.]; etc.

---

(1) L'*A. eucypha* habite dans les étangs et les eaux vaseuses de l'Allemagne et du Danemark (Rossmässler, Bourg.).

Anodonta Vaschaldei, F. Pacôme.

Anodonta Vaschaldei, F. Pacôme, 1889. *Nov. sp.*

Commelle (Isère) [Bourguignat, F. Pacôme]; la Jarrie (Charente-Inférieure) [Loc.]; les environs de Fréjus (Var); etc. (1).

B. — Groupe de l'*A. stagnalis* (2).

Anodonta stagnalis, Sowerby.

Mytilus stagnalis, Sowerby, *Brit. misc.*, pl. XVI (*Teste* Brown).
Anodon stagnalis, Brown, 1827. *Illust. conch.*, p. 74, pl. XXVIII, fig. 2.
           — 1844. *Illust. conch. Brit. and Ireland*, p. 102,
           pl. XIV.
Anodonta stagnalis, Bourguignat, 1881. *Mat. moll. acéph.*, I, p. 108.
           — Locard, 1882. *Prodrome*, p. 267. — Westerlund, 1890.
           Fauna Palæar. reg., VII, 'p. 199.

Le lac de la Tête-d'Or, à Lyon [Bourguignat, Coutagne]; la lône Béchevelin, à Lyon; les délaissés du Rhône, à Vernaison (Rhône) le Rhône, près Valence (Drôme) [Loc.]; etc. (3).

Anodonta Locardi, Bourguignat.

Anodonta Locardi, Bourguignat, 1881. *Mat. moll. acéph.*, I, p. 126. —
           Locard, 1882. *Prodrome*, p. 268. — Locard, 1884. *Contrib.*
           faune franç., VIII. p. 12. — Westerlund, 1890. *Fauna*
           Palæar. reg., VII, p. 207 (*non* p. 309).

Le parc de la Tête-d'Or, à Lyon ; la lône Béchevelin et les fossés des

(1) Cet Anodonte se rencontre également en Angleterre, dans le Trent, près de Wakefield, et dans les réservoirs d'eau de cette ville (Bourg.).

A ce même groupe appartiennent encore les espèces suivantes : *Anodonta Thiesæ*, Bourguignat (1881), de l'île d'Eubée (*Anodonta gravida*, Drouët, espèce confondue avec la vraie *gravida*); A. *Leukoranea*, Bourg. (A. *Leukoranensis*, Drouët, 1881 ; reçue sous le nom de A. *piscinalis*, de M. Böttger), de Leukoran, province caucasique ; A. *Taurica*, Bourg. (1880) d'Anatolie (Bourg.).

(2) Groupe européen des *Gravidiana*. Le type est l'*Anodonta gravida*, Drouët (1879. *In Journ. conch.*, XXVII, p. 142), du lac Copaïs, en Grèce.

Les espèces de ce groupe sont ventrues, à région antérieure très ample, largement arrondi comparativement à la région postérieure qui est moins haute, assez écourtée, sauf cependant chez l'*Anodonta stataria*, et allant en s'acuminant en une partie rostrale relativement assez aiguë. Les stries sont toujours grossières et les valves plus épaisses que chez les *Pammegaliana* et les *Ventricosiana*.

(3) Le type vit dans les canaux et les étangs d'Angleterre, notamment à Bolton Bridge, dans le Lancashire, à Kew, sur la Tamise, dans le Surrey, etc. (Bourg.).

forts des Hirondelles et de la Vitriolerie à Lyon; les eaux de la Saône,
à Trévoux, Neuville-sur–Saône, et à Lyon (Rhône); la Grosne, à La Ferté
et à Marnay (Saône-et-Loire); la Loire, près Nantes (Loire-Inférieure)
(1) [Loc.]; la Vesle, près Limé (Aisne) [Mabille]; canaux de l'ancienne
Seine, à Verrières, à 10 kilomètres au-dessous de Troyes (Aube)
[Bourguignat]; etc.

Anodonta stataria, J. RAY.

> *Anondonta cygnæa, var. rostrata*, Brot, 1867. *Étude Naïades Léman*,
> pl. II, fig. 1.
> — *stataria*, J. Ray, 1881. *In* Bourguignat, *Mat. moll. acpéh.*, I,
> p. 132. — Locard, 1882. *Prodrome*, p. 269. — Westerlund,
> 1890. *Fauna. Palæar. reg.*, VII, p. 208.

Canaux de Villemereuil, près Troyes (Aube) [Bourguignat, Ray];
fossés du fort de la Vitriolerie, à Lyon (Rhône); les délaissés du Rhône,
près Valence (Drôme) [Loc.] (2).

Anodonta catocyrta, COUTAGNE.

> *Anodonta catocyrta*, Coutagne, 1884. *Nov. sp.*

Fossés du fort de la Vitriolerie, à Lyon (Rhône) [Coutagne, Bour-
guignat]; la Grosne, à La Ferté; la Saône, près Chalon-sur–Saône
(Saône -et-Loire); la Loire, à Ingrandes (Loire–Inférieure) [Loc.]; la
Saône (Côte d'Or) [Coutagne]; etc. (3)

C. — Groupe de l'*A. ventricosa* (4).

Anodonta Forschammeri, BOURGUIGNAT.

> *Anodonta cygnæa, var. Forschammeri*, Mörch, 1864. *Moll. Daniæ*, p. 84.
> — *Forschammeri*, Bourguignat, 1881. *Mat. moll. acéph.*, I, p. 122.
> — Locard, 1882. *Prodrome*, p. 268. — Westerlund, 1890.
> *Fauna Palæar. reg.*, VII, p. 204.

---

(1) Peu typique dans cette station.
(2) Cette espèce vit également en Suisse, près de Genève (Brot, Bourg.).
(3) A ce même groupe appartient encore, outre l'*Anodonta gravida*, l'*A. Apollonica*
Bourguignat (1880), d'Anatolie.
(4) Groupe européen des *Ventricosiana*, Bourguignat, 1881. *In Mat. moll. acéph.*, p. 117.

Viviers de Saint-Simon, près Toulouse (Haute-Garonne) [Fagot, Bourguignat]; les étangs de Ville-d'Avray (Seine-et-Oise) [Mabille, Bourguignat]; le lac du parc de la Tête-d'Or, à Lyon ; les fossés du fort des Hirondelles, à Lyon (Rhône); Villeneuve-d'Aval (Jura) ; Condal (Saône-et-Loire) [Loc.] ; etc.

Anodonta cordata, BOURGUIGNAT.

> *Anodonta cellensis*, var. *inflata*, Rossmässler, 1853. *Europ. Nayad.*, *in Zeitschr. Malak.*, p. 15 (1).
> — *cygnæa*, var. *cordata*, Rossmässler, 1859. *Iconogr.*, p. 136, pl. LXXXIX, fig. 968.
> — *cordata*, Bourguignat, 1881. *Mat. moll. acéph.*, p. 122. — Locard, 1882. *Prodrome*, p. 267. — Westerlund, 1890. *Fauna Palæar. reg.*, VII, p. 204.

Canaux du château des Cours, à Saint Julien, près Troyes (Aube) [Bourguignat]; la Loire, au nord-est de Nantes (Loire-Inférieure) [Loc.]; etc. (2).

Anodonta ventricosa, C. PFEIFFER.

> *Anodonta ventricosa*, C. Pfeiffer, 1825. *Naturg. Deutsch. moll.*, II, p. 30, pl. III, fig. 4 *(tantum)*. — Bourguignat, 1881. *Mat. moll. acéph.*, I. p. 119. — Locard, 1882. *Prodrome*, p. 267. — Westerlund, 1890. *Fauna Palæar. reg.*, VII, p. 203 *(non A. ventricosa, maxima parte auct.)*.

Canaux de Villemereuil, près Troyes (Aube) [Ray, Bourguignat]; la Vesle, à Limé (Aisne) [Mabille, Bourguignat]; Carel, Saint-Pierre-sur-Dives (Calvados) ; Vitry-le-Français (Marne); Pagny-sur-Meuse (Meuse); les environs de Lunéville (Meurthe); les environs de Moulins, La Ferté d'Hauterive (Allier); le Rhône, près Avignon (Vaucluse); les environs d'Arles et de Marseille (Bouches-du-Rhône); Fréjus (Var) [Loc.]; viviers de Saint-Simon (Haute-Garonne) [Bourguignat, Fagot]; la Saône, à Vonges (Côte-d'Or) [Bourguignat, Coutagne]; etc. (3).

---

(1) *Non Anodonta inflata*, du major Le Counte, *in* Lea, 1852. *Syn. fam. Nayad.*, p. 51.

(2) Le type se trouve dans un petit marais très profond, à fond vaseux, près du village de Platschutz, non loin d'Altenburg, en Allemagne (Rossmässler, Bourg.).

(3) L'*A. ventricosa* est une forme du nord de l'Allemagne où elle a été découverte aux environs de Cassel, dans l'ancienne Hesse électorale, au sud du Hanovre, dans les rivières de la petite principauté de Schaumbourg-Lippe (Bourg.).

Anodonta Gallica, BOURGUIGNAT.

> *Mytilus anatinus*, B. Scheppard, 1820. *On two new Brit. spec. of Myti-*
> *lus, in Trans. Linn. Soc. London*, XIII, pl. IV, fig. 1. —
> Chenu, 1845. *Traduct. des Trans. Soc. Linn. Lond.*,
> p. 270, pl. XXVI, fig. 1.
> *Anodonta cellensis*, Brown, 1844. *Illust. conch.*, pl. XII, fig. 1.
> — *Gallica*, Bourguignat, 1881. *Mat. moll. acéph.*, I, p. 123. — Lo-
> card, 1882. *Prodrome*, p. 268. — Westerlund, 1890. *Fauna*
> *Palæar. reg.*, VII, p. 205.

Les environs de Falaise (Calvados) [Loc.]; les étangs de Brisemiche, près Meudon, et les environs de Meudon; les étangs de Trappes et de Ville-d'Avray (Seine-et-Oise) [Mabille, Bourguignat]; fossés et canaux de Chicheray et de Notre-Dame-des-Prés, près Troyes (Aube) [Bourguignat]; l'Ognon, à Villersexel, le lac de Bouverans (Doubs); La Veyle, près Mâcon (Saône-et-Loire) [Loc.]; les fossés du fort de la Vitriolerie, à Lyon (Rhône) [Coutagne]; la Ferté-d'Hauterives et les environs de Moulins (Allier); l'Authion, à Brain; Juigné-sur-Loire (Maine-et-Loire); Penmur (Morbihan); la Jarrie (Charente-Inférieure); la Charente, près Angoulême (Charente); les environs de Nevers et de Cosne (Nièvre); le lac Saint-Clair, près La Rochette (Savoie); Callebasse, près Gannat (Allier) [Loc.]; l'étang du Ranceau, près Saint-Saulge (Nièvre) [Brevière, Bourguignat]; l'étang de Boisdenier, près Tours (Indre-et-Loire) (Rambur, Bourguignat]; Fréjus (Var) [Bérenguier]; etc. (1).

Anodonta Gabilloti, LOCARD.

> *Anodonta Gabilloti*, Locard, 1889. *Nov. sp.*

La Loire, près Balbigny (Loire) [Loc.].

Anodonta Charpyi, DUPUY.

> *Anodonta Charpyi*, Dupuy, *Mss.* — Bourguignat, 1881. *Mat. moll. acéph* ,
> I, p. 127. — Locard, 1882. *Prodrome*, p. 268. — Wester-
> lund, 1890. *Fauna Palæar. reg.*, VII, p. 207.

Le Drageon [Fagot, Bourguignat], le lac de Bouvrans (Doubs); la Saône, à Saint-Laurent-d'Ain (Ain); les étangs de la Clayette (Saône-et-Loire);

---

(1) On retrouve cette espèce en Angleterre, en Portugal et en Allemagne, notamment dans le Munte, près Brême, dans l'Elbe, au confluent de l'Havel, et aux environs de Halle (Bourg., Servain).

la Ferté d'Hauterives (Allier) [Loc.]; le parc de la Tête-d'Or, à Lyon (Rhône) [Coutagne]; les environs de Tours (Indre-et-Loire) [Mabille]; Joinville (Haute-Marne) [Loc.]; viviers de Saint-Simon, près Toulouse [Fagot, Bourguignat]; etc. (1).

Anodonta lirata, BOURGUIGNAT.

Anodonta cygnæa, var. *lirata*, Mörch, 1864. *Syn. moll. Daniæ*, p. 83.
— *lirata*, Bourguignat, 1881. *Mat. moll. acéph.*, I, p. 128. — Locard, 1882. *Prodrome*, p. 268. — Westerlund, 1890. *Fauna Palæar. reg.*, VII, p. 207.

Étangs de Rambouillet (Seine-et-Oise) [Mabille, Bourguignat]; Crépy-en-Valois (Oise) [Fagot]; les environs de Saint-Lô (Manche); la Sarthe, près Alençon (Orne); la Ferté d'Hauterives (Allier); le lac de Bouvrans (Doubs) [Loc.]; les étangs de la Clayette (Saône-et-Loire) [Bourguignat, Loc.]; etc. (2).

Anodonta Henriquezi, CASTRO.

Anodonta Henriquezi, Castro, 1883. *Contr. faune malac. Portugal*, p. 3. — Locard, 1884. *Contr. faune franç.*, VIII, p. 11. — Westerlund, 1890. *Fauna Palæar. reg.*, VII, p. 200.

Les environs de Reims (Haute-Marne); Penmur (Morbihan); la Madeleine, près Guérande (Loire-Inférieure); Callebasse, près Gannat (Allier); la Jarrie (Charente-Inférieure); Saint-Laurent-d'Ain, près Mâcon (Ain) [Loc.]; fossés des forts de Lyon (Rhône) [Bourguignat, Coutagne]; etc. (3).

Anodonta acyrta, BOURGUIGNAT.

Anodonta acyrta, Bourguignat, 1881. *Mat. moll. acéph.*, I, p. 130.

Ploërmel (Morbihan); étang de Goven, près Rennes (Ille-et-Vilaine); étang d'Aron, près Saint-Saulge (Nièvre); Saint-Philibert-du-Peuple (Maine-et-Loire) [Bourguignat]; la Villette, le parc de la Tête-d'or, les

---

(1) Cette espèce vit également en Portugal (Castro).
(2) Le type vit dans les canaux vaseux du Danemark, à Lolland, Classenstrave, etc. (Morch, Bourg.); on le retrouve également en Allemagne, dans l'Alster (Servain).
(3) Le type vit en Portugal (Castro, Bourg.).

fossés du fort des Hirondelles à Lyon ; la Saône, à Neuville-sur-Saône et Couzon (Rhône) ; la Clayette (Saône-et-Loire) ; lac d'Aiguebelette (Savoie) ; lac de Bouvrans (Doubs) ; Vers (Jura) ; l'Ognon, à Villersexel (Haute-Saône) ; Guérande, les environs de Nantes (Loire-Inférieure) ; Romans (Drôme) ; le Rhône, près Avignon (Vaucluse) ; les environs d'Arles (Bouches-du-Rhône) [Loc.] ; etc. (1).

Anodonta fragillima, CLESSIN.

> Anodonta mutabilis, var. fragilissima, Clessin, 1876. Syst. conch. cab.,
>   Anod., p. 237.
> —   fragilissima, Clessin, 1876. Loc. cit., p. 280, pl. LXXXVII, fig. 2.
> —   fragillima, Bourguignat, 1881. Mat. moll. acéph., I, p. 129. —
>   Locard, 1882. Prodrome, p. 268. — Westerlund, 1890.
>   Fauna Palæar. reg., VII, p. 207.

L'étang du Merle ; près Saint-Saulge (Nièvre) ; Ploërmel (Morbihan) ; Juigné-sur-Loire (Maine-et-Loire) [Bourguignat] ; les étangs de Larrey et de Marcenay (Côte-d'Or) [Baudouin] ; Manonville (Meurthe-et-Moselle) ; le lac du Bourget et le lac d'Aiguebelette ; le Thouet, près Annecy (Savoie) ; l'étang de Falavier (Isère) ; le lac de Bouverans (Doubs) ; l'Arconce, à Charolles ; la Saône, près Mâcon (Saône-et-Loire) ; la Saône, à Neuville-sur-Saône ; les fossés des forts de la rive gauche du Rhône, à Lyon (Rhône) ; l'Allier, près Moulins (Allier) [Loc.] ; le Louet, à Juigné-sur-Loire ; Saint-Philibert-du-Peuple ; le Thouet, à Saumur (Maine-et-Loire) [Servain] ; Montagu (Vendée) [Loc.] ; les environs de Rennes (Ille-et-Vilaine) [Coutagne] ; bassin du jardin des plantes à Toulouse (Haute-Garonne) [Bourguignat] ; etc. (2).

Anodonta coupha, SERVAIN.

> Anodonta coupha, Servain, 1887. Malac. lac Grandlieu, in Bull. Soc.
>   malac. franç., IV, p. 261. — Westerlund, 1890. Fauna
>   Palæar. reg., VII, p. 210.

Le lac de Grandlieu (Loire-Inférieure) [Servain] (3).

---

(1) On retrouve cette espèce en Italie, en Espagne, en Portugal et en Allemagne (Bourg.).
(2) Le type se trouve en Allemagne, notamment en Bavière (Clessin).
(3) Se rencontre également en Portugal, dans le vallon du Mondigo (Castro, Servain).

Anodonta Trinurcina, LOCARD.

Anodonta Trinurcina, Locard, 1889. *Nov. sp*.

La Saône, à Tournus, à Chalon-sur-Saône et à Marnay (Saône-et-Loire); le lac de Malpas (Doubs) [Loc.]; etc. (1).

D. — Groupe de l'*A. cygnæa* (2).

Anodonta arenaria, SCHRÖTER.

Mya arenaria, Schröter, 1779. *Flussconch. Thuring. Wass.*, p. 165, pl. II, fig. 1 *(non* Linné).
Anodonta arenaria, Bourguignat, 1860. *Malac. Bretagne*, p. 78. — Bourguignat, 1881. *Mat. moll. acéph.*, I, p. 139. — Locard, 1882. *Prodrome*, p. 269. — Westerlund, 1890. *Fauna Palæar. reg.*, VII, p. 211 (3).

Muzillac, Malestroit (Morbihan); étang de la Bazouge, près Chéméré (Mayenne) [Bourguignat]; canal de Mons, à Condé (Nord); Heuilly-sur-Saône (Côte-d'Or); les environs de Nantua (Ain); la Garonne, à Toulouse (Haute-Garonne); étang Saint-Nicolas, à Angers (Maine-et-Loire) [Loc.]; le lac de la Négresse, près Bayonne (Basses-Pyrénées) [Bourguignat]; etc. (4).

Anodonta cygnæa, LINNÉ.

Mytilus cygnæus, Linné, 1758. *Systema naturæ*, édit. X, p. 706, n° 218. — Hanley, 1855. *Ipsa Linnæi conch.*, p. 144.
Anodonta cellensis, Rossmässler, 1836. *Iconogr.*, pl. XIX, fig. 280. — Brot, 1867. *Nayades Léman*, pl. III.
    — *cygnæa*, Bourguignat, 1881. *Mat. moll. acéph.*, I, p. 140. — Locard, 1882. *Prodrome*, p. 269.

L'Escaut non navigable, près Valenciennes (Nord); Condé-Folie (Somme); Longni (Orne); Carabillon, près Falaise (Calvados); la Seine,

---

(1) Ce groupe possède en outre de nombreux représentants dans la faune d'Espagne et de Portugal (Bourg.).

(2) Groupe européen des *Cygnæana*, Bourguignat (1881. *Mat. moll. acéph.*, I, p. 130).

(3) Sous le nom d'*Anodonta cellensis*, M. Drouët *(Naïades de l'Aude*, pl. II) a figuré une forme peu typique de l'*Anodonta arenaria* (Bourg.).

(4) Le type de Schröter se trouve dans divers marais et étangs du nord de l'Allemagne.

au nord de Rouen (Seine- Inférieure) [Loc.]; marais de Villechétif, près Troyes (Aube) [Bourguignat, Servain]; les environs d'Auxonne; l'Albane (Côte-d'Or); la Grosne, à La Ferté et à Marnay [Loc.]; la Grosne, à Solutré [Bourguignat] (Saône-et-Loire); les fossés des forts de la rive droite du Rhône; le parc de la Tête-d'Or, à Lyon; Neuville-sur-Saône, Collonges (Rhône); le Menthon (Ain) [Loc.]; étang de Falavier (Isère) [Coutagne]; Varennes (Jura); Malpas (Doubs) [Loc.]; étang Neuf et étang du Merle, près Saint-Saulge (Nièvre) [Brevière, Bourguignat]; ruisseau de Bicherolles, à sa jonction de la Nièvre à la Loire (Nièvre); la Charente, à Angoulême (Charente) [Bourguignat]; la Vienne, à Poitiers (Vienne); les environs de Moulins (Allier); la Loire, à Ingrandes, à Guérande, à Nantes (Loire-Inférieure) [Loc.]; Saint-Philibert-du-Peuple, l'Authion à Brain-sur-l'Authion (Maine-et-Loire) [Servain]; le Rhône, à Arles (Bouches-du-Rhône) [Fagot]; le canal du Midi, près Carcassonne (Aude) [Loc.]; la Charente, à Angoulême (Charente) [Coutagne]; le lac de la Négresse (Basses-Pyrénées) [Bourguignat]; etc. (1).

Anodonta Fagoti, BOURGUIGNAT.

> *Anodonta Fagoti*, Bourguignat, 1881. *Mat. moll. acéph.*, I, p. 144. —
> Locard, 1882. *Prodrome*, p. 270. — Westerlund, 1890.
> *Fauna Palæar. reg.*, VII, p. 215.

Le canal du Midi, à Villefranche-de-Lauraguais (Haute-Garonne); fossés des forts, à Lyon (Rhône) [Bourguignat]; etc.

Anodonta Desmoulinsiana, DUPUY.

> *Anodonta rostrata*, Dupuy, 1849. *Cat. extramar. Galliæ test.*, n° 27
> (*non* Rossmässler).
> —   *Moulinsiana*, Dupuy, 1852. *Hist. moll.*, p. 616, pl. XX, fig. 19.
> —   Bourguignat, 1881. *Mat. moll. acéph.*, I, p. 151. — Wes-
> terlund, 1890. *Fauna Palæar. reg.*, VII, p. 217.
> —   *Desmoulinsiana*, Locard, 1882. *Prodrome*, p. 271.

Étangs de Caseaux, à Aureillan (Landes) [Dupuy].

<hr>

(1) On retrouve l'*Anodonta cygnæa* en Danemark, en Angleterre, en Allemagne, en Suisse, en Italie, en Portugal, etc. (Bourg.).

Anodonta Nansoutyana, BOURGUIGNAT.

Anodonta Nansoutyana, Bourguignat, 1881. *Mat. moll. acéph.*, I,
p. 148. — Locard, 1882. *Prodrome*, p. 271. — Westerlund,
1890. *Fauna Palæar. reg.*, VII, p. 216.

Le lac de la Négresse, près Bayonne (Basses-Pyrénées) [Bourguignat].

Anodonta Annesiaca, LOCARD.

Anodonta Annesiaca, Locard, 1889. *Nov. sp.*

Le lac d'Annecy et le lac d'Aiguebelette (Savoie); le lac de Malpas
(Doubs) [Loc.]; etc.

Anodonta cariosa, KÜSTER.

Anodonta cariosa, Küster, 1852. *Syst. conch. cab.*, Anod., p. 43, pl. IV,
fig. 3 *(sub nome A.cellensis)*; pl. V, fig. 1; pl. X, fig. 1-2.
— Bourguignat, 1881. *Mat. moll. acéph.*, I, p. 147. —
Locard, 1882. *Prodrome*, p. 270. — Westerlund, 1890.
Fauna Palæar. reg., VII, p. 216.
— *cellensis, var. rostrata*, Brot, 1867. *Nayades Léman*, p. 37,
pl. IV, fig. 1.

L'Erve, à Thévalles, près Chéméré (Mayenne); Contrexeville (Vosges)
[Bourguignat]; la Sarthe, à Éconflant, près Angers; la Maine, à Cholet
(Maine-et-Loire) [Bourguignat, Servain]; les environs d'Auxonne (Côte-
d'Or) [Loc.]; etc. (1).

Anodonta Saint-Simoniana, FAGOT.

Anodonta Saint-Simoniana, Fagot, *in* Bourguignat, 1881. *Mat. moll.
acéph.*, I, p. 142. — Locard, 1882. *Prodrome*, p. 270. —
Westerlund, 1890. *Fauna Palæar. reg.*, VII, p. 214.

Le canal du Midi, à Carcassonne [Fagot, Bourguignat]; l'étang de
Marseillette, dans la Grande-Rigole [Baichère] (Aude); le lac du Bourget,
au port Puer (Savoie); le Rhône, au confluent de la Saône, à Lyon (Rhône)
[Loc.]; etc. (2).

---

(1) Cette espèce est abondante dans le Regnitz, près d'Erlangen, en Bavière; on la retrouve
également dans la Suisse (Bourguignat, Brot).

(2) M. Bourguignat a signalé cette même forme dans le lac de Neuchâtel, en Suisse, et dans
le lac de Bientina, aux environs de Pise, en Italie.

Anodonta Noeli, BOURGUIGNAT ET LOCARD.

Anodonta oblonga, pars auct. sed non Millet.
— *Noeli*, Bourguignat et Locard, 1890. *Nov. sp.*

Les environs de Rennes (Ille-et-Vilaine) [Bourguignat]; étang de Saint-Hubert, près Rambouillet et près Trappes (Seine-et-Oise); les environs d'Amboise (Indre-et-Loire) [Mabille]; le canal de Nevers, à Nevers; la Cosne, à Saint-Saulge; le ruisseau de Bicherolles, etc. (Nièvre); le lac de Grandlieu [Bourguignat]; la Loire, à Nantes et à Ingrandes (Loire-Inférieure) [Loc.]; la Bonde-Gendret, près Troyes (Aube) [Bourguignat et Ray]; les environs d'Auxonne (Côte-d'Or); l'Ognon, à Villersexel (Haute-Saône); Saint-Laurent-d'Ain, près Mâcon (Ain); l'Arconce, à Charolles; la Grosne, à La Ferté et à Marnay (Saône-et-Loire); la Saône à Neuville-sur-Saône, Couzon, Collonges; le Rhône au confluent de la Saône; le parc de la Tête d'Or, à Lyon; les fossés des forts de la rive gauche du Rhône, à Lyon (Rhône) [Loc.]; le lac d'Aiguebelette [Coutagne, Bourguignat]; le lac de Chamousset; le lac Saint-Clair, près la Rochette; le lac du Bourget [Loc.] (Savoie); le Drageon [Coutagne], le lac de Chambly [Loc.] (Jura); l'étang de Meyranne [Coutagne], le canal de Bouc à Arles [Bourguignat] (Bouches-du-Rhône); la grande Garonne à Fréjus (Var) [Bourguignat]; etc. (1).

Anodonta glossodes, LOCARD.

Anodonta glossodes, Locard, 1889. *Nov. sp.*

Brainans et les environs de Poligny (Jura) [Lo·.].

Anodonta Perroudi, LOCARD.

Anodonta Perroudi, Locard, 1884. *In Contrib. faune franç.*, VIII
p. 17. — Westerlund, 1890. *Fauna Palæar. reg.*, VII,
p. 272.

Les fossés des forts des Hirondelles et de la Vitriolerie, à Lyon; le Rhône au confluent, à Lyon; les lônes de Miribel (Rhône); l'Arconce, à Charolles (Saône-et-Loire) [Loc.] etc.

---

(1) Cette espèce est extrêmement répandue dans toute l'Europe; on la rencontre en Angleterre, en Allemagne, en Suisse, en Italie et jusqu'en Portugal (Bourg.).

Anodonta Euthymeana, LOCARD.

Anodonta Euthymeana, Locard, 1884. *Contrib. faune franç.*, VIII,
p. 27. — Westerlund, 1890. *Fauna Palæar. reg.*, VII,
p. 235.

Le Menthon ; La Veyle, à Pont-de-Veyle ; la Reyssouze, aux environs
de Bourg ; les étangs de Chalamont et de Villars-en-Dombes (Ain) [Loc.] ;
la Grosne, à La Ferté ; la Saône, près Chalon-sur-Saône et à Tournus
(Saône-et-Loire) [Bourguignat, Loc.] ; etc.

Anodonta Livronica, FAGOT.

Anodonta Livronica, Fagot, *in* Bourguignat, 1881. *Mat. moll. acéph.*, I,
p. 133. — Locard, 1882. *Prodrome*, p. 269. — Westerlund,
1890. *Fauna Palæar. reg.*, VII, p. 208.

Le ruisseau du Livron (Jura) [Fagot, Bourguignat].

Anodonta Condatina, LETOURNEUX.

Anodonta Condatina, Letourneux, *in* Bourguignat, 1881. *Mat. moll.
acéph.*, I, p. 147. — Westerlund, 1890. *Fauna Palæar.
reg.*, VII, p. 215.
— *contadina (per error.)*, Locard, 1882. *Prodrome*, p. 270.

Moulin-le-Comte, près Rennes (Ille-et-Vilaine) [Letourneux, Bourgui-
gnat] ; mare de Bouillon, près Grandville (Manche) [Loc.] ; le lac d'Aiguebelette (Savoie) [Coutagne, Loc.] ; La Grosne, à Marnay ; la Saône,
près Chalon-sur-Saône et Tournus (Saône-et-Loire) [Loc.] ; etc.

Anodonta Solmanica, LOCARD.

Anodonta Solmanica, Locard, 1889. *Mss.*

Le Solman, à Villeneuve ; la Brenne, à Vers-en-Montagne (Jura),
la Reyssouze, aux environs de Bourg ; étangs de Chalamont et de Villars-
en-Dombes (Ain) [Loc.] ; etc.

Anodonta cariosula, ANCEY.

Anodonta cariosula, Ancey, 1883. *Nov. sp.*

Canal de l'Ille, à Rennes (Ille-et-Vi'anc) [Ancey, Bourguignat] ; Montagu (Vendée) ; étangs d'Allas-Bocage (Charente-Inférieure) ; l'Aronce, à

Charolles ; la Grosne, à Cluny (Saône-et-Loire) ; étang de Falavier (Isère) ; fossés du fort de la Vitriolerie, à Lyon ; la lône Béchevelin ; le Rhône, à la Mulatière (Rhône) ; le lac d'Aiguebelette ; le lac Saint-Clair, près la Rochette (Savoie)[Loc.] ; etc.

Anodonta Delpretei, BOURGUIGNAT.

> *Anodonta Delpretei*, Bourguignat, 1882. *Miscell. italo-malac.*, I, p. 2. — Bourguignat, 1883. *Union. penins. ital.*, p. 91. — Westerlund, 1890. *Fauna Palæar. reg.*, VII, p. 216.

L'étang de Vaux, près Saint-Saulge (Nièvre) [Bourguignat] (1).

Anodonta quadrangulata, SERVAIN.

> *Anodonta quadrangulata*, Servain, 1888. *Moll. fluv. Hambourg, in Bull. Soc. malac. France*, V, p. 278, pl. IX, fig. 1. — Westerlund, 1890. *Fauna Palæar. reg.*, VII, p. 219.

La Saône, à Neuville-sur-Saône (Rhône) [Bourguignat] ; la Basse, à Perpignan (Pyrénées-Orientales) [Loc.] ; etc. (2).

Anodonta subquadrangulata, LOCARD.

> *Anodonta subquadrangulata*, Locard, 1889. *Nov. sp.*

Varennes-Saint-Sauveur (Saône-et-Loire) ; les délaissés du Rhône au sud de Seyssel (Ain et Savoie) ; la Saône, à Collonges (Rhône) ; le Rhône, aux environs d'Arles (Bouches-du-Rhône) ; la Basse, à Perpignan (Pyrénées-Orientales) [Loc.] ; etc.

Anodonta Anceyï, BOURGUIGNAT.

> *Anodonta Anceyi*, Bourguignat, 1883. *Nov. sp.* — Servain, 1888. *In Bull. Soc. malac. France*, V, p. 328. — Westerlund, 1890. *Fauna Palæar. reg.*, VII, p. 219.

Le canal de l'Ille et la Rance, à Rennes (Ille-et-Vilaine) [Bourguignat] ; Montagu (Vendée) ; la Loire, à Ingrandes et à Nantes (Loire-Inférieure) [Loc.] ; etc.

---

(1) Le type se trouve dans un lac des environs de Viareggio, en Italie ; les échantillons de Saint-Saulge sont parfaitement caractérisés (Bourg.).

2) Le type vit dans l'Alster, près Hambourg, en Allemagne (Servain).

Anodonta thripedesta, LOCARD.

> *Anodonta thripedesta*, Locard, 1884. *Contrib. faune malac. franç.*, VIII,
> p. 15.
> —   *trepedesta*, Westerlund, 1890. *Fauna Palæar. reg.*, VII, p. 218.

Les environs de Montluçon (Allier) [Bourguignat, Loc.]; la Vienne,
près Poitiers (Vienne); la Saône, à Auxonne (Côte-d'Or); la Chala-
ronne (Ain); la Grosne, à Cluny, La Ferté, Marnay [Loc.]; l'Arconce, à
Charolles [Bourguignat]; la Drée, à Épinac (Saône-et-Loire); La Veyle,
à Pont-de-Veyle; les étangs de Chalamont et de Villars-en-Dombes; la
Reyssouze, aux environs de Bourg (Ain) [Loc.]; etc.

Anodonta Marsolinæ, BOURGUIGNAT.

> *Anodonta Marsolinæ*, Bourguignat, 1885. *Nov. sp.*

Étang de Goven, près Rennes (Ille-et-Vilaine) [Bourguignat]; la Saône,
à Auxonne (Côte-d'Or); la Grosne, à la Ferté et à Marnay (Saône-et-
Loire) [Loc.]; le lac du Bourget (Savoie); l'étang de Meyranne, dans la
Crau; le canal de Boucq à Arles (Bouches-du-Rhône) [Bourguignat]; les
délaissés du Rhône, aux environs d'Avignon (Vaucluse) [Loc.]; etc. (1).

Anodonta Rhodani, BOURGUIGNAT.

> *Anodonta Rhodani*, Bourguignat, 1881. *Mat. moll. acéph.*, I, p. 157. —
> Locard, 1882. *Prodrome*, p. 271. — Westerlund, 1890.
> *Fauna Palæar. reg* , VII, p. 217.

Le canal de Boucq à Arles (Bouches-du-Rhône) [Bourguignat]; le Morin, à Esbly (Seine-et-Marne); étang de Trappes (Seine-et-Oise) [Mabille,
Bourguignat]; etc.

Anodonta Mantuacina, BOURGUIGNAT.

> *Anodonta Mantuacina*, Bourguignat, 1883. *Union. pénins. ital.*, p. 90.

La Grande-Garonne, près Fréjus (Var) [Bourguignat]; la Vienne,
près Poitiers (Vienne); la Saône, à Tournus, Varennes-le-Grand,
Chalon-sur-Saône (Saône-et-Loire); les étangs de Saint-Trivier-sur-
Moignans, et de Villars-en-Dombes (Ain) [Loc.]; etc. (2).

---

(1) Cette espèce vit également en Italie (Bourg.).
(2) Le type se trouve dans la province de Mantoue, en Italie (Bourg.).

Anodonta dehonesta, SERVAIN.

Anodonta dehonesta, Servain, 1889. *Nov. sp*.

Le lac de Grandlieu (Loire-Inférieure) [Servain, Bourguignat].

Anodonta pelecina, LOCARD.

Anodonta pelecina, Locard, 1889. *Nov. sp*.

Brainans; la Bienne, au sud de Saint-Claude (Jura); les environs d'Auxonne et de Saint-Jean-de-Losne (Côte-d'Or) [Loc.]; etc.

Anodonta delicatula, SERVAIN.

Anodonta delicatula, Servain, 1889. *Nov. sp*.

Le lac de Grandlieu [Servain, Bourguignat]; la Loire, près Nantes (Loire-Inférieure); la Saône, à Rochetaillée et à Fontaine-sur-Saône (Rhône) [Loc.]; etc.

E. — Groupe de l'*A. ellipsopsis* (1).

Anodonta ellipsopsis, BOURGUIGNAT.

Anodonia ellipsopsis, Bourguignat, 1881. *Mat. moll. acéph.*, 1, p. 156. — Locard, 1882. *Prodrome*, p. 271. — Westerlund, 1890. *Fauna Palæar. reg.*, VII, p. 220.

Neuville-sur-Saône, Trévoux (Rhône); les délaissés du Rhône, près Seyssel (Ain et Savoie); le lac de Bouvrans (Doubs); les environs de Valence (Drôme); les bords du Rhône, près Avignon (Vaucluse); l'Esse, à Manonville (Meurthe-et-Moselle); la Jarrie (Charente-Inférieure) [Loc.]; les environs de Troyes (Aube) [Bourguignat]; etc. (2).

Anodonta eupelina, SERVAIN.

Anodonta eupelina, Servain, 1885. *Union. et Anod. Zurich.*, in *Bull.*

---

(1) Groupe européen des *Ellipsopsiana*, Bourguignat (1881. *Mat. moll. acéph.*, p. 156). Les espèces de ce groupe sont remarquables par leur croissance ellipsoïde et par des stries d'une grande excentricité sur la région postérieure. Les sommets sont très antérieurs.

(2) Dans cette dernière localité on trouve une *var. minor*. Le type a été recueilli dans le Rhône et à la cascade de Pissevache, près de Vernayaz, en Suisse (Bourg.).

Soc. malac. France, II, p. 336. — Westerlund, 1890. *Fauna Palæar. reg.*, VII, p. 221.

La Saône, à Neuville-sur-Saône (Rhône) [Bourguignat] (1).

Anodonta catula, COUTAGNE.

Anodonta catula, Coutagne, 1883. *Nov. sp.*

La Laignes, aux Riceys (Aube) [Bourguignat].

Anodonta siliqua, KÜSTER.

Anodonta siliqua, Küster, 1859. *Syst. conch. cab.*, Anod., p. 57, pl. XIV, fig. 5. — Bourguignat, 1881. *Mat. moll. acéph.*, I, p. 162. — Locard, 1882. *Prodrome*, p. 271. — Westerlund, 1890. *Fauna Palæar. reg.*, VII, p. 221.

Marais de Villechétif, près Troyes (Aube) (2) ; mare de Tourmont, près Poligny (Jura) [Bourguignat] ; etc. (3).

Anodonta siliquiformis, LOCARD.

Anodonta siliquiformis, Locard, 1889. *Nov. sp.*

Bois-Vieux (Jura); l'Ouche, la Borne, près Auxonne (Côte-d'Or); la Reyssouze, aux environs de Bourg ; la Veyle, à Pont-de-Veyle (Ain) [Loc.], etc.

Anodonta tritonum, COUTAGNE.

Anodonta tritonum, Coutagne, *in* Bourguignat, 1881. *Mat. moll. acéph.*, I, p. 162. — Locard, 1882. *Prodrome*, p. 271. — Westerlund, 1890. *Fauna Palæar. reg.*, VII, p. 221.

L'Yvette, près Orsay (Seine-et-Oise) [Coutagne, Bourguignat] ; le lac de Grandlieu, près Passay (Loire-Inférieure) [Servain]; etc.

---

(1) Le type vit en Suisse, dans le lac de Zurich (Servain); on le retrouve également dans le Mein, aux environs de Francfort (Bourg.).

(2) Envoyé par M. Drouët à M. da Sylva e Castro, sous le nom d'*Anodonta cellensis* et mesurant: longueur maximum, 120; hauteur maximum, 59 ; épaisseur maximum, 34 millimètres. C'est, nous écrit M. Bourguignat, le plus grand et le plus bel échantillon que je connaisse.

(3) Le type se rencontre dans la rivière de Regnitz, en Bavière (Küster).

F. — Groupe de l'*A. Glyca* (1).

Anodonta Glyca, BOURGUIGNAT.

Anodonta Glyca, Bourguignat, 1881. *Mat. moll. acéph.*, I, p. 167. — Locard, 1882. *Prodrome*, p. 272. — Westerlund, 1890. *Fauna Palæar. reg.*, VII, p. 222.

Le Menthon; la Reyssouze, au nord de Bourg (Ain); mare de Tourmont, près Poligny et les environs de Montafroid (Jura) [Bourguignat, Loc.]; fossés du fort de la Vitriolerie, à Lyon (Rhône) [Coutagne, Bourguignat] ; etc. (2).

Anodonta mansueta, BOURGUIGNAT.

Anodonta mansueta, Bourguignat, 1889. *Nov. sp.*

Etang de Beaureplet, près Saint-Saulge (Nièvre) [Bourguignat]; les environs de Nantes (Loire-Inférieure); l'Aure supérieure, à Bayeux (Calvados) [Loc.]; etc.

Anodonta Glycella, BOURGUIGNAT.

Anodonta Glycella, Bourguignat, *in* Locard, 1884. *Contrib. malac. faune franç.*, VIII, p. 21. — Westerlund, 1890. *Fauna Palæar. reg.*, VII, p. 222.

Le Menthon; la Reyssouze, au nord de Bourg; la Veyle, près Pontde-Veyle (Ain); l'Allier, à Pont-du-Château (Puy-de-Dôme) [Loc.]; le canal du Midi, à Carcassonne [Sourbieu, Bourguignat]; la Vienne, à Poitiers (Vienne); la Bresne, à Vers-en-Montagne (Jura); le Sevron, à Varennes-Saint-Sauveur (Saône-et-Loire); le parc de la Tête-d'Or, à Lyon; les îles du Rhône, à Irigny et à Vernaison (Rhône) [Loc.]; etc.

---

(1) Groupe européen des *Glyciana*, Bourguignat (1881. *Mat. moll. acéph.*, I, p. 160). — Chez les espèces de ce groupe il existe un mode de convexité tout particulier sur des parties plus renflées ou plus déprimées que les autres, sans que rien ne nuise à l'harmonie générale de la coquille.

(2) M. Servain a reconnu cette espèce sur les bords de l'Elbe, aux environs de Hambourg, en Allemagne.

Anodonta Doei, BOURGUIGNAT.

> *Anodonta Doei*, Bourguignat, 1881. *Mat. moll. acéph.*, I, p. 169. —
> Locard, 1882. *Prodrome*, p. 272. — Locard, 1884. *Contrib.*
> *malac. faune franç.*, VIII, p. 25. — Westerlund, 1890.
> *Fauna Palæar. reg.*, VII, p. 223.

Canaux du château des Cours, à Saint-Julien, près Troyes (Aube)
[Bourguignat]; la Loire, près Nantes (Loire-Inférieure); Montafroid,
Bois-Vieux, Vers-en-Montagne (Jura); la Meurthe, près Nancy (Meurthe-et-Moselle); la Saône, près Auxonne (Côte-d'Or); le Sevron, à
Varennes-Saint-Sauveur (Saône-et-Loire); le lac du Bourget (Savoie);
le Rhône, au confluent à Lyon; la lône Béchevelin et les fossés du fort de
la Vitriolerie, à Lyon; la lône Tabard, à Irigny (Rhône) [Loc.]; etc.

Anodonta Issiodurensis, LOCARD.

> *Anodonta Issiodurensis*, Locard, 1890. *Nov. sp.*

La Couze près Issoire (Puy-de-Dôme) [Loc.]; etc.

Anodonta Doeopsis, LOCARD.

> *Anodonta Doeopsis*, Locard, 1889. *Nov. sp.*

Le lac d'Annecy (Savoie) [Bourguignat, Loc.]; Bois-Vieux, Saint-
Sulpice (Jura); le Sevron, à Villeneuve-Saint-Sauveur; le Doubs, à Va-
rennes-sur-Doubs (Saône-et-Loire); la Saône, à Saint-Laurent-d'Ain,
près Mâcon (Ain); la Saône, à Fontaine-sur-Saône, Neuville, etc.;
le Rhône, au confluent et à Vernaison (Rhône); la Vienne, à Poitiers
(Vienne); la Seine, au nord de Rouen (Seine-Inférieure) [Loc.]; etc.

Anodonta Spengleri, BOURGUIGNAT.

> *Anodonta Spengleri*, Bourguignat, 1881. *Mat. moll. acéph.*, I, p. 317. —
> Locard, 1882. *Prodrome*, p. 280. — Westerlund, 1890.
> *Fauna Palæar. reg.*, VII, p. 275.

La Loire, à Villerest, près Roanne (Loire); la Seine, près Nogent-
sur-Seine (Aube); la Seine, à Bray-sur-Seine (Seine-et-Marne) [Loc.];
la Rance, à Dinan (Côtes du-Nord) [Mabille, Bourguignat]; etc. (1).

---

(1) Le type se trouve dans la Lahn, à Ems, dans le duché de Nassau; M. Bourguignat l'a
également reconnu dans lu Lesum, à Vegesuck, près Brême.

G. — Groupe de l'*A. lacuum* (1).

Anodonta lacuum, BOURGUIGNAT.

> *Anodonta elongata*, Brot, 1867. *Nayades Léman*, pl. VI, fig. 1 (*non* Holandre).
> — *cellensis*, var. *dilatata*, Brot, 1867. *Loc. cit.*, pl. VI, fig. 4.
> — *Picteliana*, var. *elongata*, Brot, 1867. *Loc. cit.*, pl. VIII, fig. 3.
> — *lacuum*, Bourguignat, 1880 et 1881. *Mat. moll. acéph.*, I, p. 103 et 171. — Locard, 1882. *Prodrome*, p. 272. — Locard, 1884. *Contr. malac. faune franç.*, VIII, p. 26. — Westerlund, 1890. *Fauna Palæar. reg.*, VII, p. 223.

Le lac Saint-Paul, au-dessus de Thonon (Haute-Savoie) [Brot, Bourguignat]; le lac d'Annecy (Savoie); les délaissés du Rhône, au nord de Seyssel (Ain et Savoie); la Veyle (Ain) [Loc.]; le canal du Midi, à Villefranche-de-Lauraguais (Haute-Garonne) [Bourguignat]; etc. (2).

Anodonta Servaini, BOURGUIGNAT.

> *Anodonta Servaini*, Bourguignat, 1881. *Mat. moll. acéph.*, I, p. 320. — Locard, 1882. *Prodrome*, p. 280. — Westerlund, 1890. *Fauna Palæar. reg.*, VII, p. 277.

Le Thouet, à Saumur (Maine-et-Loire) [Servain, Bourguignat]; la Loire, à Ingrandes (Loire-Inférieure); la Veyle (Ain) [Loc.]; etc. (3).

Anodonta calara, SERVAIN.

> *Anodonta calara*, Servain, 1885. *Unios et Anod. Zurich.*, in *Bull. Soc. malac. France*, II, p. 337. — Westerlund, 1890. *Fauna Palæar. reg.*, VII, p. 225.

Le lac de Nantua (Ain) [Bourguignat] (4).

---

(1) Groupe européen des *Pseudoglyciana*. — Cette série, très voisine de la précédente, se compose d'espèces offrant à peu près les mêmes signes distinctifs, seulement elles sont toutes plus ou moins comprimées et leur aréa postéro-dorsal plus ample (Bourg.).

(2) M. le D* Servain a également trouvé cette espèce à l'île de Lutzelau du lac de Zurich, en Suisse. MM. Brot et Bourguignat l'ont signalée dans plusieurs autres lacs de la Suisse.

(3) Le type vit dans la Lahn, à Ems, dans le grand duché de Nassau (Bourg.).

(4) Le type de cette espèce vit dans le lac de Zurich, en Suisse ; M. Bourguignat l'a également reçu d'Angleterre.

H. — Groupe de l'*A. Carisiana* (1).

Anodonta Carisiana, MABILLE.

Anodonta Carisiana, Mabille, *in* Bourguignat, 1881. *Mat. moll. acéph.*, I, p. 273. — Locard, 1882. *Prodrome*, p. 277. — Westerlund, 1890. *Fauna Palæar. reg.*, VII, p. 261.

Le canal du Cher, à Tours (Indre-et-Loire) [Mabille, Bourguignat].

Anodonta Cadomensis, LOCARD.

Anodonta Cadomensis, Locard, 1889. *Nov. sp.*

La vieille rivière, à Caen (Calvados) ; Condé-Folie (Somme) ; la Seine au nord de Rouen (Seine-Inférieure) [Loc.] ; etc.

Anodonta Riqueti, BOURGUIGNAT.

Anodonta Riqueti, Bourguignat, 1889. *Nov. sp.*

Le canal du Midi, près Villefranche-de-Lauraguais (Haute-Garonne) ; la Saône, à Neuville-sur-Saône (Rhône) [Bourguignat] ; la Loire, aux environs de Nantes (Loire-Inférieure) ; la Bresne, à Vers-la-Montagne ; Marboz (Ain) ; Varennes-Saint-Sauveur (Saône-et-Loire) [Loc.] ; etc.

Anodonta icana, BOURGUIGNAT.

Anodonta icana, Bourguignat, 1889. *Nov. sp.*

La Loire, à Tours (Indre-et-Loire) ; Marboz (Ain) [Bourguignat].

Anodonta Marbozensis, LOCARD.

Anodonta Marbozensis, Locard, 1889. *Nov. sp.*

(1) Groupe européen des *Vietuliana*, Bourguignat. — Le type du groupe est l'*Anodonta Vietula*, Bourg., du lac Loppio, dans le Tyrol italien.

Les espèces de ce groupe, sauf l'*Anodonta Polloneræ*, Bourg., de Lombardie (espèce relativement très haute pour sa longueur), ont une apparence d'*Anodonta arenaria*, mais elles en diffèrent par une saillie très petite des bords supérieurs et inférieurs jamais parallèles, et par leur région postérieure régulièrement et longuement acuminée, terminée par un rostre relativement aigu. Les valves sont minces, délicates, d'une teinte uniforme feuille-morte, sauf la *Riqueti* qui est d'un brun verdâtre. Les sommets sont très antérieurs (Bourg.).

Marboz; la Veyle, près Pont-de-Veyle; la Reyssouze, au nord de Bourg
(Ain); Saint-Amour (Jura); la Saône, à Auxonne; la Brizotte (Côte-
d'Or) [Loc.]; etc.

Anodonta Antorida, Bourguignat.

> *Anodonta Antorida*, Bourguignat, 1881. *Mat. moll. acéph.*, I, p. 164. —
> Locard, 1882. *Prodrome*, p. 272. — Westerlund, 1890.
> *Fauna Palæar. reg.*, VII, p. 221.

Marboz (Ain); le Suran, à Gigny (Jura) [Bourguignat]; le lac de Grandlieu (Loire-Inférieure) [Bourguignat, Servain]; l'Arconce, à Charolles
(Saône-et-Loire) [Loc.]; etc. (1).

I. — Groupe de l'*A. gastroda* (2).

Anodonta gastroda, Bourguignat.

> *Anodonta gastroda*, Bourguignat, 1882. *Mat. moll. acéph.*, I, p. 136. —
> Locard, 1882. *Prodrome*, p. 269. — Westerlund, 1890.
> *Fauna Palæar. reg.*, VII, p. 210.

Ancien cours de la Seine, à Verrières, à 12 kilomètres au-dessus de
Troyes (Aube) [Bourguignat]; les environs de Provins (Seine-et-Marne);
Marboz (Ain); la Reyssouze, au nord de Bourg (Ain) [Loc.]; etc.

Anodonta nefaria, Servain.

> *Anodonta nefaria*, Servain, 1883. *Nov. sp.* — 1888. *In Bull. Soc. malac.*
> *France*, V, p. 325. — Westerlund, 1890. *Fauna Palæar.*
> *reg.*, VII, p. 711.

La Maine, à Cholet (Maine-et-Loire) [Servain, Bourguignat]; Angy,
(Oise); Saint-Amour (Jura); la Veyle, près Pont-de-Veyle (Ain)
[Loc.]; etc. (3).

---

(1) L'*Anodonta Antinoriana* (Bourguignat, 1883. *Union. pénins. ital.*, p. 94) de Castel
d'Ario, province de Mantoue, doit être également rangé dans cette même série (Bourg.).

(2) Groupe européen des *Gastrodiana*, Bourguignat, 1881. *(Mat. moll. acéph.*, p. 135.) — Les
espèces de ce groupe sont caractérisées « par une convexité relativement énorme, égalant ou
dépassant même le tiers de la longueur et par une hauteur n'atteignant pas la moitié de la
longueur ».

(3) M. Servain a retrouvé cette espèce dans l'Elbe, près Hambourg.

Anodonta Pamboni, F. Pacôme.

Anodonta Pamboni, F. Pacôme, 1889. *Nov. sp.*

La Saône, à Neuville-sur-Saône et à Couzon ; les fossés du fort de la Vitriolerie, à Lyon [Bourguignat, Pacôme, Loc.] ; etc.

Anodonta cyrtoptychia, Bourguignat.

Anodonta gibba, Held, 1876. *In* Clessin, *Syst. conch. cab.*, Anod., p. 81, pl. XIV, fig. 1-2 (*non* Benson, 1852).
— *cyrtoptychia*, Bourguignat, 1881. *Mat. moll. acéph.*, I, p. 136.
— Locard, 1882. *Prodrome*, p. 269.
— *cystoptychia*, Westerlund, 1890. *Fauna Palæar. reg*, VII, p. 210.

La Loire, à Tours (Indre-et-Loire) [Rambur, Bourguignat] ; Condé-Folie (Somme) ; Bois-Vieux, Marbos (Jura) [Loc.] ; etc. (1).

Anodonta perardua, Locard.

Anodonta perardua, Locard, 1890. *Nov. sp.*

Le Suran, à Saint-Julien (Jura) [Loc.] ; etc. (2).

J. — Groupe de l'*A. subponderosa* (3).

Anodonta subponderosa, Dupuy.

Anodonta subponderosa, Dupuy, 1849. *Cat. extramar. Galliæ test.*, n° 29. — Dupuy, 1852. *Hist. moll.*, p. 607, pl. XVII, fig. 14.
— Locard, 1882. *Prodrome*, p. 273. — Westerlund, 1890. *Fauna Palæar. reg.*, VII, p. 234.

(1) Le type vit aux environs de Passau, en Bavière (Clessin, Bourg.).

(2) A ce même groupe appartient encore l'*Anodonta Doriana*, Issel (*in* Bourguignat 1883. *Union. pénins. ital.*, p. 85), du lac d'Alice, près Ivrée (Piémont).

(3) Groupe européen des *Adamiana*, Bourguignat. — Le type de ce groupe est l'*Anodonta Adamii*, Bourguignat (1881. *Mat. moll. acéph.*, I, p. 191, et 1883. *Union. pénins. ital.*, p. 45) d'Italie.

Entre ce groupe et celui qui précède doit prendre place un groupe hispanique, celui des *Regularisiana* qui a pour type l'*Anodonta regularis*, Morelet (1845. *Moll. Portugal*, p. 100 pl. X) (Bourg.).

Bassin du Capitany, près Montferrand (Gers) [Dupuy, Bourguignat] (1) ; ruisseau de la propriété Léon, à Saint-Esprit, près Bayonne (Basses-Pyrénées) ; le Tech (Pyrénées-Orientales) [Bourguignat] ; Bressolles (Allier) [Loc.] ; etc.

Anodonta ponderiformis, Locard.

Anodonta ponderiformis, Locard, 1889. *Nov. sp.*

Clermont ; le lac d'Annecy (Haute-Savoie) ; les environs de Lunéville (Meurthe-et-Moselle) [Loc.] ; etc.

Anodonta aresta, Locard.

Anodonta aresta, Locard, 1889. *Nov. sp.*

Saint-Sulpice [Bourguignat], Montafroid, Bois-Vieux (Jura) ; la Reyssouze, aux environs de Bourg ; l'Ain, près Pont-d'Ain ; la Veyle, à Pont-de-Veyle (Ain) [Loc.] ; etc.

K. — Groupe de l'*A. submacilenta* (2).

Anodonta submacilenta, Servain.

Anodonta submacilenta, Servain, 1880. *Moll. Esp. Port.*, p. 162. — Bourguignat, 1881. *Mat. moll. acéph.*, I, p. 180. — Locard, 1882. *Prodrome*, p. 172. — Westerlund, 1890. *Fauna Palæar. reg.*, VII, p. 228.

— *littoralis*, Drouët, 1888. *Union. bassin Rhône*, p. 73, pl. I. fig. 3. — Westerlund, 1890. *Loc. cit.*, I, p. 206.

Dans tous les étangs depuis le Roussillon jusqu'à Valence en Espagne ; l'embouchure du Tech ; les étangs au-dessus de Port-Vendres (Pyrénées-

(1) Dans cette même localité on trouve également l'*Anodonta castropsis*, Fagot (Bourg.)

(2) Groupe européen des *Macilentina*, Bourguignat (1881. *Mat. moll. acéph.*, I, p. 179). Le type de ce groupe plus particulièrement hispanique est l'*Anodonta macilenta* de Morelet (1845. *Moll. Portugal*, p. 102, pl. XI). Il convient de rapporter à ce même groupe les espèces suivantes : *Anodonta Martorelli*, Bourg., *in* Servain, 1880 ; *A. viriata*, Servain, 1880; *A. Melinia*, Bourg., 1865, *in* Servain, 1880, de l'étang d'Albufera, à Valence; *A. Telmæca*, Servain, 1882; *A. Maganica*, Servain, 1882, du Mein, à Francfort; *A. Castroi*, Bourg., 1881, de l'étang d'Albufera, à Valence; *A. Lucasi*, Deshayes, 1847, d'Algérie ; *A. ambiella*, Hagenmüller, *in* Castro, 1883, d'Algérie et du Portugal (Bourg.).

Orientales) [Bourguignat]; les étangs de Jouarre et de Marseillette (Aude) [Baichère, Loc.] ; etc. (1).

Anodonta Penchinati, BOURGUIGNAT.

Anodonta Penchinati, Bourguignat, 1881. *Mat. moll. acéph.*, I , p. 181. — Locard, 1882. *Prodrome*, p. 272. — Westerlund, 1890. *Fauna Palæar. reg.*, VII, p. 228 *(non p. 301)*.

Etang des Vallons, au-dessus de Port-Vendres (Pyrénées-Orientales) [Bourguignat].

Anodonta Castropsis, FAGOT.

Anodonta Castropsis, Fagot, *in* Bourguignat, 1881. *Mat. moll. acéph.*, I, p. 188. — Locard, 1882. *Prodrome*, p. 272. — Westerlund, 1890. *Fauna Palæar., reg.*, VII, p. 229.

Le bassin du Capitany, près Montferrand (Gers) [Fagot, Bourguignat] (2).

L. — Groupe de l'*A. Dupuyi* (3).

Anodonta Mabillei, BOURGUIGNAT.

Anodonta Mabillei, Bourguignat, 1881. *Mat. moll. acéph.*, I, p. 195. — Westerlund, 1890. *Fauna Palæar. reg.*, VII, p. 237. — *Mabillei*, Locard, 1881. *Prodrome*, p. 273.

La Loire, près Tours (Indre-et-Loire) [Mabille, Bourguignat].

Anodonta Brebissoni, LOCARD.

Anodonta Brebissoni, Locard, 1890. *Nov. sp.*

Condé-Folie (Somme) [Locard].

(1) Le type habite l'étang d'Albufera, près Valence, en Espagne (Bourg., Servain).

(2) Entre le groupe des *Macilentina* et celui des *Ponderosiana* doit prendre place le groupe des *Embiana*, dont nous ne connaissons pas de représentant en France et qui renferme les espèces suivantes: *Anodonta embia*, Bourguignat, 1864, d'Algérie ; A. *Ribeiroiana*, Castro (1883), du Portugal; A. *Pechaudiana*, Bourguignat (1881), d'Algérie; A. *Mondegana*, Castro (1881), du Portugal; A. *Hagenmulleri*, Bourguignat (1883), d'Algérie (Bourg.).

(3) Groupe européen des *Ponderosiana*, Bourguignat (1881. *Mat. moll. acéph.*, I, p. 195). — Le type de ce groupe est l'*Anodonta ponderosa*, de C. Pfeiffer, espèce spéciale au bassin du Danube et que nous ne connaissons pas en France (Bourg.).

Anodonta Dupuyi, RAY ET DROUËT.

> *Anodonta Dupuyi*, Ray et Drouët, 1849. *Descr. Anod., in Rev. zool.*,
> p. 32, pl. I et II. — Dupuy, 1857. *Hist. moll.*, p. 608,
> pl. XVII, fig. 3. — Bourguignat, 1881. *Mat. moll. acéph.*, I,
> p. 202. — Locard, 1882. *Prodrome*, p. 273. — Westerlund,
> 1890. *Fauna Palæar. reg.*, VII, p. 284.

Notre-Dame-des-Prés, près Troyes ; Viviers à Bar-sur-Aube (Aube) [Ray, Bourguignat] ; Vitry-le-Français (Marne) ; étangs près de Metz ; [Bourguignat] ; la Louet, à Juigné-sur-Loire (Maine-et-Loire) [Bourguignat, Servain] ; Bois-Vieux, Brainans (Jura) ; la Drée, à Epinac (Saône-et-Loire) ; l'Allier, à Moulins (Allier) ; Basse-Indre (Loire-Inférieure) [Loc.] ; etc. (1).

Anodonta Dinellina, MABILLE.

> *Anodonta Dinellina*, Mabille, 1882. *Nov. sp.*

La Rance, à Dinan (Côtes-du-Nord) [Mabille, Bourguignat] ; bassins de Saint-Laurent, près Mâcon (Ain) ; la Loire, à Basse-Indre et aux environs de Nantes (Loire-Inférieure) ; la Drée, à Epinac (Saône-et-Loire) ; [Loc.] ; etc.

Anodonta Gueretini, SERVAIN.

> *Anodonta Gueretini*, Servain, *in* Bourguignat, 1882. *Mat. moll. acéph.*, I,
> p. 203. — Locard, 1882. *Prodrome*, p. 273. — Westerlund,
> 1890. *Fauna Palæar. reg.*, VII, p. 234.

Le Louet, à Juigné-sur-Loire (Maine-et-Loire) ; le lac de Grandlieu (Loire-Inférieure) ; la Drée, à Epinac ; la Grosne, près Cluny ; le Ternin, à Autun (Saône-et-Loire) [Loc.] ; etc.

Anodonta philhydra, PECHAUD.

> *Anodonta philhydra*, Péchaud, 1884. *Anod. nouv., in Bull. Soc. malac.*
> *France*, I, p. 191. — Westerlund, 1890. *Fauna Palæar.*
> *reg.*, VII, p. 235.

---

(1) M. Servain a retrouvé cette même espèce dans le Mein, à Francfort. M. Bourguignat l'a également reçue de Danemark sous le nom d'*Anodonta radiata*, *var. paludosa*, Mörch.

Etang de Beaureplet, près Saint-Saulge (Nièvre) [Péchaud, Bourguignat].

Anodonta Gougetana, Ogérien.

> *Anodonta Gougetana*, Ogérien, 1861. *Descr. nouv. esp. Anod., in Rev. zool.*, p. 115, pl. III. — Ogérien, 1867. *Hist. nat. Jura*, III, p. 550, fig. 206 à 208. — Bourguignat, 1881. *Mat. moll. acéph.*, I, p. 202. — Locard, 1882. *Prodrome*, p. 173.

Les eaux du Jura, les canaux de la Saline de Montmorot, le Solvan, près Lons-le-Saulnier [Ogérien], Froideville (Jura) ; Chevremont (Haut-Rhin) ; les environs de Moulins (Allier) [Loc.] ; la Drée, à Epinac (Saône-et-Loire) [Bourguignat, Loc.] ; etc.

Anodonta campyla, Bourguignat.

> *Anodonta campyla*, Bourguignat, *in* Locard, 1884. *Contrib. faune malac. franç.*, VIII, p. 32. — Westerlund, 1890. *Fauna Palæar. reg.*, VII, p. 236.

Lons-le-Saulnier [Bourguignat] ; la Bresne, à Vers-la-Montagne ; Marboz (Jura) ; le Tarn, à Albi (Tarn) [Loc.] ; etc.

Anodonta Coutagnei, Bourguignat.

> *Anodonta Coutagnei*, Bourguignat, 1881. *Mat. moll. acéph.*, I, p. 205.
> — *Coutagnei*, Locard, 1882. *Prodrome*, p. 273. — Westerlund, 1890. *Fauna Palæar. reg.*, VII, p. 235.

L'Albane, affluent de la Bèze (Côte-d'Or) [Coutagne, Bourguignat]; le Ternin, à Autun (Saône-et-Loire) [Coutagne]; Saint-Amour, Montmorat (Jura) [Loc.]; etc.

Anodonta Arvernica, Bourguignat.

> *Anodonta Arvernica*, Bourguignat, 1881. *Mat. moll. acéph.*, I, p. 154.
> — Locard, 1882. *Prodrome*, p. 271. — Westerlund, 1890. *Fauna Palæar. reg.*, VII, p. 217.

L'Auvergne, sans indication précise de localité [Bourguignat] (1).

(1) Il convient encore de rapporter à ce groupe les espèces suivantes qui n'ont pas été signalées en France : *Anodonta Boettgeri*, Bourguignat (1882. *Anodonta ventricosa*, Boettger, *non Pfeiffer*), du Caucase; *A. Lederi*, Bourg. (1882. *A. ventricosa*, Boettger, *sed non Pfeiffer*), du Caucase; *A. Schrœderi*, Bourg. (1883), d'Allemagne; *A. Bythiæca*, Servain (1882), d'Allemagne; *A. manica*, Servain (1882), d'Allemagne ; *A. antipiscinalis*, Bourg. (1884), d'Allemagne (Bourg.).

M. — Groupe de 'A. *macrostena* (1).

Anodonta macrostena, Servain.

Anodonta macrostena, Servain, 1882. *Moll. acéph. Francfort*, p. 32. —
      Locard, 1884. *Contr. faune malac. franç.*, VIII, p. 14. —
      Westerlund, 1890. *Fauna Palæar. reg.*, VII, p. 209.

Les eaux du Menthon (Ain) [Bourguignat, Loc.]; l'Allier, à Moulins
(Allier) ; étang neuf, près Saint-Saulge (Nièvre) ; le lac du parc de la
Tête-d'Or, à Lyon (Rhône) ; le lac de Chambly (Jura); le lac d'Annecy,
à Talloire (Savoie) [Loc.]; etc. (2).

Anodonta curta, Servain.

Anodonta macrostena, var. curta, Servain, 1882. *Moll. acéph. Franc-
      fort*, p. 32.
—   *tremula (pars)*, Drouët, 1888. *Union. Bassin Rhône*, pl. III,
      fig. 3 *(tantum)* (3).

La Saône, dans la Côte-d'Or [Drouët, Bourguignat] (4).

Anodonta impura, Servain.

Anodonta impura, Servain, 1882. *Moll. acéph. Francfort*, p. 34. —
      Westerlund, 1890. *Fauna Palæar. reg.*, VII, p. 224.

La Loire, à Port-Thibaut, près Angers (Maine-et-Loire) [Bour-
guignat]; la Loire, à Ingrandes et aux environs de Nantes (Loire-
Inférieure) [Loc.]; etc. (5).

(1) Groupe européen des *Macrosteniana*, Bourguignat.
(2) Le type vit à Francfort, dans le Mein (Servain).
(3) Dans sa description, M. Drouët a dû confondre plusieurs formes différentes ; l'*Anodonta curta*, de Servain, ne s'applique qu'à la figure donnée pl. III, fig. 3, de l'*Anodonta tremula* (Bourg.).
(4) Le type se trouve dans le Mein, à Francfort (Servain).
(5) Le type vit dans le Mein, à Francfort (Servain) et se rencontre également dans le Lesum, à Végésak, dans l'Allemagne du Nord (Bourg.).
Il convient de rapporter encore à ce groupe : *Anodonta Maritzana*, Bourguignat (1882), de Bulgarie et d'Allemagne ; *A. cypholena*, Servain (1882), d'Allemagne (Bourg.).

N. — Groupe de l'*A. Lacannica* (1).

Anodonta Lacannica, BOURGUIGNAT.

Anodonta Lacannica, Bourguignat, 1885. *Nov. sp.*

La Canne, à Saint-Saulge (Nièvre) [Bourguignat] (2).

O. — Groupe de l'*A. Carvalhoi* (3).

Anodonta Carvalhoî, CASTRO.

Anodonta Carvalhoi, Castro, 1883. *Contr. faune malac. Portugal*, p. 20.

Le Beaureplet, près Saint-Saulge (Nièvre) [Bourguignat] ; la Provence, sans indication précise de localité [Loc.] (4).

Anodonta Carvalhopsis, LOCARD.

Anodonta Carvalhopsis, Locard, 1889. *Nov. sp.*

Bois-Vieux (Jura) ; la Reyssouze, aux environs de Bourg ; la Veyle, près Pont-de-Veyle (Ain) [Loc.].

Anodonta popularis, BOURGUIGNAT.

Anodonta popularis, Bourguignat, 1889. *Nov. sp.*

Le Beaureplet (Nièvre) [Bourguignat].

P. — Groupe de l'*A. Vendeana* (5).

Anodonta Vendeana, SERVAIN.

Anodonta Vendeana, Servain, 1883. *Nov. sp.*

---

(1) Groupe européen des *Lacanniciana*, Bourguignat.

(2) A la suite de ce groupe doit prendre place celui des *Machadoiana* qui comprend les espèces suivantes du Portugal : *Anodonta Machadoia*, Castro ; *A. Lusoiana*, Castro ; *A. Alleniana*, Castro ; *A. Bofilliana*, Bourguignat ; *A. Wenceslai*, Castro ; *A. Bocogeana*, Castro ; *A. Rosari*, Castro (Bourg.).

(3) Groupe européen des *Carvalhoiana*, Bourguignat.

(4) Le type vit en Portugal (Castro, Bourg.).

(5) Groupe européen des *Arrosiana*, Bourguignat. — Le type de ce groupe est l'*Anodonta arrosa*, Castro, qui vit en Portugal.

L'*Anodonta Tamegana*, Castro, du Portugal, appartient encore à ce groupe (Bourg.).

Le Maine, à Cholet (Maine-et-Loire) [Servain, Bourguignat] ; la Loire, à Ingrandes et à Nantes (Loire-Inférieure) ; la Loire, à Balbigny et à Roanne (Loire); Bois-Vieux, Tourmont (Jura) [Loc.] ; etc.

Anodonta Financei, LOCARD.

Anodonta Financei, Locard, 1889. *Nov. sp.*

Bois-Vieux, Montafroid (Jura); Passavant (Haute-Saône); la Noée, près Caen (Calvados) [Loc.]; etc. (1).

Q. — Groupe de l'*A. incrassata* (2).

Anodonta incrassata, SHEPPARD.

Mytilus incrassatus, Sheppard, 1820. *On two new Brit. spec. of Myti-*
lus, in Linn. trans., XIII, p. 85, pl. V, fig. 4. — 1845.
Edit. Chenu, p. 270, pl. XXVII, fig. 2.
Anodonta incrassata, Bourguignat, 1881. *Mat. moll. acéph.*, I, p. 304.
— Locard, 1882. *Prodrome*, p. 279.

Le Thouet, à Saumur (Maine-et-Loire); la Loire, aux environs de Nantes ; le lac de Grandlieu (Loire-Inférieure); la Loire, à Roanne et à Balbigny (Loire) [Loc.]; etc. (3).

Anodonta Divinita, BOURGUIGNAT.

Anodonta Divinita, Bourguignat, 1889. *Nov. sp.*

Le Beaureplet, près Saint-Saulge (Nièvre) [Bourguignat].

Anodonta cœnosella, BOURGUIGNAT.

Anodonta cœnosella, Bourguignat, 1889. *Nov. sp.*

Le Beaureplet, près Saint-Saulge (Nièvre) [Bourguignat].

(1) Entre le groupe des *Arrosiana* et le suivant, se placent deux autres groupes, l'un hispa-nique, l'autre allemand. Le premier comprend les *Anodonta Capelloiana*, A. *Mengoiana* et A. *Barbozana* de Castro ; le second les *Anodonta Morini*, A. *ocnera* et A. *ocnerella*, Servain, du Mein (Bourg.).
(2) Groupe européen des *Incrassatiana*, Bourguignat.
(3) Le type vit dans la rivière de Trent, à Holme, près de Newark, dans le comté de Notting-ham, en Angleterre (Sheppard).

R. — Groupe de l'*A. spondea* (1).

Anodonta spondea, BOURGUIGNAT.

Anodonta spondea, Bourguignat, 1889. *Nov. sp.*

La Loire, à Nantes (Loire-Inférieure) [Bourguignat, Loc.] (2).

Anodonta sterra, SERVAIN.

Anondonta sterra, Servain, 1889. *Nov. sp.*

La Saône, à Neuville-sur-Saône (Rhône) [Bourguignat]; La Loire à Roanne et à Balbigny (Loire); les délaissés du Rhône, aux environs de Seyssel (Ain et Savoie); le Rhône, aux environs de Valence (Drôme) [Loc.]; etc. (3).

Anodonta Barboræca, SERVAIN.

Anodonta Barboræca, Servain, *in* Locard, 1882. *Prodrome*, p. 280 et 332.

Juigné-sur-Loire (Maine-et-Loire) [Bourguignat, Servain].

Anodonta Thibauti, SERVAIN.

Anodonta Thibauti, Servain, 1889. *Nov. sp.*

La Loire, à Angers (Maine-et-Loire) [Bourguignat, Servain]; la Loire, à Ingrandes et à Nantes (Loire-Inférieure); la Saône, à Auxonne et à Saint-Jean-de-Losne (Côte-d'Or); la Reyssouze, aux environs de Bourg; les délaissés du Rhône, au sud de Seyssel (Ain et Savoie) [Loc.]; etc. (4).

S. — Groupe de l'*A. Loppionica* (5).

Anodonta Loppionica, BOURGUIGNAT.

Anodonta idrina, Kobelt, 1876. *Iconogr.*, pl. CXX, fig. 1159 *(non Spinelli.)*

---

(1) Groupe européen des *Spondæana*, Bourguignat.
(2) Le type vit dans le Rhin, à Mayence (Bourg.).
(3) Le type se trouve en Allemagne dans le Mein (Bourg.).
(4) Dans le même groupe il convient également de faire rentrer l'*Anodonta Rynchota*, Servain, du Mein, espèce qui vit aussi en Angleterre (Bourg.).
(5) Groupe européen des *Meretrixiana*, Bourguignat. — Le type de ce groupe est l'*Anodonta meretrix*, Bourguignat (1881) du lac de Pérouze, en Italie.

Anodonta Loppionica, Bourguignat, 1881. *Mat. moll. acéph.*, I, p. 194. —
Bourguignat, 1883. *Union. penins. ital.*, p. 43.
— de Bettana, var. *Loppionica*, Westerlund, 1890. *Fauna Palæar.
reg.*, VII, p. 231.

L'Arconce, à Charolles (Saône et Loire) [Bourguignat] (1).

Anodonta Florenciana, LOCARD.

Anodonta Florenciana, Locard, 1884. *Contrib. faune malac. franç.*,
VIII, p. 29. — Servain, 1888. *In Bull. soc. malac. franç.*,
V, p. 329. — Westerlund, 1890. *Fauna Palæar. reg.*, VII,
p. 231.

La Drée, à Épinac (Saône-et-Loire) [Bourguignat, Loc.]; Briouze
(Orne); l'Yonne, à Pont-sur-Yonne (Yonne); la Seine, à Montereau
(Seine-et-Marne); la Loire, à Roanne (Loire) [Loc.]; etc. (2).

Anodonta arundinum, SERVAIN.

Anodonta arundinum, Servain, *in* Locard, 1884. *Contrib. faune malac.
franç.*, VIII, p. 37. — Westerlund, 1890. *Fauna Palæar.
reg.*, p. 276.

Le Maine, à Cholet (Maine-et-Loire) [Servain, Bourguignat, Loc.]; la
Loire à Ingrandes et à Nantes (Loire-Inférieure); La Drée, à Épinac; le
canal de Gueugnon à Digoin (Saône-et-Loire) [Loc.]; etc. (3).

Anodonta Alethinia, BOURGUIGNAT.

Anodonta Alethinia, Bourguignat, 1885. *Nov. sp.*

L'Allier, à Moulins (Allier) [Bourguignat] (4).

(1) La forme que l'on rencontre dans cette station est une variété *minor*. Le type vit dans
le Tyrol italien (Bourg.).

(2) Cette espèce se retrouve en Allemagne, dans l'Alster et dans l'Elbe, à Steinworder (Servain).

(3) M. Servain a également trouvé cette espèce dans l'Alster, à Hambourg, en Allemagne.

(4) A ce même groupe il convient de rapporter encore les espèces suivantes étrangères à la
France : *Anodonta Trasimenica*, Kobelt (1880), d'Italie ; *A. Monterosatoi*, Bourguignat (1881),
d'Italie ; *A. Herciniana*, Servain, (1889) d'Allemagne (Bourg.).

T. — Groupe de l'*A. intermedia* (1).

Anodonta intermedia, Lamarck.

Mytilus anatinus, Schröter, 1779. *Flussconch.*, pl. I, fig. 2 *(non* Linné).
Anodonta intermedia, Lamarck, 1819. *Anim. s. vert.*, VI, I. p. 86. —
Encyclop. méth., pl. CCI, fig. 2. — Bourguignat, 1881.
Mat. moll. acéph., I, p. 311. — Locard, 1882. *Prodrome*,
p. 279. — Westerlund, 1890. *Fauna Palæar. reg.*, VII,
p. 274.

La Loire, à Tours (Indre-et-Loire) [Lamarck]; la Maine, à Angers; le
Thouet, à Saumur [Bourguignat]; le Louet, à Juigné-sur-Loire; Saint-
Philibert-du-Peuple [Servain] (Maine-et-Loire) (2).

Anodonta Germanica, Servain.

Anodonta Germanica, Servain, 1888. *In Bull. Soc. malac. France*, V,
p. 330. — Westerlund, 1890. *Fauna Palæar. reg.*, VII,
p. 278.

La Loire, à Port-Thibaut, près Angers (Maine-et-Loire) [Servain,
Bourguignat]; la Loire, aux environs de Nantes et à Ingrandes (Loire-
Inférieure); la Vieille Rivière, à Caen (Calvados); l'Eure, à Chartres
(Eure-et-Loir); la Loire, à Orléans (Loiret); la Ferté-Hauterives (Al-
lier); la Loire, à Roanne (Loire); la lôsne Tabard, à Irigny (Rhône)
[Loc.]; etc. (3).

Anodonta Caletengis, Locard.

Anodònta Caletengis, Locard, 1890. *Nov. sp.*

La Seine, depuis Rouen jusqu'au Havre (Seine-Inférieure); la Seine à
Mantes (Seine-et-Oise) [Loc.]; etc.

---

(1) Groupe européen d'*Intermediana* (Bourguignat).
Entre le groupe de *Meretriciana* et celui des *Intermediana* se place celui des *Platte-
niciana* du lac Balaton, qui comprend les espèces suivantes : *Anodonta Plattenica, A. Dubreili, A. Balatonica, A. Tihanyca, A. hydalina, A. Tissoli, A. aquatica* et *A. Hazayana* du
D* Servain (Bourg.).

(2) M. Bourguignat a retrouvé cette même forme en Angleterre, à Manchester, et M. Servain à
Francfort, dans le Mein, ainsi qu'en Suisse, dans le lac de Zurich.

(3) Le type a été recueilli dans le Weser à Végésac et dans l'Elbe, à Steinwarder près Hambourg, en Allemagne (Servain).

Anodonta sigela, BOURGUIGNAT.

Anodonta sigela, Bourguignat, 1889. *Nov. sp.*

Le lac du Parc de la Tête-d'Or, à Lyon (1) [Bourguignat] ; le Rhône, au confluent et à Vernaison (Rhône); le Sevron, à Varennes-Saint-Sauveur; canal de Gueugnon à Digoin (Saône-et-Loire); les environs d'Auxonne (Côte-d'Or); Rappe (Haut-Rhin); la Loire, à Nantes [Loc.]; etc.

Anodonta Friedlanderiana, SERVAIN.

Anodonta Friedlanderiana, Servain, 1889. *Moll. acéph. Francfort,*
p. 56. — Westerlund, 1890. *Fauna Palæar.reg.,*VII, p. 276.

La Seine, entre Bougival et Paris (Seine-et-Oise et Seine) [Bourguignat]; la Seine, à Vernon (Eure); la Seine, près de son embouchure (Seine-Inférieure); la Seine, à Montereau (Seine-et-Marne); l'Yonne, à Pont-sur-Yonne, et aux environs de Sens (Yonne); la Loire, à Basse-Indre (Loire-Inférieure [Loc.] ; etc. (2).

Anodonta Richardi, BOURGUIGNAT.

Anodonta Richardi, Bourguignat, *in* Schröder, 1885. *Union. Allem., in
Bull. Soc. malac. France*, II, p. 215.— Servain, 1888. *Moll.
fluv. Hambourg, in Bull. Soc. malac. France*, V, p. 330.
— Westerlund, 1890. *Fauna Palæar. reg.*, p. 278.

Le canal du Midi à Carcassonne (Aude) [Sourbieu, Servain, Baichère] ; etc. (3).

U. — Groupe de l'*A. Rossmässleriana* (4).

Anodonta Rossmässleriana, DUPUY.

Anodonta Rossmässleriana, Dupuy, 1843. *Essai moll. Gers*, p. 74. —
Dupuy, 1852. *Hist. moll.*, p. 608, pl. XVIII, fig. 14. —

---

(1) Trouvé à Lyon par feu Péchaud et étiqueté : bassin du Jardin botanique de Lyon. (Collect. Bourg.).

(2) Le type vit à Francfort, dans le Mein (Servain).

(3) Le type a été découvert à l'embouchure de l'Havel, dans l'Elbe (Schröder), et retrouvé près Hambourg (Servain).

Dans ce même groupe des *Intermediana* il convient de faire rentrer l'*Anodonta eporediana*, Issel (1883), d'Italie.

(4) Groupe européen des *Rossmässleriana*, Bourguignat (1881. *Mat. moll. acéph.*, p. 207

Bourguignat, 1881. *Mat. moll. acéph.*, I, p. 207. — Locard,
1882. *Prodrome*, p. 273. — Westerlund, 1890. *Fauna Palæar. reg.*, VII, p. 237.

Le Gers, la Baïsse, la Gimonne [Dupuy]; l'Ossun, à Tarbes (Hautes-Pyrénées); canal entre Loire et Cher, près Tours (Indre-et-Loire); la Marne, à Langres (Haute-Marne); ruisseau des Vignes, à Amance, près Vendeuvre-sur-Barse (Aude) [Bourguignat]; la Bienne, à Vers-la-Montagne (Jura) [Loc.]; etc. (1).

Anodonta segnis, Bourguignat.

Anodonta segnis, Bourguignat, 1885. *Nov. sp.*

La Loire, à Saumur (Maine-et-Loire) [Bourguignat]; les environs de Saint-Amour (Jura); le Torrin, à Villeneuve (Saône-et-Loire); la Reyssouze, aux environs de Bourg; la Veyle, à Pont-de-Veyle; étangs de Chalamont (Ain) [Loc.]; etc.

Anodonta luxata, Held.

Anodonta luxata, Held, 1857. *In Isis*, IV, p. 305. — Küster, 1852. *Syst. conch. cab.*, Anod., p. 9, pl. III, fig. 1. — Bourguignat, 1881. *Mat. moll. acéph.*, I, p. 208. — Locard, 1882. *Prodrome*, p. 274. — Westerlund, 1890. *Fauna Palæar. reg.*, VII, p. 238 (4).

Le Serain, à Monetau, près Auxerre (Yonne) [Bourguignat]; la Marne, à Jaulgonne (Aisne) [Lallemant, Bourguignat]; la Marne, près Château-Thierry (Aisne); la Marne, à Lagny et à Meaux; la Seine, à Bray-sur-Seine (Seine-et-Marne); l'Essonne, près Corbeil (Seine); la Seine, à Nogent-sur-Seine (Aube); la Saône, à Collonges et à Neuville-sur-Saône (Rhône) [Loc.]; etc. (2).

Anodonta inornata, Küster.

Anodonta inornata, Küster, 1852. *Syst. conch. cab.*, Anod., p. 42, pl. III, fig. 6. — Bourguignat, 1881. *Mat. moll. acéph.*, I, p. 208. —

(1) Sous ce nom d'*Anodonta Rossmässleriana* nous avons reçu les espèces les plus différentes de l'est de la France, notamment des départements du Doubs, du Jura et de la Côte-d'Or.
Cette espèce existe également en Allemagne et en Angleterre (Bourg.).
(2) Le type vit en Allemagne, notamment en Bavière, aux environs de Passau. M. Bourguignat possède également cette espèce de Damhnussoën, en Danemark.

Locard, 1882. *Prodrome*, p. 274. — Westerlund, 1890.
Fauna Palæar. reg., VII, p. 238.
Anodonta radiata, var. inornata, Mörch, 1864. *Syn. moll. Daniæ*, p. 85.

La Loire, à Tours (Indre-et-Loire) [Bourguignat]; l'Ivette, à Orsay (Seine-et-Oise) [Coutagne]; le Tech (Pyrénées-Orientales) [Fagot]; l'Allier, à Vichy (Allier); l'étang de Vaux, près Saint-Saulge (Nièvre) [Bourguignat]; la Loire, au Port-Thibaut, près Angers (Maine-et-Loire) [Servain, Bourguignat]; l'Eure, à Vernon (Eure); la Seine, au nord de Rouen (Seine-Inférieure) [Loc.]; etc. (1).

Anodonta subinornata, BOURGUIGNAT.

Anodonta subinornata, Bourguignat, 1885. *Nov. sp.*

L'Ain, à Brainans, près Poligny (Jura) [Mabille, Bourguignat]; le Sevron, à Varennes-Saint-Sauveur (Saône-et-Loire); la Saône, à Auxonne et à Saint-Jean-de-Losne (Côte-d'Or); la Reyssouze, aux environs de Bourg; la Veyle, à Pont-de-Veyle (Ain); la Loire, aux environs de Nantes (Loire-Inférieure) [Loc.]; etc.

Anodonta blaca, BOURGUIGNAT.

Anodonta blaca, Bourguignat, 1885. *Nov. sp.*

La Saône, à Neuville-sur-Saône (Rhône) [Bourguignat]; la Loire, à Basse-Indre et à Nantes (Loire-Inférieure) [Loc.]; etc. (2).

Anodonta ultronea, BOURGUIGNAT.

Anodonta ultronea, Bourguignat, 1885. *Nov. sp.*

Aulzey, près Saint-Saulge (Nièvre) [Bourguignat] (3).

V. — Groupe de l'A. obnixa (4).

Anodonta obnixa, LOCARD.

Anodonta obnixa, Locard, 1890. *Nov. sp.*

---

(1) Le type a été découvert dans le Regnitz, près Erlangen, en Bavière; M. Bourguignat l'a reçu d'Alberslung, en Danemark, et M. Servain l'a signalé dans l'Elbe et dans l'Alster, à Hambourg.

(2) Le type vit en Allemagne, dans le Mein, entre Francfort et le Rhin (Bourg.).

(3) Il convient de ranger encore dans ce groupe l'*Anodonta Nilsoni*, de Küster, espèce allemande (Bourg.).

(4) Groupe européen des *Brotiana*, Bourguignat (1881. *Mat. moll. acéph.*, I, p. 209).

4

Le canal du Rhône au Rhin, les environs de Mulhouse ; la Loire, aux environs de Nantes (Loire-Inférieure) [Loc.]; etc. (1).

X. — Groupe de l'*A. mitula* (2).

Anodonta mitula, Bourguignat.

Anodonta mitula, Bourguignat, 1889. *Nov. sp.*

Le Rhône, aux environs de Vienne (Isère) [Bourguignat].

Y. — Groupe de l'*A. Sturmi* (3).

Anodonta Sturmi, Bourguignat.

Mytilus anatinus (pars), Sturm, 1803. *Deutsch. fauna*, 1er fasc., p. 1.
Anodonta intermedia (non Lamarck), C. Pfeiffer, 1821. *Nat. Deutsch. Moll.*, I, p. 113, pl. VI, fig. 3.
— *cellensis, var. intermedia*, Mörch, 1864. *Syn. moll. Dan.*, p. 85.
— *Sturmi*, Bourguignat, 1881. *Mat. moll. acéph.*, I, p. 223. — Locard, 1882. *Prodrome*, p. 274. — Westerlund, 1890. *Fauna Palæar. reg.*, VII, p. 245.

Céret (Pyrénées-Orientales) ; le canal du Midi, à Villefranche-de-Lauraguais (Haute-Garonne) [Bourguignat] ; le canal du Midi et le canal de Fresquel, à Carcassonne (Aude) [Baichère]; le Rhône, près Arles [Bourguignat]; étang de Meyranne [Coutagne] (Bouches-du-Rhône); l'Indre, à Prissault (Indre-et-Loire) ; l'étang de Grandlieu, à Passay (Loire-Inférieure) [Bourguignat, Servain] ; la Saône, à Heuilly-sur-Saône [Loc.] ; la Seine, à Étrochez, Courcelles [Beaudouin] (Côte-d'Or); etc. (4).

Anodonta Lutetiana, J. Mabille.

Anodonta Lutetiana, J. Mabille, *in* Bourguignat, 1881. *Mat. moll. acéph.*, I, p. 223. — Locard, 1882. *Prodrome*, p. 274. — Westerlund, 1890. *Fauna Palæar. reg.*, VII, p. 245.

La Bièvre, à Arcueil, près Paris (Seine) [Mabille, Bourguignat].

---

(1) Ce même groupe renferme surtout des espèces suisses telles que : *Anodonta Broti*, Bourguignat (1881); *A. Desori*, Coutagne (1881); *A. Pictetiana*, Mortillet (1867); etc. (Bourg.).
(2) Groupe européen des *Gestroiana*, Bourguignat.
Le type de ce groupe est l'*Anodonta Gestroi*, Bourguignat (1863. *Union. penins. ital.*, p. 99).
(3) Groupe européen des *Sturmiana*, Bourguignat.
(4) On trouve cette forme en Bavière, aux environs de Nuremberg, et en Allemagne près de Cassel ; M. Bourguignat l'a reçue du Danemark ; M. Servain l'a rencontrée à l'île de Lutzelau dans le lac de Zurich, en Suisse.

Anodonta chresimella, BOURGUIGNAT.

Anodonta chresimella, Bourguignat, 1889. *Nov. sp.*

La Saône à Rochetaillée [Bourguignat], à Neuville-sur-Saône et à Villevert (Rhône); la Grosne, à La Ferté et à Marnay ; la Saône, à Tournus et à Châlon-sur-Saône ; le Sevron, à Varennes-Saint-Sauveur (Saône-et-Loire) [Loc.] ; etc. (1).

Anodonta Autricensis, LOCARD.

Anodonta Autricensis, Locard, 1889. *Nov. sp.*

L'Eure, à Chartres (Eure-et-Loir) [Loc.]; etc.

Z. — Groupe de l'*A. Pyrenaica* (2).

Anodonta Pyrenaica, LOCARD.

Anodonta Pyrenaica, Locard, 1889. *Nov. sp.*

La Sare (Basses-Pyrénées) [Loc.].

Anodonta Marconi, BOURGUIGNAT.

Anodonta Marconi, Bourguignat, 1885. *Nov. sp.*

La Canne, à Saint-Saulge (Nièvre) [Bourguignat].

Anodonta Blanci, BOURGUIGNAT.

Anodonta Blanci, Bourguignat, 1881. *Mat. moll. acéph.*, I, p. 233. — Locard, 1882. *Prodrome*, p. 274. — Westerlund, 1890. *Fauna Palæar. reg.*, p. 248.

Étang de Saint-Paul, près Thonon (Savoie) [Bourguignat]; etc. (3).

(1) A la suite du groupe des *Sturmiana* il faut placer deux autres groupes européens qui ne paraissent pas représentés en France : 1° groupe des *Humbertiana*, Bourguignat, qui comprend: *Anodonta Humberti*, Bourguignat (1881); *A. Roblinica*, Adami ; *A. Kobeltiana*, Adami, de Suisse, d'Italie et du Tyrol; 2° groupe des *Depressiana*, Bourgnignat, qui comprend : *Anodonta depressa*, Schmidt (1848); et *A. complacita*, Servain (1882), de Carniole et d'Allemagne.

(2) Groupe européen des *Rostratiana*, Bourguignat (1881. *Mat. mot. acéph.*, p. 225), dont e type est l'*Anodonta rostrata*, Kobelt (*In* Rossmässler, 1886. *Iconogr.*, IV, p. 25, fig. 284. — Bourguignat, 1881. *Mat. moll. acéph.*, p. 227), spécial à la Carniole et que nous ne connaissons pas en France.

(3) Le type vit dans un étang près de Turin, en Italie (Bourg.).

Anodonta Sebinensis, ADAMI.

> *Anodonta Idrina*, S. Clessin, 1852. *Syst. conch. cab.*, Anod., pl. LV,
>   fig. 1 et 2. — Kobelt, 1876. *Iconogr.*, pl. CXX, fig. 1156
>   *(non* Spinelli).
> —   *Sebinensis*, Adami, *Mss.*, 1878. *In* Bourguignat, 1881. *Mat. moll.*
>   *acéph.*, I, p. 232. — Bourguignat, 1883. *Union. pen. Ital.*,
>   p. 102. — Westerlund, 1890. *Fauna Palæar. reg.*, p. 248.

Le lac d'Annecy (Savoie) [Loc.] (1).

AA. — Groupe de l'*A. Jourdheuili* (2).

Anodonta Jourdheuili, RAY.

> *Anodonta rostrata*, Drouët, 1853. *Naïades France*, p. 14, pl. V, fig. 2
>   *(non* Kokelt).
> —   *Jourdheuili*, Ray, *in* Bourguignat, 1881. *Mat. moll. acéph.*,
>   I, p. 237. — Locard, 1882. *Prodrome*, p. 275.

Les canaux du château des Cours, à Saint-Jullien près Troyes (Aube)
[Drouët, Bourguignat] ; la Maine, à Angers (Maine-et-Loire) [Bour-
guignat, Servain] ; l'Erdre, près Nantes (Loire-Inférieure) [Mabille,
Bourguignat] ; etc.

Anodonta rhynchota, SERVAIN.

> *Anodonta rynchota*, Servain, 1882. *Hist. moll. acéph. Francfort*, p. 51.
>   — Westerlund, 1890. *Fauna Palæar. reg.*, p. 252.

Les environs de Nantes (Loire-Inférieure) [Loc.] ; (3).

---

(1) Le type se trouve en Lombardie, dans le lac d'Iseo, ainsi que dans la Tresa et le lac Muzano, du canton de Lugano de la Suisse italienne (Bourg.).

Il faut encore classer dans le groupe des *Rostratiana* les espèces suivantes qui n'ont pas été rencontrées en France : *Anodonta Ressmanni*, Bourguignat (1881), de la Carynthie ; *A. diminuta*, Bourg. (1881), de la Carynthie ; *A. Helvetica*, Bourg. (1862), de la Suisse ; *A. Visurgitana*, Bourg., *in* Servain (1888), d'Allemagne ; *A. Eudora*, Bourg. (1887), d'Italie ; *A. misara*, Servain (1885), de Suisse ; etc. (Bourg.).

« C'est à la suite de cette espèce que devrait trouver place l'*Anodonta Culoxiana*, Nicolas (1888. *In Ann. Acad. Vaucluse*), signalée par son auteur comme devant se trouver dans le Rhône à Culoz, si cette Anodonte était réellement nouvelle. Mais d'après un échantillon provenant de M. Nicolas, échantillon qui m'a été envoyé par M. le capitaine Caziot, j'ai reconnu, sans qu'il puisse exister le moindre doute dans mon esprit, que la prétendue *Culoxiana* était un échantillon-type de l'*Anodonta limpida*, provenant de la Narenta, en Dalmatie (Bourg.).

(2) Groupe européen des *Jourdheuiliana*, Bourguignat (1881. *Mat. moll. acéph.*, p. 236). »

(3) Le type vit aux environs de Francfort (Servain). La forme nantaise correspond à une *var. minor.*

Anodonta Scaldiana, DUPUY.

> *Anodonta anatina*, Hecart, 1883. *Coq. Valenciennes*, p. 6. *(non* Linné).
> — *Scaldiana*, Dupuy, 1852. *Hist. moll.*, p. 613, pl. XIX, fig. 12. —
>   Bourguignat, 1881. *Mat. moll. acéph.*, I, p. 237. — Locard,
>   1882. *Prodrome*, p. 275. — Westerlund, 1890. *Fauna*
>   *Palæar. reg.*, VII, p. 251.

L'Escaut, à Valenciennes (Nord) [Dupuy, Bourguignat].

Anodonta oblonga, MILLET.

> *Anodonta oblonga*, Millet, 1833. *In Mém. Soc. agric. Angers*, I, 3ᵉ liv.,
>   p. 242, pl. XII, fig. 1 *(non auct.)* (1).

La Maine et la Mayenne (Maine-et-Loire) [Millet, Bourguignat]; la
Laignes, aux Riceys (Aube) [Coutagne]; la Saône, au nord de Lyon, à
Villevert, Neuville-sur-Saône (Rhône); la Grande-Garonne, à Fréjus
(Var); les environs de Nantes (Loire-Inférieure) [Loc.]; etc.

Anodonta glischra, BOURGUIGNAT.

> *Anodonta glischra*, Bourguignat, 1884. *Nov. sp.*

Orsay, près Paris (Seine-et-Oise] [Bourguignat, Loc.]; Saint-Amour,
Bois-Vieux (Jura); Reyssouze et le Reyssouzet, à Saint-Julien (Ain)
[Loc.]; etc.

Anodonta Georgei, BOURGUIGNAT.

> *Anodonta Georgi*, Bourguignat, *in* Locard, 1881. *Prodrome*, p. 280 et
>   351.
> — *Georgei*, Westerlund, 1890. *Fauna Palæar. reg.*, VII, p. 282.

Le Louet, à Juigné-sur-Loire (Maine-et-Loire) [Bourguignat, Ser-
vain]; la Nièvre, à Lurcy (Nièvre) [Bourguignat]; etc.

Anodonta Philypna, SERVAIN.

> *Anodonta Philypna*, Servain, 1884. *Nov. sp.*

La Loire, à Saumur (Maine-et-Loire); la Loire, près Ingrandes et près
Nantes (Loire-Inférieure) [Loc.]; etc.

---

(1) Comme nous l'expliquerons plus loin l'*Anodonta oblonga* de presque tous les auteurs
n'est pas l'*A. oblonga* de Millet, mais bien l'*A. Noeli*, Bourg. et Loc.

Anodonta marcida, PECHAUD.

Anodonta marcida, Pechaud, 1885. *Nov. sp.*

La Nièvre, à Lurcy (Nièvre) [Pechaud, Bourguignat].

Anodonta Loroisi, BOURGUIGNAT.

Anodonta Loroisi, Bourguignat, 1881. *Mat. moll. acéph.*, I, p. 243. —
Locard, 1882. *Prodrome*, p. 271. — Westerlund, 1890.
Fauna Palæar. reg., p. 252.

Canal de Bretagne à Saint-Congard (Morbihan) ; canaux près de Tours
(Indre-et-Loire) [Bourguignat] ; la Grosne, à la Ferté et à Marnay ; la
Saône, à Tournus, Varennes et Chalon-sur-Saône (Saône-et-Loire) ; la
Canne, à Pontillard (Nièvre) [Loc.] ; etc. (1).

BB. — Groupe de l'*A. Ogerieni* (2).

Anodonta Ogerieni, BOURGUIGNAT.

Anodonta Ogerieni, Bourguignat, 1881. *Mat. moll. acéph.*, I. p. 268. —
Locard, 1882. *Prodrome*, p. 276. — Westerlund, 1890.
Fauna Palæar. reg., VII, p. 259.

Le Marboz et le Suran, à Gigny [Bourguignat] ; Saint-Amour [Cou-
tagne] (Jura) ; etc.

Anodonta Auboirica, BOURGUIGNAT.

Anodonta Auboirica, Bourguignat, 1885. *Nov. sp.*

L'Auboir (Cher) [Bourguignat] ; les environs de Moulins (Allier)
[Loc.] ; etc.

CC. — Groupe de l'*A. anatina* (3).

Anodonta Æchmopsis, BOURGUIGNAT.

Anodonta Æchmopsis, Bourguignat, 1881. *Mat. moll. acéph.*, I, p. 247.
— Locard, 1882. *Prodrome*, p. 275.
— *Æchmopsis*, Westerlund, 1890. *Fauna Palæar. reg.*, p. 253.

(1) L'*Anodonta Serbica*, Letourneux (1881. *In* Bourguignat, *Mat. moll. acéph.*, p. 241), de
Belgrade, dans le Danube, appartient également à ce groupe (Bourg.).
(2) Groupe européen des *Ogerieniana*, Bourguignat.
(3) Groupe européen des *Anatiniana*, Bourguignat (1881. *Mat. moll. acéph.*, I, p. 244).

Le lac du Bourget, du côté de Tresserve (Savoie) [Bourguignat] ; etc. (1).

Anodonta Indusiana, BOURGUIGNAT.

Anodonta Indusiana, Bourguignat, 1885. *Nov. sp.*

L'Ain (sans indication précise de localité) [Bourguignat]; la Loire aux environs de Nantes (Loire-Inférieure) [Loc.] ; etc.

Anodonta Rayi, DUPUY.

Anodonta Rayi, Dupuy, 1849. *Cat. extramar. Galliæ test.*, n° 25. — Dupuy, 1852. *Hist. moll.*, p. 614, pl. XX, fig. 22. — Bourguignat, 1881. *Mat. moll. acéph.*, I, p. 251.— Locard, 1882. *Prodrome*, p. 275. — Westerlund, 1890. *Fauna Palæar. reg.*, p. 254.

La Bonde-Gendret, à Troyes [Ray, Dupuy, Bourguignat] ; Nogent-sur-Seine ; la Nosle, à Aix-en-Othe [Bourguignat]; la Laignes [Loc.] (Aube); Saint-Amour, Marboz, Gigny (Jura); la Salle (Saône-et-Loire); le Tarn [Loc.]; l'Aveyron, à Rodez (Aveyron) [Servain]; le canal du Midi, à Villefranche-de-Lauraguais (Haute-Garonne) [Bourguignat]; etc. (2).

Anodonta spathuliformis, LOCARD.

Anodónta spathuliformis, Locard, 1884. *Contrib. faune malac. franç*, VIII, p. 24. — Westerlund, 1890. *Fauna Palæar. reg.*, VII, p. 224.

Saint-Amour, Brainans [Loc.], Salins [Bourguignat] (Jura) ; la Brizotte, la Saône, aux environs d'Auxonne (Côte-d'Or); la Reyssouze, aux environs de Bourg (Ain) ; l'Essonne et la Seine, au sud de Corbeil (Seine-et-Oise); la Noë, à Caen (Calvados) [Loc.]; etc.

Anodonta elodæa, PECHAUD.

Anodonta elodæa, Pechaud, 1854. *In Bull. Soc. malac. franç.*, I, p. 193. — Westerlund, 1890. *Fauna Palæar. reg.*, VII, p. 255.

---

(1) Le type vit en Croatie ; on le retrouve également en Lombardie (Bourg.).
(2) M. Servain a retrouvé cette espèce sur les bords du lac de Zurich en Suisse.

Ruisseaux de Bicherolles et de Beaureplet, près Saint-Saulge (Nièvre) [Pechaud, Bourguignat] ; Bressolles, les environs de Moulins (Allier) ; la Saône, au nord de Lyon, à Neuville-sur-Saône, Villevert, Albigny (Rhône) ; Bois-Vieux (Jura) ; la Brizotte (Côte-d'Or) ; Lunéville (Meurthe-et-Moselle) ; les environs de Nantes (Loire-Inférieure) [Loc.] ; etc.

Anodonta Krapinensis, Letourneux.

> *Anodonta Krapinensis*, Letourneux, *in* Bourguignat, 1881. *Mat. moll. acéph.*, I, p. 245. — Westerlund. 1890. *Fauna Palæar. reg.*, VII, p. 253.

Le Torrin, à Villeneuve ; le Menthon, le Sevron, près Marboz (Ain) ; la Veyle, près Pont-de-Veyle ; les étangs de Chalamont et de Villars-en-Dombes (Ain) [Loc.] ; etc. (1).

Anodonta anatina, Linné.

> *Mytilus anatina*, Linné, 1758. *Syst. nat.*, édit. X. p. 706. — Hanley, 1855. *Ipsa Linnæi conchylia*, p. 144, pl. II, fig. 1 *(optima)*.
> *Anodonta anatina*, Rossmässler, 1837. *Iconogr.*, pl. XXX, fig. 417 *(tantum)*. — Bourguignat, 1881. *Mat. mol. acéph.*, I, p. 259. — Locard, 1882. *Prodrome*, p. 275. — Westerlund, 1890. *Fauna Palæar. reg.*, VII, p. 255.

L'Yvette, à Chevreuse (Seine-et-Oise) [Mabille, Bourguignat] ; le canal de l'Ourcq, à Bondy (Seine) ; la Masle, à Amboise (Indre-et-Loire) ; les environs de Lons-le-Saulnier, Saint-Amour (Jura) [Bourguignat] ; le Sevron, près Marboz ; le Menthon, la Veyle, la Reyssouze (Ain) ; l'Ouche, la Brizotte (Côte-d'Or) [Loc.] ; La Saône, à Vonges (Côte-d'Or) [Bourguignat, Coutagne] ; Aulzey (Nièvre) ; l'Aveyron, à Rodez (Aveyron) [Bourguignat] ; l'Orne, à Feugerolles (Calvados) ; les délaissés de la Seine, au nord de Rouen (Seine-Inférieure) ; l'Esse, à Manonville (Meurthe-et-Moselle) [Loc.] ; etc. (2).

Anodonta æquorea, Bourguignat.

> *Anodonta æquorea*, Bourguignat, 1889. *Nov. sp.*

---

(1) Le type vit en Croatie ; on ne trouve en France qu'une *var. minor.* (Bourg.).

(2) Le type vit en Suède ; on a retrouvé également cette même forme en Allemagne, en Suisse, en Italie, etc. (Bourg.).

La Loire, à Nevers (Nièvre) [Bourguignat]; la Loire, près Nantes
(Loire-Inférieure); le Menthon; le Sevron, à Marboz; la Reyssouze, aux
environs de Bourg; la Veyle, à Pont-de-Veyle (Ain) [Loc.]; etc.

Anodonta palustris, D'ORBIGNY.

> *Mytilus analinus*, Da Costa, 1778. *Brit. conch.*, p. 215, pl. XV, fig. 2
>   (*non* Linné).
> *Anodonta palustris*, d'Orbigny, *in* de Ferussac, 1822. *Arct. Anod.*, *Dict.*
>   *class. Hist. nat.*, I, p. 397. — Bourguignat, 1881. *Mat.*
>   *moll. acéph.*, I, p. 256. — Locard, 1882. *Prodrome*, p. 275.
> —   *alpestris*, de Charpentier, *Mss.*
> —   *tenella*, Held, *in* Küster, 1852. *Syst. conch. cab.*, Anod., p. 63,
>   pl. IX, fig. 5. — Westerlund, 1890. *Fauna Palæar. reg.*,
>   VII, p. 255.

L'Auvergne (d'Orbigny, de Ferussac); Chalon-sur-Saône [Fagot,
Bourguignat]; ruisseau de la Salle; le Sevron, à Varennes-Saint-Sau-
veur (Saône-et-Loire); la Seine, à Châtillon-sur-Seine; la Saône, à
Saint-Jean-de-Losne (Côte-d'Or); Passavent (Haute-Saône); Condé-
Folie (Somme) [Loc.]; canal entre Loir et Cher; la Maine, à Angers
(Maine-et-Loire) [Bourguignat]; lac de Grandlieu (Loire-Inférieure)
[Bourguignat, Servain]; etc. (1).

Anodonta Idrinopsis, LOCARD.

> *Anodonta Idrinopsis*, Locard, 1890. *Nov. sp.*

La Brizotte, l'Albanne, l'Ouche, la Saône aux environs d'Auxonne (Côte-
d'Or) [Loc.]; etc.

DD. — Groupe de l'*A. glabra* (2).

Anodonta glabra, VILLA.

> *Anodonta glabra*, Villa, 1841. *Disp. Syst. conch.*, p. 10 (*sine descr.*). —
>   Bourguignat, 1881. *Mat. moll. acéph.*, I p. 262. — Locard,

---

(1) Cette même espèce vit également en Suisse, sur les bords du lac de Zurich (Servain), et
en Italie, aux environs de Mantoue (Bourguignat).

A ce même groupe, il convient encore de rapporter les espèces suivantes : *A. Pilariana*
Bourguignat (1881), de Croatie; *A. Rayopsis*, Servain (1885), de Suisse; *A. Danica*, Mörch (1881),
de Danemark; etc.

(2) Groupe européen des *Idriniana*, Bourguignat. — Le type du groupe est l'*Anodonta*
Idrina, Spinelli (1851), de Lombardie.

1887. *Prodrome*, p. 276. — Westerlund, 1890. *Fauna Palæar. reg.*, VII, p. 257.

La Couze, près Issoire (Puy-de-Dôme) ; la Loire, à Roanne (Loire) ; l'Allier, à Vichy (Allier) [Bourguignat] ; la Marne, à Château-Thierry (Aisne) ; la Vieille-Rivière, près Caen (Calvados) [Loc] ; etc. (1).

Anodonta glabrella, BOURGUIGNAT.

Anodonta glabrella, Bourguignat, 1889. *Nov. sp.*

La Nièvre, à Lurcy-le-Bourg ; la Canne, à Saint-Saulge (Nièvre) ; le Drée, près Épinac (Saône-et-Loire) [Bourguignat] ; la Brizotte (Côte-d'Or) [Loc.] ; etc.

Anodonta Jurana, LOCARD.

Anodonta Jurana, Locard, 1889. *Nov. sp.*

Bois-Vieux, Saint-Amour (Jura) ; le Sevron, à Varennes-Saint-Sauveur (Saône-et-Loire) ; la Brizotte, aux environs d'Auxonne (Côte-d'Or) [Loc.] ; etc.

Anodonta Nycterina, BOURGUIGNAT.

Anodonta anatina, *typus*, Drouët, 1852. *Naïades franç.*, pl. IV, fig. 1 (*non* Linné).
— *Nycterina*, Bourguignat, 1881. *Mat. moll. acéph.*, p. 104 et 266. — Locard, 1882. *Prodrome*, p. 276.

La Barse et divers cours d'eau des environs de Troyes (Aube) [Drouët, Bourguignat] ; Châtillon-sur-Seine, Sainte-Colombe, Étrochez (Côte-d'Or) [Beaudouin] ; les eaux du Menthon (Ain) [Loc.] ; etc. (2).

EE. — Groupe de l'*A. arealis* (1).

Anodonta arealis, KÜSTER.

Anodonta arealis, Küster, 1852. *Syst. conch. cab.*, Anod., p. 47, pl. IX, fig. 2-4. — Bourguignat, 1881. *Mat. moll. acéph.*, I, p. 283. — Locard, 1882. *Prodrome*, p. 277. — Westerlund, 1890. *Fauna Palæar. reg.*, VII, p. 263.

---

(1) Le type se trouve en Lombardie (Bourg.).

(2) On retrouve également cette même espèce en Lombardie (Bourg.).

A ce même groupe on doit également rapporter l'*Anodonta Idrinella*, Bourguignat (1885), de la Lombardie.

(3) Groupe européen des *Arealiana*, Bourguignat (1881. *Mat. moll. acéph.*, I, p. 282).

La Masle, à Amboise (Indre-et-Loire) ; le lac du Bourget (Savoie) [Bourguignat]; la Tille (Côte-d'Or); le lac d'Annecy (Haute-Savoie) ; les environs de Nantes (Loire-Inférieure) [Loc.]; etc. (1).

Anodonta invicta, LOCARD.

Anodonta invicta, Locard, 1890. *Nov. sp.*

Le canal du Rhône au Rhin, les environs de Mulhouse [Loc.] ; etc.

Anodonta Burgundina, LOCARD.

Le Sevron, à Varennes-Saint-Sauveur ; la Saône, près Chalon-sur-Saône et Tournus; la Grosne, à la Ferté et à Marnay (Saône-et-Loire) ; le Doubs, près Dole (Jura) ; la Saône, à Saint-Jean-de-Losne (Côte-d'Or); la Loire, à Basse-Indre (Loire-Inférieure) [Loc.]; etc.

Anodonta subarealis, FAGOT.

Anodonta anatina, Dupuy, 1852. *Hist. moll.*, pl. XIX, fig. 13 *(non* Linn.).
— *Scaldiana*, Kobelt, 1880. *Iconogr.*, pl. CXCIV, fig. 1960 *(non* Dupuy).
— *subarealis*, Fagot, *in* Bourguignat, 1881. *Mat. moll. acéph.*, I, p. 283. — Locard, 1882. *Prodrome*, p. 277. — Westerlund, 1890. *Fauna Palæar. reg.*, VII, p. 263.

L'Escaut, à Valenciennes (Nord); la Seine, à Paris (Seine); Bèche-rolles et Saint-Maurice, près Saint-Saulge ; la Nièvre, à Lurcy (Nièvre) [Bourguignat]; la Maine, à Angers, près la Poissonnière, et à Saint-Philbert-du-Peuple (Maine-et-Loire) [Bourguignat, Servain]; Contrexeville (Vosges); la Saône, à Vonges (Côte-d'Or) [Bourguignat]; le Sevron, près Marboz (Ain); l'Esse, à Manonville (Meurthe-et-Moselle) ; les environs de Dax (Landes) (2); le canal du Midi, à Villefranche-de-Lauraguais (Haute-Garonne) [Fagot, Bourguignat]; le canal du Midi, à Carcassonne (Aude) [Sourbieu] ; etc. (3).

Anodonta thanorella, BOURGUIGNAT.

Anodonta thanorella, Bourguignat, 1885. *Nov. sp.*

______

(1) Cette forme vit également : dans le lac Morat, en Suisse ; dans l'Aussa, près d'Aquileia e Illyrie; aux environs de Montfalcon (Bourg.); etc.

(2) Le type vit dans cette localité (Bourg.).

(3) On retrouve également cette espèce dans la Trave, à Lubeck (Bourg.) et dans le lac de Zurich (Serv.).

La Mouge, à Laizé [Bourguignat] ; le Sevron, à Varennes Saint-Sauveur [Loc.] (Saône-et-Loire) ; etc.

Anodonta trianguliformis, BOURGUIGNAT.

Anodonta trianguliformis, Bourguignat, 1885. *Nov. sp.*

La Somme, à Abbeville (Somme) [Bourguignat] ; la Rille, à Pont-Audemer (Eure) ; la Seine, au nord de Rouen (Seine-Inférieure) [Loc.] ; etc.

Anodonta Sourbieui, BOURGUIGNAT.

Anodonta Sourbieui, Bourguignat, 1885. *Nov. sp.*

Le canal du Midi, à Carcassonne [Bourguignat]; l'étang de Jouarre [Baichère] (Aude); Saint-Philbert-du-Peuple (Maine-et-Loire); la Semence, près Charolles (Saône-et-Loire) ; la Canne, près Saint-Saulge (Nièvre) [Bourguignat]; l'Albane, les environs d'Auxonne (Côte-d'Or) [Loc.]; etc. (1).

Anodonta Morchiana, CLESSIN.

Anodonta mutabilis, var. *Mörchiana*, S. Clessin, 1876. *Syst. conch. cab.*, Anod., p. 238.
— *Mörchiana*, S. Clessin, 1876. *Loc. cit.*, p. 280, pl. LXXVII, fig. 1-2. — Bourguignat, 1881. *Mat. moll. acéph.*, I, p. 285. — Locard, 1882. *Prodrome*, p. 277. — Westerlund, 1890. *Fauna Palæar. reg.*, VII, p. 265.

La Saône, à Chalon-sur-Saône (Saône-et-Loire) [Fagot, Bourguignat] (2).

Anodonta parvula, DROUËT.

Anodonta parvula, Drouët, 1852. *Naïades franç.*, p. 9, pl. IV, fig. 2. — Bourguignat, 1881. *Mat. moll. acéph.*, I, p. 288. — Locard, 1882. *Prodrome*, p. 278. — Westerlund, 1890. *Fauna Palæar. reg.*, VII, p. 264.

L'Ourse, à Bar-sur-Seine (Drouët) ; bras de la Seine, en amont de Troyes [Bourguignat] (Aube) ; ruisseau à Brunoy (Seine-et-Oise) ; l'Ourcq,

---

(1) Cette espèce vit également en Allemagne. (Bourg.).
(2) Le type vit en Danemark, dans l'île Seeland (Clessin).

à Meaux [Bourguignat] ; la Marne, à Lagny [Loc.] (Seine-et-Marne) ;
Ruisseau de Longpoint (Aisne) ; l'Orge, à Juvizy (Seine-et-Oise) [Ma-
bille, Bourguignat] ; la Marne, à Châlons-sur-Marne (Marne) [Coutagne,
Bourguignat] ; la Seine, à Chatillon-sur-Seine ; la Brizotte ; les environs
d'Auxonne (Côte-d'Or) ; la Mouge, à Laizé (Saône-et-Loire) ; Passavent
(Haute-Saône) [Loc.] ; Saint-Amour [Coutagne]; Saint-Julien, Gigny, les
environs de Lons-le-Saulnier (Jura) [Loc.]; la Masle, à Amboise ; le
canal entre Loir et Cher, près de Tours (Indre-et-Loire); le canal de
Nevers, à Nevers (Nièvre) [Bourguignat] ; la Canne, à Pontillard [Loc.];
Bupy, près Saint-Saulge (Nièvre) ; le parc de la Tête-d'Or, à Lyon
(Rhône) [Bourguignat) ; la Maine, à Angers (Maine-et-Loire) [Servain,
Bourguignat] ; etc.

Anodonta pœdica, Pillot.

> *Anodonta coarctata*, Dupuy, 1852. *Hist. moll.*, pl. XX, fig. 21 *(non*
> Potiez et Michaud).
> — *pœdica*, Pillot, *in* Bourguignat, 1881. *Mat. moll. acéph.*, I, p. 288.
> — Locard, 1882. *Prodrome*, p. 278.

Rivière de la Vacherie, près Troyes (Aube) ; la Maine, à Angers
(Maine-et-Loire); la Charente, à Angoulême (Charente) [Bourguignat] ;
Gigny, et les environs de Lons-le-Saulnier (Jura) ; la Brizotte, le Sarron,
l'Ouche, la Borne, aux environs d'Auxonne (Côte-d'Or); le Doubs, près
Verdun (Saône-et-Loire) [Loc.]; etc. (1).

FF. — Groupe de l'*A. Camurina* (2).

Anodonta Camurina, Pechaud.

> *Anodonta Camurina*, Pechaud, 1884. *In Bull. Soc. malac. franç.*, I,
> p. 145. — Westerlund, 1890. *Fauna Palæar. reg.*, VII,
> p. 257.

Ruisseau de Bicherolles et de Saint-Maurice, près Saint-Saulge
(Nièvre) [Pechaud, Bourguignat] ; etc.

---

(1) Il faut encore ajouter à ce groupe : *Anadonta Clessini*, Bourguignat (1881), d'Allemagne; *A. Benacensis*, Villa (1871), d'Italie; etc. (Bourg.).
(2) Groupe européen des *Camuriana*, Bourguignat.

A nodonta Bisuntiensis, Locard.

Anodonta Bisuntinensis, Locard, 1889. *Nov. sp.*

Le Doubs, aux environs de Besançon (Doubs) ; le Sevron, à Varennes-Saint-Sauveur ; la Saône et le Doubs, aux environs de Verdun (Saône-et-Loire) [Loc.] ; etc.

Anodonta Merularum, Pechaud.

Anodonta Merularum, Pechaud, 1885. *Nov. sp.*

Ruisseau des Merles, à Aulezy et Saint-Maurice, près Saint-Saulge (Nièvre) [Pechaud, Bourguignat] ; etc.

Anodonta mitis, Bourguignat et Pechaud.

Anodonta mitis, Bourguignat et Pechaud, 1885. *Nov. sp.*

La Canne, à Saint-Saulge et Saint-Maurice (Nièvre) [Bourguignat et Pechaud] ; la Loire, près Bas-en-Basset (Haute-Loire) ; la Besbre (Allier) ; l'Ouche, la Brizotte (Côte-d'Or) ; la Seine, à Corbeil et à Juvizy (Seine-et-Oise) ; l'Yonne, à Pont-sur-Yonne (Yonne) [Loc.] ; etc.

Anodonta codiella, Bourguignat.

Anodonta codiella, Bourguignat, 1881. *Mat. moll. acéph.*, I, p. 289. — Locard, 1882. *Prodrome*, p. 278. — Westerlund, 1890. *Fauna Palæar. reg.*, VII, p. 265.

Rivière de la Vacherie, près Troyes (Aube) ; la Saône, à Neuville-sur-Saône (Rhône) [Bourguignat] ; etc.

Anodonta pygmæa, Bourguignat.

Anodonta pygmœa, Bourguignat, 1885. *Nov. sp.*

Montapas, près Saint-Saulge (Nièvre) [Bourguignat] (1).

---

(1) Il convient de faire rentrer dans ce groupe les espèces suivantes : *Anodonta Hermanni*, Bourguignat (1885), du lac Salziger en Allemagne ; *A. codopsis*, Servain (1882), du Mein, en Allemagne, et du Taméga en Portugal (Bourg.).

GG. — Groupe de l'*A. ovula* (1).

Anodonta fœdata, SERVAIN.

Anodonta fœdata, Servain, 1887. *Nov. sp.*

La Maine, à Cholet (Maine-et-Loire) [Bourguignat, Servain]; la Loire, à Ingrandes et aux environs de Nantes (Loire-Inférieure) ; le Menthon; la Reyssouze, aux environs de Bourg (Ain) [Loc.] ; etc.

Anodonta ovula, SERVAIN.

Anodonta ovula, Servain, 1887. *In Bull. Soc. malac. franç.*, IV, p. 264. — Westerlund, 1890. *Fauna Palæar. reg.*, VII, p. 263.

Le lac de Grandlieu (Loire-Inférieure) [Servain, Bourguignat] ; la Canne, à Saint-Saulge (Nièvre) [Bourguignat] ; etc.

Anodonta ovularis, BOURGUIGNAT.

Anodonta ovularis, Bourguignat, 1885. *Nov. sp.*

Gigny (Jura) [Bourguignat] ; Marboz [Loc.] (Ain); la Brizotte, près Auxonne (Côte- d'Or); les étangs des environs de Montbrison et de Feurs (Loire) ; la Loire, près Bas-en-Basset (Haute-Loire) [Loc.] ; etc.

Anodonta fastigata, BOURGUIGNAT ET PECHAUD.

Anodonta fastigata, Bourguignat et Pechaud, 1885. *Nov. sp.*

Lurcy-le-Bourg, Montapas, Saint-Maurice, près Saint-Saulge (Nièvre) [Bourguignat]; etc. (2).

HH. — Groupe de l'*A. Colloba* (3).

Anodonta Colloba, BOURGUIGNAT.

Anodonta Colloba, Bourguignat, 1881. *Mat. moll. acéph.*, I, p. 302. — Locard, 1882. *Prodrome*, p. 279. — Westerlund, 1890. *Fauna Palæar. reg.*, VII, p. 271.

---

(1) Groupe européen des *Ovuliana*, Bourguignat.

(2) Il faut encore ajouter à ce groupe l'*Anodonta pertora*, Servain (1885), du lac Salziger et du Lesum, près Végésak, en Allemague (Bourg.).

Groupe européen des *Collobiana*, Bourguignat.

La Canne, à Saint-Saulge (Nièvre); la Maine, à Cholet (Maine-et- Loire)
[Bourguignat] ; Passavant (Haute-Saône); la Bienne, près Saint-Claude
(Jura); la Reyssouze, près Bourg (Ain); les délaissés du Rhône, au nord
de Seyssel (Ain et Haute-Savoie) [Loc.] ; etc. (1).

Anodonta Suranica, BOURGUIGNAT.

Anodonta Suranica, Bourguignat, 1885. *Nov. sp.*

La Canne, à Saint-Saulge ; l'Aron, à Montapas ; Saint-Maurice (Nièvre);
la Semence, à Charolles (Saône-et-Loire) [Bourguignat] ; le Suran, à
Saint-Jullien; Brainans (Jura); le lac d'Annecy (Haute-Savoie); Mittois
(Calvados) [Loc.] ; etc.

II. — Groupe de l'*A. Westerlundi* (2).

Anodonta Westerlundi, FAGOT.

Anodonta Westerlundi, Fagot, *in* Bourguignat, 1881. *Mat. moll. acéph.*,
I, p. 266. — Locard, 1882. *Prodrome*, p. 276.— Westerlund,
1890. *Fauna Palæar. reg.*, VII, p. 259.

Mittois (Calvados) ; l'Esse, à Manonville (Meurthe-et-Moselle) [Loc.];
l'Yvette, à Orsay (Seine-et-Oise) [Bourguignat, Coutagne, Loc.]; la
Maine, à Cholet (Maine-et-Loire); Matapas, Lurcy, Pougues [Bourgui-
gnat]; la Canne, à Pontillard [Loc.] (Nièvre); le lac de Grandlieu
[Bourguignat], les environs de Nantes [Loc.] (Loire-Inférieure); Gigny
(Jura) [Coutagne]; la Brizotte (Côte-d'Or) [Loc.] ; etc. (3).

Anodonta subluxata, KÜSTER.

Anodonta subluxata, Küster, 1852. *Syst. conch. cab.*, Anod., p. 52,
pl. XIII, fig. 1-2 *(tantum).*— Bourguignat, 1881. *Mat. moll.
acéph.*, I, p. 265. — Westerlund, 1890. *Fauna Palæar.
reg.*, VII, p. 258.

Aulesy et la Canne, près Saint-Saulge (Nièvre) [Bourguignat] ; La Selle

---

(1) M. Schröder a signalé cette espèce dans la Saale, près Passemdorf, en Allemagne.

(2) Groupe européen des *Westerlundiana*, Bourguignat (1881. *Mat. moll. acéph.*, I, p. 262, *pars*).

(3) Cette espèce a été retrouvée à Skane, en Suède (Bourg.).

(Haute-Saône); l'Isère, près Goncelin et aux environs de Grenoble (Isère) [Loc.] ; etc. (1).

Anodonta Ervica, BOURGUIGNAT.

> *Anodonta Ervica*, Bourguignat, 1881. *Mat. moll. acéph.*, I, p. 271. —
> Locard, 1882. *Prodrome*, p. 276. — Westerlund, 1890.
> *Fauna Palæar. reg.*, VII, p. 260.

L'Erve, au-dessous du château de Thévalles, près Chéméré-le-Roy (Mayenne) [Bourguignat] ; lac de Grandlieu (Loire-Inférieure) [Servain, Bourguignat] : Saint-Saulge (Nièvre) [Loc.] ; etc.

Anodonta inæquabilis, BOURGUIGNAT.

> *Anodonta inæquabilis*, Bourguignat, 1889. *Nov. sp.*

L'Erve (Mayenne) ; la Canne, à Saint-Saulge (Nièvre) [Bourguignat]; etc.

Anodonta Montapasi, BOURGUIGNAT ET PECHAUD.

> *Anodonta Montapasi*, Bourguignat et Pechaud, 1885. *Nov. sp.*

L'Aron, à Montapas (Nièvre) [Bourguignat].

Anodonta gibbosula, BOURGUIGNAT.

> *Anodonta gibbosula*, Bourguignat, 1885. *Nov. sp.*

La Canne, à Saint-Saulge (Nièvre) [Bourguignat] (2).

JJ. — Groupe de l'*A. acallia* (3).

Anodonta acallia, RAY.

> *Anodonta coarcata*, Kobelt, 1879. *Iconogr.*, pl. CLXV, fig. 1659 *(non auct.)*
> — *acallia*, Ray, *in* Bourguignat, 1881. *Mat. moll. acéph.*, I. p. 276.
> Locard, 1882. *Prodrome*, p. 287. — Westerlund, 1890.
> *Fauna Palæar. reg.*, VII, p. 261.

(1) Le type vit en Saxe ; on retrouve cette même espèce en Russie, dans le fleuve Konka, et en Suisse, dans le lac des Quatre-Cantons (Bourg.).

(2) L'*Anodonta Konkanica*, Bourguignat, 1885, du fleuve Konka, en Russie, appartient également à ce groupe (Bourg.).

(3) Groupe européen des *Acalliana*, Bourguignat (1881. *Mat. moll. acéph.*, I, p. 270).

La Laignes, aux Riceys (Aube) [Ray, Bourguignat]; Saint-Amour (Jura); la Borne, la Brizotte (Côte-d'Or); la Marne, à Château-Thierry (Aisne); l'Essonne et la Seine, près Corbeil (Seine-et-Oise) [Loc.]; etc. (1).

Anodonta exulcerata, Villa.

Anodonta exulcerata, Villa, *in* Porro, 1838. *Malac. prov. Comasca*, p. 111, pl. II, fig. 12. — Bourguignat, 1881. *Mat. moll. acéph.*, I, p. 275.

Lac de Grandlieu (Loire-Inférieure) [Bourguignat, Servain] (2).

Anodonta Lortetiana, Locard.

Anodonta Lortetiana, Locard, 1884. *Contrib. faune malac. franç.*, VIII, p. 34. — Westerlund, 1890. *Fauna Palæar. reg.*, VII, p. 262.

Le ruisseau de la Salle; la Grosne, à Cluny et à La Ferté (Saône-et-Loire) [Loc.]; etc.

Anodonta illota, Ray.

Anodonta illota, Ray, *in* Bourguignat, 1881. *Mat. moll. acéph.*, I, p. 280. — Locard, 1882. *Prodrome*, p. 277. — Westerlund, 1890. *Fauna Palæar. reg*, VII, p. 262.

La Laignes, aux Riceys (Aube) [Ray, Bourguignat] (3).

KK. — Groupe de l'*A. Bourguignati* (4).

Anodonta Bourguignati, Mabille.

Anodonta Bourguignati, Mabille, *in* Bourguignat, 1881. *Mat. moll. acéph.*, I, p. 257. — Locard. 1887. *Prodrome*, p. 276. — Westerlund, 1890. *Fauna Palæar. reg.*, VII, p. 256.

Le canal de l'Ourcq, à Bondy (Seine) [Mabille, Bourguignat] (5).

---

(1) Cette espèce se trouve également dans la Tamise au-dessus de Londres (Bourg.).

(2) Le type vit en Lombardie (Villa, Bourguignat).

(3) L'*Anodonta Kleciaki*, Drouët (1881), de Dalmatie, etc , appartient également à ce groupe (Bourg.).

(4) Groupe européen des *Lusitaniana*, Bourguignat (1881. *Mat. moll. acéph.*, I, p. 257). — Le type de ce groupe est l'*Anodonta Lusitana*, Morlet (1845. *Moll. Portugal*, p. 103, pl. XII, fig. 1).

(5) Il faut ajouter à ce groupe les espèces suivantes : *Anodonta Tigurica*, Servain (1885); *A. ruvida*, Bourguignat (1881) ; *A. ruvidella*, Servain (1885); *A. Duregica*, Servain (1885); *A. deila*, Servain (1885) ; etc., toutes de la Suisse.

LL. — Groupe de l'*A. illuviosa* (1).

Anodonta illuviosa, BOURGUIGNAT.

Anodonta anatina, monstrosa, Brot, 1867. *Nayades Léman*, pl. VII,
fig. 2.
— *illuviosa*, Bourguignat, 1881. *Mat. moll. acéph.*, I, p. 296. —
Locard, 1887. *Prodrome*, p. 279. — Westerlund, 1890.
Fauna Palæar. reg., VII, p. 269.

L'Yvette, à Orsay (Seine-et-Oise) [Bourguignat, Coutagne]; l'Essonne,
près Corbeil (Seine et-Oise); le ruisseau de la Salle [Bourguignat]; la
Mouge, près Mâcon (Saône-et-Loire); le lac d'Annecy, aux environs
d'Annecy et de Talloires (Haute-Savoie); le lac d'Aiguelette; le lac du
Bourget, au port Puer (Savoie) [Loc.]; etc.(2).

Anodonta amnica, DROUET.

Anodonta amnica, Drouët, 1888. *In Journ. conch.*, XXXVI, p. 110. —
Drouët, 1889. *Unicn. bassin Rhône*, p. 87, pl. II, fig. 4. —
Westerlund, 1890. *Fauna Palæar. reg.*, VII, p. 270.

La Tille (Côte-d'Or) [Drouët].

Anodonta fallax, COLBEAU.

Mytilus anatinus, var., Maton et Rackett, 1807. *In Trans. Linn. Soc.*,
VIII, — 1847. *Edition* Chenu, pl. XVI, fig. 4.
Anodonta fallax, Colbeau, 1868. *Moll. Belg., in Ann. Soc. Belg.*, III,
p. 107, pl. III, fig. 3. — Bourguignat, 1881. *Mat. moll.
acéph.*, I, p. 297. — Westerlund, 1890. *Fauna Palæar.
reg.*, VII, p. 269.
— *oviformis*, S. Clessin, 1877. *Syst. conch. cab.*, Anod., p. 88,
pl. XXVI, fig. 5.

Gigny, et les environs de Saint-Amour; la Loire, près Mont-Barrey; le
Doubs, au sud de Dole (Jura) [Loc.]; etc. (3).

(1) Groupe européen des *Illut iosiana*, Bourguignat.
(2) Le type se trouve en Suisse, dans le lac de Genève (Brot); M. Bourguignat l'a également
signalé dans le lac des Quatre-Cantons, entre Lucerne et Kussnacht, et M. D' Servain dans le
lac de Zurich.
Cette espéce vit en Belgique, en Angleterre et en Suisse (Bourg.).
La forme française n'est pas très typique.

Anodonta invenusta, BOURGUIGNAT.

Anodonta invenusta, Bourguignat, 1885. *Nov. sp.*

La Seine, à Châtillon–sur–Seine (Côte-d'Or); les environs d'Auxonne (Côte-d'Or) [Loc.]; le Doubs, au sud de Dôle (Jura); etc. (1).

MM. — Groupe de l'*A. unioniformis* (2).

Anodonta unioniformis, LOCARD.

Anodonta unioniformis, Locard, 1889. *Nov. sp.*

Le Surand, à Saint–Jullien (Jura) [Loc.]; etc.

Anodonta manculopsis, LOCARD.

Anodonta manculopsis, Locard, 1889. *Nov. sp.*

Le Besançon, près Saint–Amour; le Surand, à Saint-Julien (Jura) [Loc.].

Anodonta ripariopsis, LOCARD.

Anodonta ripariopsis, Locard, 1889. *Nov. sp.*

La Vallière, à Montmorot, près Lons-le-Saulnier (Jura); le Tarn, près Albi (Tarn) [Loc.] ; etc.

Anodonta nanusopsis, LOCARD.

Anodonta nanusopsis, Locard, 1889. *Nov. sp.*

La Vallière, à Montmorot, près Lons-le-Saulnier (Jura) [Loc.]; etc.

NN. — Groupe de l'*A. Avonica* (3).

Anodonta Avonica, COUTAGNE.

Mytilus Avonensis, Montagu, 1803. *Test. Brit.*, p. 172.
Anodon Avonensis, var. 7, Brown, 1827. *Illust. Land. fresh. conch.*,

(1) Le type vit en Suisse (Bourguignat), en même temps que les autres formes suivantes qui appartiennent également à ce même groupe : *Anodonta eucaca*, Servain (1881); *A. hypœschra*, Servain (1885); *A. immunda*, Servain (1885) ; *A. fœda*, Servain (1885); *A. psammita* (Bourg.) (1882); etc.

(2) Groupe européen des *Unioniformiana*, Locard. Ce groupe renferme des coquilles de petite taille, ayant absolument un galbe d'*Unio*.

(3) Groupe européen des *Avoniana*, Bourguignat (1881) *(Mat. Moll. acéph.*, I, p. 303).

> pl. XVIII, fig. 3. — Brown, 1845. *Illust. recent. conch.*,
> pl. XXIX, fig. 2.
> *Anodonta Avonica*, Bourguignat, 1881. *Mat. moll. acéph.*, I, p. 304. —
> Locard, 1882. *Prodrome*, p. 279.

Le Morin, à Esbly (Seine-et-Marne) ; canal entre Loir et Cher, près Tours (Indre-et-Loire) [Mabille, Bourguignat] ; etc. (1).

Anodonta Arelatensis, JACQUEMIN.

> *Anodonta Arelatensis*, Jacquemin, 1835. *Guid. voy. Arles*, p. 124. —
> Dupuy, 1852. *Hist. moll.*, p. 611, pl. XIX, fig. 14. — Bour-
> guignat, 1881. *Mat. Moll. acéph.*, 1, p. 286. — Locard, 1882.
> *Prodrome*, p. 278. — Westerlund, 1890. *Fauna Palæar.*
> *reg.*, VII, p. 364.

L'étang de Meyranne, dans la Crau, au-dessous d'Arles ; le canal de Bouc, près Arles (Bouches-du-Rhône) ; la Saône, à Neuville-sur-Saône (Rhône) [Bourguignat] ; etc.

Anodonta indetrita, LOCARD.

> *Anodonta indetrita*, Locard, 1887. *Nov. sp.*

L'étang de Meyranne, dans la Crau (Bouches-du-Rhône) [Loc.] ; etc.

OO. — Groupe de l'*A. Marioni* (2).

Anodonta Marioni, COUTAGNE.

> *Anodonta Marioni*, Coutagne, 1883. *Nov. sp.*

Le Bras-Mort, rive gauche du Rhône, en face d'Aramon (Gard) [Coutagne].

Anodonta Ataxiaca, BAICHÈRE.

> *Anodonta Ataxiaca*, Baichère, 1890. *In Bull. Soc. malac. franç.*, VII.

L'ancien étang de Jouarre (Aude) [Baichère, Loc.] ; etc.

---

(1) Le type vit en Angleterre, dans l'Avon, dans le Wiltshire et dans diverses autres localités (Montagu, Brown).
(2) Groupe européen des *Marioniana*, Bourguignat.

Anodonta Sequanica, BOURGUIGNAT.

Anodonta Sequanica, Bourguignat, *in* Locard, 1882. *Prodrome,* p. 280
    et 349.

La Seine, à Poissy (Seine-et-Oise) [Bourguignat].

PP. — Groupe de l'*A. abbreviata* (1).

Anodonta Racketti, BOURGUIGNAT.

Mytilus cygnæus, var., Maton et Rackett, 1807. *In Linn. trans. Soc.*, VIII,
    pl. I, fig. 3. — *Edition* Chenu, pl. XVI, fig. 3 *(non* Linné).
Anodon ponderosa, var., Brown, 1827. *Illust. Land. freshw. Conch.*,
    pl. XV, fig. 1. — Brown, 1845. *Illust. recent conch.*
    pl. XXIX, fig. 3 *(non* Pfeiffer).
Anodonta Racketti, Bourguignat, 1881. *Mat. moll. acéph.*, I, p. 291. —
    Locard, 1882. *Prodrome*, p. 278. — Westerlund, 1890.
    Fauna Palæar. reg., VII, p. 267.

Le canal du Midi à Villefranche-de-Lauraguais (Haute-Garonne)
[Fagot, Bourguignat] ; etc. (2).

Anodonta Eunotaia, BOURGUIGNAT.

Anodonta Eunotaia, Bourguignat, 1881, *Mat. moll. acéph.*, I, p. 294. —
    Locard, 1882. *Prodrome*, p. 278.
    — *Eunotaia*, Westerlund, 1890. *Fauna Palæar. reg.*, VII, p. 268.

Les cours d'eau des environs de Troyes (Aube) [Bourguignat] ; Saint-
Julien-sur-Reyssouze ; la Veyle, près Pont-de-Veyle (Ain)[Loc.] ; etc. (3).

Anodonta Potiezi, BOURGUIGNAT.

Anodonta coarctata, Potiez et Michaud, 1844. *Gal. moll. Douai*, p. 142,
    pl. LV, fig. 2 *(non* Anton).
    — *Potiezi*, Bourguignat, 1881. *Mat. moll. acéph.*, I, p. 274. — Locard,
    1882. *Prodrome*, p. 274. — Westerlund, 1890. *Fauna
    Palæar. reg.*, VII, p. 26.

Ruisseaux de la Franche-Comté [Potiez et Michaud).

---

(1) Groupe européen des *Abbreviatiana*, Bourguignat (1881. *Mat. Moll. acéph.*, p. 291).
(2) Le type vit en Angleterre et en Écosse : on le retrouve également dans le Mein, à Francfort, et dans le lac de Constance (Bourg.).
(3) Cette même espèce vit également en Suisse (Bourg.).

Anodonta abbreviata, BOURGUIGNAT.

> *Anodonta anatina, typica,* Brot, 1867. *Nayades Léman,* pl. V, fig. 2
> *(non* Linné).
> —   *anatina, var. abbreviata,* Brot, 1867. *Loc. cit.,* pl. VI, fig. 2
> *(non* Linné).
> —   *abbreviata,* Bourguignat, 1881. *Mat. moll. acéph.,* I. p. 296. —
> Locard, 1882. *Prodrome,* p. 279. — Westerlund, 1890.
> *Fauna Palæar. reg.,* p. 268.

Le lac d'Annecy ; le lac du Bourget, au port Puer (Savoie) [Bourguignat [Loc.]; Brainan (Jura) la Reyssouze, au nord de Bourg (Ain) [Loc.]; etc. (1).

QQ. — Groupe de l'*A. callosæformis* (2).

Anodonta callosæformis, SERVAIN.

> *Anodonta callosæformis,* Servain, 1884. *Nov. sp.*

La Loire, au port Thibaut, près Angers (Maine-et-Loire) [Servain, Bourguignat] ; la Seine, à Châtillon-sur-Seine (Côte-d'Or) ; la Saône, à Villevert et à Fontaine-sur-Saône (Rhône) [Loc.]; etc. (3).

RR. — Groupe de l'*A. Milleti* (4).

Anodonta Milleti, RAY ET DROUET.

> *Anodonta Milleti,* Ray et Drouët, 1848. *Anod., in Rev. zool.,* p. 255,
> pl. I, fig. 1. — Dupuy, 1852. *Hist. moll.,* p. 617, pl. XXI,
> fig. 16. — Bourguignat, 1881. *Mat. moll. acéph.,* I, p. 360.
> Locard, 1882. *Prodrome,* p. 281. — Westerlund, 1890.
> *Fauna Palæar. reg.,* VII, p. 291.

Vivier à Montabert, à 12 kilomètres de Troyes (Aube) [Ray et Drouët]; vieux relais du Rhône au-dessous d'Arles (Bouches-du-Rhône) [Bour-

---

(1) Le type vit en Suisse, dans le lac de Genève (Brot).

Il convient de rapporter également à ce même groupe les espèces suivantes : *Anodonta Carotæ,* Bourguignat (1881), de la Lombardie et de la Suisse; *A. Aloïsi,* Bourg. (1885), de la Suisse; *A. truncata,* Parreys (1866), de Dalmatie; etc. (Bourg).

(2) Groupe européen des *Briandiana,* Bourguignat (1881. *Mat. Moll. acéph.,* I, p. 298). Le type de ce groupe est l'*Anodonta Briandiana,* Servain (1881), du lac Balaton en Hongrie.

(3) A ce même groupe appartiennent encore les espèces suivantes : *Anodonta Renouffi,* Servain (1881), du lac Balaton; *A. callosa,* Held (1852), du lac Balaton et du Danemark Bourg.).

(4) Groupe européen des *Milletiana,* Bourguignat (1881. *Mat. Moll. acéph.,* I, p. 359).

guignat]; les environs d'Avignon (Vaucluse); étangs de la Clayette (Saône-et-Loire) [Loc.]; etc. (1).

Anodonta Deperetiana, LOCARD.

Anodonta Deperetiana, Locard, 1889. *Nov. sp.*

La Tech, au sud de Perpignan (Pyrénées-Orientales) [Loc.]; etc.

Anodonta episema, BOURGUIGNAT.

Anodonta episema, Bourguignat, 1881. *Mat. moll. acéph.*, I, p. 360. — Locard, 1882. *Prodrome*, p. 281. — Westerlund, 1890. *Fauna Palæar. reg.*, VII, p. 291.
— *formosa*, Drouët, 1889. *In Journ. Conch.*, XXXVI, p. 109. — rouët, 1889. *Union. bassin Rhône*, p. 74, pl. II, fig. 3.

Le Rhône, au-dessous d'Arles (Bouches-du-Rhône) [Bourguignat, Drouët]; le Rhône, près Avignon (Vaucluse); le Rhône, à Aramon (Gard) [Loc.]; etc.

Anodonta Avenionensis, LOCARD.

Anodonta Avenionensis, Locard, 1886. *Nov. sp.*

Le Rhône, à Avignon (Vaucluse); le Rhône, à Aramon (Gard); Saint-Vallier (Drôme) [Loc.]; etc.

Anodonta subrhombea, BROWN.

Anodon subrhombea, Brown, 1827. *Illust. conch. Land. fresh.*, pl. XVI, fig. 3-4. — 1845. *Illust. recent conch.*, pl. XXX, fig. 3-4.
Anodonta piscinalis, Drouët, 1852. *Naïades Franç.*, pl. V, fig. 1 *(non* Nilsson.
— *subrhombea*, Bourguignat, 1881. *Mat. moll. acéph.*, I, p. 362. — Locard, 1882. *Prodrome*, p. 282.

Canaux des environs de Villemereuil, près Troyes (Aube) [Bourguignat]; la Seine, à Orival et au nord de Rouen (Seine-Inférieure); le Rhône, entre Avignon et Arles (Vaucluse, Gard et Bouches-du-Rhône) [Loc.]; etc. (2).

---

(1) M. Bourguignat a également reçu cette forme du Weser à Végésak, près Brême, en Allemagne.

(2) Le type vit en Angleterre, aux environs de Manchester (Brown).

Anodonta Dantessantyi, RAY.

> *Anodonta piscinalis, var. ?*, Rossmässler, 1837. *Iconogr.*, pl. XXX,
> fig. 416 *(non* Nilsson).
> — *Dantessantyi,* Ray, *in* Bourguignat, 1881. *Mat. moll. acéph.*,
> p. 363. — Locard, 1882. *Prodrome*, p. 282. — Westerlund,
> 1890. *Fauna Palæar. reg.*, VII, p. 292.

Villegussien, près Langres (Haute-Marne); bras mort du Rhône, en face d'Aramon (Gard); le Rhône, entre Avignon et Arles (Vaucluse et Bouches-du-Rhône); la Seine, à Orival et au nord de Rouen (Seine-Inférieure); la Marne, près Château-Thierry (Aisne); la Seine, et l'Essonne, près Corbeil (Seine-et-Oise) [Loc.]; etc.

Anodonta Perrieri, LOCARD.

> *Anodonta Perrieri,* Locard, 1890. *Nov. sp.*

La Seine, à Rouen, à Orival et au nord de Rouen jusqu'à son embouchure (Seine-Inférieure); la Seine, à Vernon (Eure); la Seine, près Mantes (Seine-et-Oise) [Loc.]; etc.

Anodonta Meridionalis, LOCARD.

> *Anodonta Meridionalis,* Locard, 1890. *Nov. sp.*

Le Rhône, aux environs d'Avignon (Vaucluse); le Rhône, près Arles (Bouches-du-Rhône) [Loc.]; etc.

Anodonta elachista, BOURGUIGNAT.

> *Anodonta elachista,* Bourguignat, 1866. *Moll. nouv. litig.*, 6e déc., p. 197,
> pl. XXXI, fig. 12-14. — Bourguignat, 1881. *Mat. moll.
> acéph.*, I, p. 363. — Locard, 1882. *Prodrome*, p. 282. —
> Westerlund, 1890. *Fauna Palæar. reg.*, VII, p. 242.

Le canal de Bouc à Arles (Bouches-du-Rhône) [Bourguignat]; les bords du Rhône depuis Avignon jusqu'au-dessous d'Arles (Vaucluse, Gard, Bouches-du-Rhône); Montagu (Vendée) [Loc.]; etc. (1).

Anodonta circulus, BOURGUIGNAT.

> *Anodonta circulus,* Bourguignat, 1885. *Nov. sp.*

---

(1) Cette espèce se retrouve également en Allemagne, dans le Mein, à Francfort (Servain).

Le Rhône, à Arles (Bouches-du-Rhône); la Saône, à Neuville-sur-Saône [Bourguignat], à Villevert et à Fontaine-sur-Saône (Rhône) ; la Loire, à Ingrandes et aux environs de Nantes (Loire-Inférieure) ; la Seine, près Rouen (Seine-Inférieure) [Loc.]; etc.

Anodonta mea, BOURGUIGNAT.

Anodonta mea, Bourguignat, 1885. *Nov. sp.*

La Seine, à Poissy (Seine-et-Oise) [Bourguignat]; la Marne, à Châlons-sur-Marne (Marne) ; la Seine, au nord de Rouen (Seine-Inférieure); la Rille, à Pont-Audemer (Eure); la Marne, près Château-Thierry (Aisne); la Marne, près Meaux (Seine-et-Marne); [Loc.] ; etc.

Anodonta pentagona, LOCARD.

Anodonta pentagona, Locard, 1890. *Nov. sp.*

La Seine, au nord de Rouen, à Orival, et jusqu'à son embouchure (Seine-Inférieure) [Loc.]; etc. (1).

SS. — Groupe de l'*A. Beccariana* (2).

Anodonta Beccariana, BOURGUIGNAT.

Anodonta Beccariana, Bourguignat, 1883. *Union. pénis. ital.*, p. 107. — Westerlund, 1890. *Fauna Palæar. reg.*, VIII, p. 294.

La Saône, à Couzon (Rhône) [Bourguignat] (3).

TT. — Groupe de l'*A. rotula* (4).

Anodonta rotula, SERVAIN.

Anodonta rotula, Servain, 1884. *Nov. sp.*

(1) Il convient encore de rapporter à ce groupe les espèces suivantes qui ne sont pas connues en France : *Anodonta eusomata*, Servain (1888), d'Allemagne ; *A. Moctera*, Servain (1888), d'Allemagne; *A. specialis*, Castro (1883), du Portugal; etc.

(2) Groupe européen des *Beccariana*, Bourguignat.

(3) Le type vit en Lombardie, dans la province de Mantoue (Bourg.).

(4) Groupe européen des *Letourneuxiana*, Bourguignat. Le type de ce groupe est l'*Anodonta Letourneuxi*, Bourguignat (1864), d'Algérie.

La Maine, à Cholet; la Loire, à Saint-Philbert-du-Peuple, et au port
Thibau, près Angers (Maine-et-Loire)[Servain, Bourguignat]; etc. (1).

Anodonta labelliformis, LOCARD.

Anodonta labelliformis, Locard, 1890. *Nov. sp.*

Sa Seine, au nord de Rouen, et à Orival (Seine-Inférieure) [Loc.]; etc.

UU. — Groupe de l'*A. tricassina* (2).

Anodonta Maristorum, BOURGUIGNAT.

Anodonta Maristorum, Bourguignat, 1885. *Nov. sp.*

La Saône, à Neuville-sur-Saône[Bourguignat], à Villevert et à Couzon;
les fossés du fort de la Vitriolerie, le parc de la Tête-d'Or, à Lyon
(Rhône); les environs de Nantes (Loire-Inférieure) [Loc.]; etc. (3).

Anodonta Rothomagensis, LOCARD.

Anodonta Rothomagensis, Locard, 1890. *Nov. sp.*

La Seine, aux environs de Rouen et jusqu'à son embouchure (Seine-
Inférieure); la Seine, près Mantes (Seine-et-Oise) [Loc.]; etc.

Anodonta gabatiformis, LOCARD.

Anodonta gabatiformis, Locard, 1889. *Nov. sp.*

La Loire, aux environs de Nantes (Loire-Inférieure) [Loc.] ; etc.

Anodonta sedentaria, MABILLE,

Anodonta sedentaria, Mabille, *in* Bourguignat, 1881. *Mat. moll, acéph.*
I, p. 316. — Locard, 1882. *Prodrome*, p. 279. — Wester-
lund, 1890. *Fauna Palæar. reg.*, VII, p. 275.

La Loire et l'Indre, près Nantes (Loire-Inférieure)[Mabille, Bourgui-
gnat]; la Maine, à Cholet et à Angers (Maine-et-Loire) [Bourguignat,

(1) A ce même groupe appartient encore l'*Anodonta Caspia* Bourguignat (1882), des lacs
près de Caspi à Leukoran.

(2) Groupe européen des *Tricassiniana*, Bourguignat.

(3) Le type se trouve dans les marais de la Drave, à Esseg en Slavonie; on l'observe également dans l'Elbe, à Hambourg, en Allemagne (Bourg.).

Servain]; la Masle, à Amboise (Indre-et-Loire) [Rambur, Bourguignat]; Montagu (Vendée) [Loc.]; etc. (1).

Anodonta anatinella, BOURGUIGNAT.

Anodonta anatina, Stabile, 1846. *Faun. Elvet.*, p. 57, fig. 67 et 68 *(non* Linné).
— *piscinalis, var. anatinella*, Stabile, 1859. *Moll. Lug.*, p. 47 et 61 *(non* Nilsson).
— *anatinella*, Bourguignat, 1883. *Union. penins. ital.*, p. 113. — Westerlund, 1890. *Fauna Palæar. reg.*, VII, p. 293.

Les environs de Valenciennes (Nord) [Loc.]; la Saône, à Albigny (Rhône) [Bourguignat]; la Saône, à Saint-Jean-de-Losne et aux environs d'Auxonne (Côte-d'Or); la Saône, aux environs de Chalon-sur-Saône et à Marnay; le Sevron, à Varennes Saint-Sauveur (Saône-et-Loire) [Loc.]; etc. (2).

Anodonta maculata, SHEPPARD.

Mytilus macula, Scheppard, 1820. *On two new Brit. spec. of Mytilus, in Trans. Linn. Soc.*, XIII, p. 83, pl. V. fig. 6. — 1845. *Edition* Chenu, p. 270, pl. XIII, fig. 3.
Anodonta maculata, Bourguignat, 1881. *Mat. moll. acéph.*, I, p. 285. — Locard, 1882. *Prodrome*, p. 277. — Locard, 1881. *Contrib. faune franç.*, VIII, p. 36. — Westerlund, 1890. *Fauna Palæar. reg.*, VII, p. 264.

Le Morin, à Esbly [Bourguignat]; la Marne, à Lagny et à Meaux (Seine-et-Marne); canal de Mons à Condé, près Valenciennes (Nord); Passavant (Haute-Saône) [Loc.]; Contrexeville (Vosges) [Bourguignat]; la Grosne, à la Ferté et à Marnay; la Saône, aux environs de Chalon-sur-Saône; l'Arconce, à Charolles (Saône-et-Loire); la Saône, au nord de Lyon, à Collonges, Fontaine-sur-Saône, Neuville-sur-Saône, etc. (Rhône); les environs de Romans (Drôme) [Loc.]; la Loire, à Roanne [Bourguignat] et à Villerest [Loc.] (Loire); la Maine, à Angers et à Saint-Philbert-du-Peuple (Maine-et-Loire); le lac de Grandlieu [Servain, Bourguignat], les environs de Nantes [Loc.] (Loire-Inférieure); le

---

(1) Cette espèce est aussi en Allemagne, dans le Mein ; M. Bourguignat l'a également reçue du Danemark.

(2) Le type vit en Italie, dans la Lombardie (Bourg.); on l'a également observé au confluent de l'Havel dans l'Elbe, en Allemagne (Schröder).

canal de Nevers (Nièvre) [Bourguignat] ; les environs de Rennes, l'étang
de Goven (Ille-et-Vilaine) [Bourguignat, Coutagne] ; etc. (1).

Anodonta Nicolloni, Locard.

Anodonta Nicolloni, Locard, 1889. *Nov. sp.*

La Loire, à Ingrandes, à Basse-Indre et aux environs de Nantes
(Loire-Inférieure) ; la Lay, près Mareuil (Vendée) [Loc] ; etc.

Anodonta nitefacta, Locard.

Anodonta nitefacta, Locard, 1889. *Nov. sp.*

La Saône, à Neuville-sur-Saône, à Couzon, à Collonges (Rhône) ;
l'Ouche, la Brizotte (Côte-d'Or); le Doubs, près Dôle (Jura); le Doubs,
aux environs de Besançon (Doubs); les environs de Romans (Drôme)
[Loc.] ; etc.

Anodonta tricassina, Pillot.

Anodonta tricassina, Pillot, *in* Bourguignat, 1881. *Mat. moll. acéph.*, I,
p. 323. — Locard, 1882. *Prodrome*, p. 280. — Westerlund,
1890. *Fauna Palæar. reg.*, VII, p. 278.

Aux alentours de Troyes, dans les divers bras de la Seine, notamment dans celui de Croncels, vers le déversoir (Aube) [Pillot, Bour-
guignat]; l'Yvette, à Chevreuse (Seine-et-Oise); le canal de l'Ourcq, à
Bondy (Seine); le Morin, à Esbly (Seine-et-Marne) [Mabille, Bourgui-
gnat]; le Cher, près Tours; le canal entre Loir et Cher (Loir-et-Cher)
[Rambur, Bourguignat] ; la Maine, à Angers (Maine-et-Loire) [Servain,
Bourguignat]; l'étang de Vaux, près Saint-Saulge (Nièvre) [Bour-
guignat]; l'Arconce, à Charolles ; la Drée, près Épinac (Saône-et-Loire);
la Saône, au nord de Lyon, à Couzon, Neuville-sur-Saône, Trévoux, etc.
(Rhône) [Loc.]; etc. (2).

---

(1) Le type de cet Anodonte vit en Angleterre, dans les jardins de Campsey-Ash ; M. Bourguignat l'a reçue également du Danemark, ainsi que des environs de Végésack et de l'Elbe
près Hambourg, en Allemagne (Bourg., Servain).

(2) M. Bourguignat a également reçu cette espèce : du Weser à Végésack, près Brême ; du
Mein à Francfort ; et de Castel d'Ario, dans la province de Mantoue.

Anodonta minima, MILLET.

Anodonta minima, Millet, 1833. *Descr. deux nouv. esp.Anod., in Mem. Soc. agr. Angers*, p. 241, pl. XII, fig. 2. — Bourguignat, 1881. *Mat. moll. acéph.*, I, p. 322. — Locard, 1882. *Prodrome*, p. 280. — Westerlund, 1890. *Fauna Palæar. reg.*, VII, p. 277.

Les ruisseaux qui se jettent dans l'Oudon, arrondissement de Segré ; la Maine, à Angers, à Cholet, etc. (Maine-et-Loire) [Millet, Bourguignat, Servain]; le canal d'Ille-et-Vilaine, aux environs de Rennes (Ille-et-Vilaine) [Mabille, Bourguignat]; le lac de Grandlieu (Loire-Inférieure) [Servain, Bourguignat]; le canal entre Loir et Cher, près Tours (Loir-et-Cher) [Rambur, Bourguignat]; la Masle, à Amboise (Indre-et-Loire) [Mabille, Bourguignat]; l'Yvette, à Orsay (Seine-et-Oise) [Coutagne, Bourguignat]; le Ternin, à Autun [Bourguignat]; la Grosne, près Cluny (Saône-et-Loire); la Saône, à Trévoux (Rhône) [Loc.]; etc. (1).

VV. — Groupe de l'*A. Picardi* (2).

Anodonta Journei, RAY.

Anodonta Journei, Ray, *in* Bourguignat, 1881. *Mat. moll. acéph.*, I, p. 327. — Locard, 1882. *Prodrome*, p. 281. — Westerlund, 1890. *Fauna Palæar. reg.*, VII, p. 280.

L'Aube, à Bar-sur-Aube (Aube) [Bourguignat, Ray] ; la Nonette, à Chaalis, près Ermenonville (Oise) [Bourguignat, Mabille]; le Thouet, à Saumur (Maine-et-Loire) [Servain] ; les environs de Nantes (Loire-Inférieure); la Loire, à Feurs [Loc.], et à Roanne (Loire) [Coutagne] ; les environs de Moulins (Allier); les environs d'Auxonne (Côte-d'Or) ; la Saône, près Chalon-sur-Saône et Tournus (Saône-et-Loire); la Saône, à Collonges ; le parc de la Tête-d'Or, à Lyon (Rhône) [Loc.] ; etc. (3).

---

(1) Cette espèce se retrouve également à Lubeck en Allemagne (Bourg.).

Il faut également faire rentrer dans ce groupe les espèces suivantes qui n'ont pas encore été signalées en France : *Anodonta Raymondoi*, Bourguignat (1881), d'Italie; *A. tricassinæformis*, Schröder (1885), d'Allemagne; *A. Arturi*, Bourguignat (1883), d'Italie; *A. media*, Bourguignat (1885), d'Allemagne; etc.

(2) Groupe européen des *Picardiana*, Bourguignat (1881. *Mat. Moll. acéph.*, I, p. 324).

(3) Cette espèce vit également à Végésack près Brême (Bourg.), et dans le Mein, à Francfort (Servain), dans l'Allemagne du Nord.

Anodonta Ramburi, MABILLE.

Anodonta Ramburi, Mabille, *in* Bourguignat, 1881. *Mat. moll. acéph.*, I.
p. 349. — Locard, 1882. *Prodrome*, p. 281. — Westerlund,
1890. *Fauna Palæar. reg.*, VII, p. 287.

Relais du Rhône, au-dessous d'Arles (Bouches-du-Rhône) [Bourguignat]; Romans (Drôme); le parc de la Tête-d'Or, les fossés du fort de
la Vitriolerie, à Lyon (Rhône) [Loc.]; les environs de Moulins (Allier)
[Bourguignat, Servain]; la Nonette, à Chaalis, près Ermenonville (Oise);
Fontenay-le-Comte (Vendée) [Bourguignat]; etc.

Anodonta Picardi, BOURGUIGNAT.

Anodonta Picardi, Bourguignat, 1881. *Mat. moll. acéph.*, I, p. 325. —
Locard, 1882. *Prodrome*, p. 281. — Westerlund, 1890.
Fauna Palæar. reg., VII, p. 279.

L'Escaut, à Valenciennes (Nord) [Bourguignat]; la Seine, au nord
de Rouen (Seine-Inférieure); les environs d'Avignon (Vaucluse) [Loc.];
etc. (1).

Anodonta Francfurti, SERVAIN.

Anodonta Francfurti, Servain, 1882. *Moll. acéph. Francfort*, p. 62. —
Westerlund, 1890. *Fauna Palæar. reg.*, VII, p. 283.

Le lac du parc de la Tête-d'Or, à Lyon [Bourguignat, Coutagne];
Basse-Indre et les environs de Nantes (Loire-Inférieure)[Loc.]; etc. (2).

Anodonta Alsterica, SERVAIN.

Anodonta Alsterica, Servain, 1888. *In Bull. Soc. malac. France*, V, p. 337.
— Westerlund, 1890. *Fauna Palæar. reg.*, VII, p. 284.

La Loire, à Basse-Indre (Loire-Inférieure) [Servain, Locard]; etc. (3).

---

(1) On retrouve cette espèce à Passendorf, et dans l'Alster, à Hambourg (Bourg.).

(2) Le type vit dans le Mein, aux environs de Francfort, en Allemagne (Servain).

(3) Le type se trouve dans l'Alster; on le rencontre également dans l'Elbe, aux environs
de Hambourg (Servain).

Dans ce même groupe, il convient encore de ranger les espèces suivantes : *Anodonta Jour-
neopsis*, Schröder (1885), d'Allemagne; *A. pathyscica*, Bourguignat (1886), de Hongrie;
A. Tibiscana, Bourg. (1886), de Hongrie; *A. potinia*, Schröder (1885), d'Allemagne; etc.

Enfin, entre le groupe des *Picardiana* et celui des *Piscimaliana*, on doit intercaler le
groupe des *Rumanicana*, Bourguignat, qui comprend une série d'espèces du bassin du bas
Danube, dont le type est l'*Anodonta Rumanica*, Letourneux (1881), de Valachie.

XX. — Groupe de l'*A. peleca* (1).

Anodonta peleca, Servain.

Anodonta peleca, Servain, *in* Locard, 1881. *Prodrome*, p. 281 et 353.
— Westerlund, 1890. *Fauna Palæar. reg.*, VII, p. 289.

Le Thouet, à Saumur (Loire-Inférieure) [Servain, Locard] ; etc. (2).

Anodonta scaphidella, Letourneux.

Anodonta scaphidella, Letourneux, *in* Bourguignat, 1881. *Mat. moll. acéph.*, I, p. 343. — Westerlund, 1890. *Fauna Palæar. reg.*, VII, p. 286.

Le lac du parc de la Tête-d'Or, à Lyon [Bourguignat, Coutagne] ; la Saône, à Couzon et à Neuville-sur-Saône (Rhône) [Loc.] ; etc. (3).

Anodonta Alsatica, Locard.

Anodonta Alsatica, Locard, 1890. *Nov. sp.*

Les environs de Mulhouse, le canal du Rhône au Rhin [Loc.] ; etc.

YY. — Groupe de l'*A. Arnouldi* (4).

Anodonta exocha, Bourguignat.

Mytilus cygnæus, Schröter, 1779. *Flussconch.*, pl. III, fig. 1.

---

(1) Groupe européen des *Piscinaliana*, Bourguignat (1881. *Mat. Moll. acéph.*, 1, p. 333). — Le type de ce groupe est l'*Anodonta piscinalis*, Nilsson ; nous rappellerons ici ce que M. Bourguignat, qui a très attentivement et très scrupuleusement étudié cette espèce, en a dit : « Cette Anodonte vit en Suède et en Allemagne. Je la possède de différentes localités, notamment du Danube ; je ne la connais pas dans notre pays, bien qu'elle y ait été indiquée nombre de fois. » *(Loc. cit.*, p. 338).

(2) M. Servain a retrouvé cette espèce dans l'Alster, à Hambourg.

(3) Le type vit dans la rivière de Krapina-Tœplitz en Croatie (Bourg.).
Dans ce même groupe prennent place les espèces suivantes : *Anodonta piscinalis*, Nilsson (1822), de Suède et d'Allemagne ; *A. Campshystera*, Bourguignat (1886), de Hongrie ; *A. opalina*, Küster (1852), du Danemark, de l'Allemagne et surtout du bas Danube ; *A. Melitopolitana*, Milachevich, de Russie ; *A. ilysæca*, Bourg. (1881), du bas Danube ; *A. resima*, Bourg. (1881), du bas Danube ; *A. Aristidis*, Bourg. (1881), du bas Danube ; etc. (Bourg.).

(4) Groupe européen des *Arnouldiana* Bourguignat.

Anodonta exocha, Bourguignat, 1881. *Mat. mol. acéph.*, p. 356. — Locard, 1882. *Prodrome*, p. 281. — Westerlund, 1890. *Fauna Palæar. reg.*, VII, p. 288.

Anciens relais du Rhône, au-dessous d'Arles (Bouches-du-Rhône) [Bourguignat]; le Rhône, à Aramon (Gard) [Coutagne]; etc. (1).

Anodonta Arnouldi, Bourguignat.

Anodonta Arnouldi, Bourguignat, 1883. *Union. penins. ital.*, p. 114. — Locard, 1884. *Contrib. malac. faune franç.*, VIII, p. 40. — Westerlund, 1890. *Fauna Palæar. reg.*, VII, p. 293.

La Seine, au nord de Rouen (Seine-Inférieure); la Loire, à Nantes, à Ingrandes, à Basse-Indre, etc. (Loire-Inférieure) [Loc.]; le canal de Nevers (Nièvre) [Bourguignat]; la Saône, à Fontaines-sur-Saône, Couzon, etc. (Rhône); la Ferté-Hauterive (Allier); le Rhône, depuis Avignon jusqu'à Arles (Vaucluse, Gard, Bouches-du-Rhône) [Loc.]; etc. (2).

Anodonta Orivalensis, Locard.

Anodonta Orivalensis, Locard, 1890. *Nov. sp.*

La Seine, à Orival, près Rouen, et au nord de Rouen jusqu'à son embouchure (Seine-Inférieure); la Loire, à Ingrandes et aux environs de Nantes (Loire-Inférieure) [Loc.]; etc.

Anodonta Spiridionis, Letourneux.

Anodonta Spiridionis, Letourneux, *in* Bourguignat, 1881. *Mat. moll. acéph.*, I, p. 351. — Westerlund, 1890. *Fauna Palæar. reg.*, VII, p. 287.

Marboz (Ain); le Sevron, à Varennes-Saint-Sauveur (Saône-et-Loire) [Loc.]; etc. (3).

---

(1) On trouve cette espèce, dans les eaux profondes de la Bavière (Schröter).

(2) Le type se trouve dans le lac Morat, en Suisse. M. Bourguignat a également observé cette espèce : dans le lac de Neuchâtel, en Suisse; dans la Lesum et le Weser, près Végésak; dans l'Elbe, près Hambourg, en Allemagne; dans les cours d'eau des environs de Nosedole, en Lombardie, etc. (Bourg.).

(3) Le type vit dans les marais de la Drave, à Essseg en Slavonie, et dans la Save près Belgrade en Serbie (Letourneux, Bourg.).

Anodonta Miranella, Bouguignat:

Anodonta Miranella, Bourguignat, *in* Locard, 1884. *Contrib. malac. faune franç.*, VIII, p. 41. — Westerlund, 1890. *Eauna Palæar. reg.*, VII, p. 292.

La Saône, au nord de Lyon, à Collonges-sur-Saône, à Fontaines-sur-Saône, à Neuville, etc. (Rhône) [Bourguignat, Loc.]; etc. (1).

(1) Le type se trouve dans le Weser, près Végésak en Allemagne (Bourg.).

A ce même groupe, il convient encore d'ajouter les espèces suivantes : *Anodonta Brusinæ*, Letourneux, de Croatie ; *A. Vegesakensis*, Bourguignat (1882), d'Allemagne ; *A. microptera*, Borcherding (1888), d'Allemagne ; *A. Alacer*, Bourg. (1882), d'Allemagne ; *A. rhynchonella*, Bourg. (1885), d'Allemagne ; *A. Poppeana*, Servain (1887), d'Allemagne ; etc. (Bourg.).

NOTES ET DESCRIPTIONS

DES

ESPÈCES NOUVELLES

PSEUDANODONTA NANTELICA, Bourguignat
(p. 12).

« Coquille relativement assez plate pour sa taille, de forme oblongue-
allongée dans une direction légèrement descendante (terminée postérieurement par une partie rostrale assez peu obtuse. Bord supérieur
subrecto-déclive jusqu'à l'angle postéro-dorsal, puis nettement descendant sous l'apparence d'un contour un tant soit peu arrondi vers le rostre.
Bord inférieur régulièrement convexe-décurrent. Région antérieure
ronde, décurrente à la base. Région postérieure trois fois et demie plus
longue que l'antérieure, allant en augmentant insensiblement jusqu'à
31 millimètres environ de la perpendiculaire, puis s'atténuant notablement
en dessous, pour se terminer par un rostre peu obtus et aux trois quarts
inférieur. — Valves minces, faiblement bâillantes inférieurement, et
entre le rostre et l'angle postéro-dorsal. Stries concentriques assez saillantes, de forme ellipsoïde. Épiderme d'un ton uniforme brun-verdâtre.
Nacre intérieure bleuacée. — Sommets comprimés-aplatis, très en avant,
toujours érodés. Sillon dorsal à peine accusé. Angle postéro-dorsal très
obtus. Ligament large et puissant. Lunule petite, triangulaire.

Longueur maximum. . . . .   77 millimètres
Hauteur maximum (à 31 de la perpendiculaire). . .   41 1/2 —
Hauteur de la perpendiculaire.. . . . .   38 1/2 —
Épaisseur maximum (point maximum de la convexité :
  à 13 de la perpendiculaire ; à 14 des sommets ; à
  43 du rostre ; à 31 du bord antérieur ; à 25 de l'angle
  postéro-dorsal ; à 23 de la base de la perpendicu-
  laire).   22   —
Corde apico-rostrale. . . . .   65 1/2 —
Distance des sommets à l'angle postéro-dorsal. . .   37   —
Distance de cet angle au rostre.   34   —
Distance du rostre à la perpendiculaire.   53   —
Distance de la base de la perpendiculaire à l'angle
  postéro-dorsal.   47   —
Région antérieure..   19   —
Région postérieure.   69   —

Ce *Pseudanodonta*, de l'Erdre, au-dessus de Nantes, se distingue du *Pseudanodonta Rossmässleri (complanata* de Rossmässler, non *complanata* des auteurs) : par sa taille moindre ; par sa forme oblongue, bien moins haute, d'un contour différent ; par ses valves moins plates ; par ses sommets moins comprimés, moins écrasés ; par ses stries concentriques moins ellipsoïdes ; enfin par un ensemble de signes distinctifs qui lui donne un aspect tout autre que celui de cette espèce danubienne qui, du reste, n'a pas encore été constatée en notre pays. » (Bourg.)

PSEUDANODONTA PECHAUDI, Bourguignat

(p. 12).

« Coquille très plate pour sa taille, de forme oblongue-ovoïde dans une direction à peine descendante, ou plutôt presque transversale, terminée par un rostre relativement subaigu et bien moins inférieur que celui du *Ps. Nantelica*. Bord supérieur légèrement arqué jusqu'à l'angle postéro-dorsal, puis recto-déclive jusqu'au rostre. Bord inférieur bien convexe. Région antérieure ample et régulièrement ronde. Région postérieure un peu moins de deux fois et demie plus longue que l'antérieure, allant en augmentant (par suite de la convexité accentuée du bord infé-

rieur) de 2 millimètres, jusqu'à 25 millimètres en arrière de la perpendiculaire, puis se terminant par une partie rostrale très obtuse, à rostre
assez prononcé et aux deux tiers inférieur. — Valves minces, très faiblement bâillantes, seulement en avant et fort peu bombées, plutôt
comme comprimées-aplaties. Stries concentriques ellipsoïdes, assez
saillantes. Épiderme d'un gris-noir jaunacé, passant sur certaines parties
du vert à des tons verdâtres. Nacre intérieure blanchâtre. — Sommets
très écrasés, plans, couverts de rides. Sillon dorsal presque nul. Angle
postéro-dorsal très émoussé. Ligament exigu, presque entièrement symphynoté. Lunule étroite, très longue.

Longueur maximum.	76	millimètres
Hauteur maximum (à 25 de la perpendiculaire). . .	42	—
Hauteur de la perpendiculaire.	40	—
Épaisseur maximum (point maximum de la convexité : à 11 de la perpendiculaire ; à 23 des sommets ; à 40 du rostre ; à 34 du bord antérieur ; à 24 de l'angle postéro-dorsal ; à 23 de la base de la perpendicu-laire).	17	—
Corde apico-rostrale.	61	—
Distance des sommets à l'angle postéro-dorsal. . .	31	—
Distance de cet angle au rostre.	34 1/2	—
Distance du rostre à la perpendiculaire.	51	—
Distance de la base de la perpendiculaire à l'angle pos-téro-dorsal.	46 1/2	—
Région antérieure.	23	—
Région postérieure.	53 1/2	—

Cette espèce, découverte par M. Jean Péchaud, dans la Nièvre, bien
que presque de même taille que le *Pseudanodonta Nantelica*, paraît
moins allongée que celui-ci, par suite d'un plus grand développement de
sa région antérieure. Le *Pseudanodonta Pechaudi* est plus convexe-arrondi
dans tous ses contours ; enfin, son mode de croissance est normal et non
descendant comme celui du *Pseudanodonta Nantelica*. Ses valves moins
bombées n'offrent qu'un tout petit bâillement en avant ; son ligament
fort petit est presque entièrement recouvert, et sa lunule, au lieu d'être
triangulaire, affecte une forme allongée. » (Bourg.)

PSEUDANODONTA ROTHOMAGENSIS, Locard

(p. 12).

Coquille légèrement bombée, d'un galbe subovoïde un peu court, dans une direction faiblement décurrente, obtusément rostrée. Bord supérieur presque droit et allongé jusqu'à l'angle postéro-dorsal, puis recto-déclive et court jusqu'au rostre. Bord inférieur bien arrondi, un peu plus retroussé antérieurement que postérieurement. Région antérieure arrondie, anguleuse dans le haut, décurrente dans le bas. Région postérieure deux fois et demie plus longue que l'antérieure, allant en augmentant dans le bas, jusqu'à 15 millimètres de la perpendiculaire, se terminant par un rostre un peu infra-médian, bien arrondi dans le bas. — Valves bâillantes dans toute la partie antéro-inférieure jusqu'à l'aplomb de l'angle postéro-dorsal, plus ouvertes encore au-dessus du rostre, minces, avec le maximum de bombement presque médian. Stries concentriques marquées seulement sur la région postéro-dorsale. Épiderme lisse et brillant, d'un rose violacé vers les sommets, puis d'un vert foncé avec des parties jaunâtres dans le milieu, et quelques rayons clairs assez nets. Intérieur d'un beau violacé, irisé, souvent gris-ardoisé à la périphérie. — Sommets très peu saillants, avec quelques rides subtuberculeuses. Sillon dorsal un peu arqué, peu accusé. Ligament mince, allongé. Lunule étroite et allongée.

Longueur maximum.	62	millimètres
Hauteur maximum (à 15 de la perpendiculaire). . .	37	—
Hauteur de la perpendiculaire.	34	—
Épaisseur maximum (point maximum de la convexité à : 18 des sommets ; 5 1/2 de la perpendiculaire ; 18 du bord antérieur ; 34 du rostre ; 22 de l'angle postéro-dorsal ; 22 du pied de la perpendiculaire). . .	16	—
Corde apico-rostrale.	60	—
Distance des sommets à l'angle postéro-dorsal. . .	27	—
Distance de cet angle au rostre.	28	—
Distance du rostre à la perpendiculaire.	43	—
Distance du pied de la perpendiculaire à l'angle postéro-dorsal.	42	—

Région antérieure.   .   .   .   .   18 millimètres
Région postérieure..   44   —

Cette espèce est voisine du *Pseudanodonta Pechaudi*, mais en diffère :
par sa taille plus petite ; par son galbe moins allongé, avec le rostre
moins inférieur ; par son bord supérieur plus droit et plus long ; par sa
région antérieure- anguleuse dans le haut ; etc.

PSEUDANODONTA ARNOULDI, Pacôme (p. 13).

« Coquille de forme ovalaire, relativement peu allongée (66 millimètres)
pour sa hauteur (43 millim. 1/2), dans une direction fortement descendante, sensiblement comprimée, aplatie à la région antérieure, notamment
vers la base de cette région, et relativement assez bombée vers le haut
de la région dorsale, enfin terminée par un rostre arrondi, inférieur.
Bord supérieur faiblement arqué, puis fortement subrecto-descendant, à
partir de l'angle. Bord inférieur très convexe, d'abord très décurrent
jusqu'à 16 millimètres en arrière de la perpendiculaire, puis remontant
vers le rostre en un contour arrondi. Région antérieure relativement
développée, arrondie-décurrente. Région postérieure un peu plus de
deux fois plus longue que l'antérieure, augmentant en hauteur de 4 millim. 1/2, jusqu'à 16 millimètres en arrière de la perpendiculaire, par
suite de la grande convexité du contour inférieur, puis s'atténuant en
une partie rostrale très obtuse. — Valves minces, bâillantes seulement au
rostre. Stries concentriques, ellipsoïdes, çà et là plus ou moins lyrati-
formes. Épiderme brillant, d'un beau vert avec des zones jaunâtres.
Nacre intérieure bien irisée de tons bleuacés, orangée sous la région ombonale. — Sommets convexes, relativement renflés, sans être pour cela
proéminents, bien ridés. Sillon dorsal peu prononcé. Angle postéro-
dorsal arrondi. Ligament saillant. Lunule très longue.

Longueur maximum.   .   .   .   .   ‘   .   .   66 millimètres
Hauteur maximum (à 16 de la perpendiculaire).   .   .   43 1/2 —
Hauteur de la perpendiculaire   39   —
Épaisseur maximum (point maximum de la convexité,
   à : 10 de la perpendiculaire ; 15 1/2 des sommets ;
   39 du rostre ; 30 1/2 du bord antérieur ; 19 de l'angle
   postéro-dorsal ; 30 de la base de la perpendiculaire).   18   —

Corde apico-rostrale. . . . . 55 millimètres
Distance des sommets à l'angle postéro-dorsal . . . . 31 —
Distance de cet angle au rostre. . . . . 34 —
Distance du rostre à la perpendiculaire. . . . . . . 41 —
Distance de la base de la perpendiculaire à l'angle pos-
téro-dorsal. . . . . 42 —
Région antérieure . . . . 20 —
Région postérieure. . . . . 47 1/2 —

Cette espèce, très distincte de celles de son groupe, est remarquable par ses valves relativement bombées par rapport à sa taille médiocre, et par sa forme ovalaire très haute comparativement à sa longueur. »

(Bourg.)

PSEUDANODONTA IMPERIALIS, Servain (p. 13).

« Coquille allongée dans une direction faiblement déclive, remarquable par sa région postérieure se prolongeant en une partie rostrale inférieure paraissant sensiblement descendante par suite de son contour supérieur très fortement tombant, comme tronqué. Bord supérieur subrectiligne, puis, à partir de l'angle, fortement descendant et imitant une troncature. Bord inférieur décurrent, faiblement convexe, avec une légère sinuosité à égale distance de la perpendiculaire et du rostre. Région postérieure un peu plus de deux fois plus longue que l'antérieure, allant en augmentant insensiblement, malgré la légère sinuosité du contour inférieur, jusqu'à 31 millimètres en arrière de la perpendiculaire, puis s'atténuant brusquement en une partie rostrale tout à fait inférieure, relativement très accentuée. — Valves asssez épaisses, relativement très bombées, notamment sur la région ombonale et sur le sillon postéro-dorsal, enfin faiblement bâillantes au contour inféro-antérieur. Stries concentriques grossières, surtout vers la périphérie. Épiderme brillant, d'un fauve olivâtre avec des contours rougeâtre et marron. Nacre intérieure blanchâtre. — Sommets convexes, obtus, bien renflés, sans être pour cela proéminents. Sillon dorsal arqué, prononcé. Angle postéro-dorsal anguleux. Ligament gros, saillant, marron. Lunule courte, subquadrangulaire. Emplacement de la lamelle latérale large, très épais et plan au-dessus.

Longueur maximum. . . . . 76 millimètres
Hauteur maximum (à 31 de la perpendiculaire). . . 42 —
Hauteur de la perpendiculaire. . . . . . : . . . 40 —
Épaisseur maximum (point maximum de la convexité,
   à : 14 de la perpendiculaire; 22 des sommets; 42 du
   rostre; 37 du bord antérieur; 19 de l'angle postéro-
   dorsal; 29 de la base de la perpendiculaire). . . 27 —
Corde apico-rostrale. . . . . 64 —
Distance des sommets à l'angle postéro-dorsal. . . 30 —
Distance de cet angle au rostre. . . . . 41 —
Distance du rostre à la perpendiculaire. . . . . . 45 —
Distance de la base de la perpendiculaire à l'angle pos-
   téro-dorsal. . . . . 46 —
Région antérieure. . . . . 23 —
Région postérieure. . . . . 53 1/2 —

(Bourg.)

PSEUDANODONTA ISARANA, Bourguignat

(p. 13).

« Coquille régulièrement assez bombée, ovalaire dans une direction descendante, très développée en hauteur à sa région postérieure et terminée par une partie rostrale inférieure bien ronde. Bord supérieur offrant un contour très arqué et presque régulier des sommets au rostre, grâce à l'effacement ou plutôt à l'obtusité de l'angle postéro-dorsal. Bord inférieur décurrent-convexe, dont la convexité est plus prononcée vers la partie rostrale. Région antérieure ample, ronde, bien que décurrente inférieurement. Région postérieure juste le double plus longue que l'antérieure, augmentant en hauteur, de près de 5 millimètres, jusqu'à 21 millimètres en arrière de la perpendiculaire, puis s'atténuant presque brusquement sous l'apparence d'un contour arrondi dont le maximum de la rotondité est tout à fait inférieur.— Valves de force moyenne, ni minces, ni épaisses, assez bombées et faiblement bâillantes sur toute la longueur du bord inférieur. Stries concentriques fines, régulières, un peu feuilletées sur la région supéro-dorsale. Épiderme lisse, brillant, d'un roux-olivâtre avec des zones marron. Nacre intérieure bien irisée à reflets bleuacés.

— Sommets non proéminents, simplement convexes, bien striés, avec de foites rides vers les crochets. Sillon dorsal sensible bien que sans saillies. Région de l'angle postéro-dorsal comprimée. Ligament noir, saillant. Lunule triangulaire.

Longueur maximum.	65 millimètres
Hauteur maximum (à 21 de la perpendiculaire). . .	42 1/2 —
Hauteur de la perpendiculaire	38 —
Épaisseur maximum (point maximum de la convexité, à : 11 1/2 de la perpendiculaire ; 20 des sommets ; 34 du rostre ; 33 du bord antérieur ; 19 de l'angle postéro-dorsal ; 25 de la base de la perpendiculaire).	20 —
Corde apico-rostrale.	54 —
Distance des sommets à l'angle postéro-dorsal. . .	32 —
Distance de cet angle au rostre.	30 —
Distance du rostre à la perpendiculaire.	35 —
Distance de la perpendiculaire à l'angle postéro-dorsal.	40 1/2 —
Région antérieure.	22 —
Région postérieure.	44 —

« Espèce remarquable par sa forme écourtée bien plus développée en hauteur postérieurement qu'antérieurement, par la régularité de sa convexité, non moins que par le brillant et le poli de son épiderme. »

(Bourg.)

PSEUDANODONTA MONGAZONÆ, Bourguignat

(p. 13).

« Coquille suboblongue dans une direction descendante, relativement assez plane, comprimée, notamment vers le bord inférieur à 12 millimètres en arrière de la perpendiculaire, où l'on observe comme une légère sinuosité, et remarquable par sa région postérieure tronquée se prolongeant en un rostre inférieur assez aigu. Bord supérieur régulièrement arqué, puis, à partir de l'angle, descendant brusquement sur le rostre. Bord inférieur convexe-décurrent, avec une sinuosité en arrière de la perpendiculaire. Région antérieure ronde, décurrente. Région postérieure un peu plus du double plus longue que l'antérieure, conservant la même hauteur jusqu'à 16 millimètres en arrière de la perpendiculaire,

puis s'atténuant en une partie rostrale regardant le bas et formant un
petit bec assez prononcé. — Valves minces, très peu convexes, faiblement bâillantes seulement à la partie antéro-inférieure. Stries concentriques accentuées vers la périphérie. Épiderme brillant, poli, d'un roux-
verdâtre avec des nuances jaunâtres. Nacre intérieure blanchâtre bien
irisée, avec des tons orangés sur la région ombonale. — Sommets écrasés, presque plans, fortement ridés. Sillon dorsal arqué, émoussé. Angle
postéro-dorsal obtus, néanmoins prononcé. Ligament marron, long et
saillant. Lunule large, courte et triangulaire. »

Longueur maximum.	64 millimètres	
Hauteur maximum (à 16 de la perpendiculaire). . .	36	—
Hauteur de la perpendiculaire.	36	—
Épaisseur maximum (point maximum de la convexité, à : 12 de la perpendiculaire; à 18 des sommets; à 35 du rostre; à 33 du bord antérieur; à 16 de l'angle postéro-dorsal; à 24 1/2 de la base de la perpendiculaire).	16	—
Corde apico-rostrale.	52	—
Distance des sommets à l'angle postéro-dorsal. . .	28	—
Distance de cet angle au rostre. . , ...	31	—
Distance du rostre à la perpendiculaire.	35	—
Distance de la base de la perpendiculaire à l'angle postéro-dorsal.	38	—
Région antérieure. . . . . · .	20 1/2	—
Région postérieure.	46	—

(Bourg.)

PSEUDANODONTA LACUSTRIS, Servain (p. 13).

« Coquille d'assez petite taillle, très plate, de forme oblongue dans une
direction un peu déclive, terminée par un rostre inférieur assez aigu.
Bord supérieur très faiblement arqué, puis fortement descendant, comme
tronqué, à partir de l'angle postéro-dorsal. Bord inférieur régulièrement
convexe. Région antérieure ronde, décurrente. Région postérieure deux
fois et demie plus longue que l'antérieure, augmentant en hauteur jusqu'à 20 millimètres en arrière de la perpendiculaire et s'atténuant ensuite

presque subitement en un rostre inférieur assez aigu. — Valves minces, peu convexes, plutôt plates, très comprimées, faiblement bâillantes sur tout le contour inférieur. Stries concentriques assez saillantes. Épiderme marron noirâtre. Nacre intérieure orangée. — Sommets plans, écrasés, très excoriés. Sillon dorsal recto-déclive et émoussé. Angle postéro-dorsal accentué. Ligament saillant. Lunule courte, semi-ronde ».

Longueur maximum.	60 millimètres
Hauteur maximum (à 20 de la perpendiculaire). . .	34 —
Hauteur de la perpendiculaire.	30 1/2 —
Épaisseur maximum (point maximum de la convexité, à : 13 de la perpendiculaire; 17 des sommets; 32 du rostre; 31 du bord antérieur; 13 de l'angle postéro-dorsal; 24 de la base de la perpendiculaire).	13 —
Corde apico-rostrale.	50 —
Distance des sommets à l'angle postéro-dorsal. . .	26 —
Distance de cet angle au rostre.	29 —
Distance du rostre à la perpendiculaire.	37 —
Distance de la base de la perpendiculaire à l'angle postéro-dorsal.	35 —
Région antérieure.	18 —
Région postérieure.	44 —

(Bourg.)

PSEUDANODONTA RIVALIS, Bourguignat (p. 14).

« Coquille relativement assez convexe pour sa taile, de forme oblongue spatuloïde, fort peu déclive, à contour rostral très obtus, rond et inférieur. Bord supérieur presque rectiligne, puis descendant à partir de l'angle. Bord inférieur bien convexe. Région antérieure ronde, décurrente à la base. Région postérieure plus du double plus longue que l'antérieure, allant en augmentant en hauteur jusqu'à 25 millimètres en arrière de la perpendiculaire, puis s'atténuant en un rostre très obtus et inférieur. — Valves assez solides, quoique minces, régulièrement bombées, bâillantes sur tout le contour antéro-inférieur et un peu au-dessus du rostre. Stries concentriques délicates. Épiderme brillant, poli, verdâtre, avec des zones plus foncées ou jaunacées, passant au rouge-clair sur les ombones,

Nacre intérieure d'un blanc bleuacé bien irisé, très orangée sous la région ombonale. Sommets aplatis, néanmoins un tant soit peu convexes, très rugueux (rugosités saillantes). Sillon dorsal obsolète. Arête postéro-dorsale comprimée. Angle postéro-dorsal aigu. Ligament proéminent. Lunule allongée ».

Longueur maximum.	65 1/2	millim.
Hauteur maximum (à 25 en arrière de la perpendiculaire).	35	—
Hauteur de la perpendiculaire.	32	—
Épaisseur maximum (point maximum de la convexité, à : 11 de la perpendiculaire ; à 17 1/2 des sommets ; à 35 1/2 du rostre ; à 31 du bord antérieur ; à 20 de l'ang'e postéro-dorsal ; à 21 1/2 de la base de la perpendiculaire) .	18	—
Corde apico-rostrale.	54	—
Distance des sommets à l'angle postéro-dorsal.	33	—
Distance de cet angle au rostre.	28	—
Distance du rostre à la perpendiculaire.	41	—
Distance de la base de la perpendiculaire à l'angle postéro-dorsal.	40 1/2	—
Région antérieure	19	—
Région postérieure	46 1/2	—

(Bourg.)

PSEUDANODONTA SEPTENTRIONALIS, Locard

(p. 15).

Coquille d'un galbe peu rénflé, sub-rectangulaire allongé, très lentement déclive, terminée par un rostre court mais pointu, un peu infra-médian. Bord supérieur très court dans la région antérieure, s'allongeant ensuite en droite ligne un peu déclive jusqu'à l'angle postéro-dorsal, pour s'infléchir ensuite jusqu'au rostre, encore presque en droite ligne, et sous un angle de 140 degrés. Bord inférieur allongé, très largement arqué, un peu plus retroussé antérieurement que postérieurement. Région antérieure bien arrondie, un peu décurrente dans le bas. Région postérieure plus de deux fois et demie plus longue que

l'antérieure, allant en s'élargissant très lentement jusqu'à 18 millimètres
de la perpendiculaire, se terminant par un rostre un peu inférieur, court,
pointu à son extrémité, plus arqué en dessous qu'en dessus. Stries
concentriques assez accusés surtout dans le bas. Épiderme lisse et brillant, d'un beau vert foncé, un peu roux vers les sommets, très sombre
vers la crête apico-rostrale. Intérieur d'un nacré bleuté, irisé, un peu
carnéolé sous les sommets. — Sommets peu renflés, à peine saillants à
la naissance, ornés de quelques rides ondulées, grossières et très courtes.
Sillon dorsal, faiblemement arqué, peu accusé. Ligament allongé, assez
fort, très sombre. Lunule très allongée et étroite.

Longueur maximum.	58 1/2 millim.
Hauteur maximum (à 18 de la perpendiculaire). . .	35 —
Hauteur de la perpendiculaire.	32 —
Épaisseur maximum (point maximum de la convexité, à : 21 des sommets ; 15 de la perpendiculaire ; 33 du bord antérieur ; 20 de l'angle postéro-dorsal ; 36 du rostre ; 22 du pied de la perpendiculaire). . . .	21 —
Corde apico-rostrale.	55 —
Distance des sommets à l'angle postéro-dorsal.	32 —
Distance de cet angle au rostre.	28 —
Distance du rostre à la perpendiculaire.	49 —
Distance du pied de la perpendiculaire, à l'angle postéro-dorsal.	42 —
Région antérieure.	18 —
Région postérieure.	50 —

Cette espèce est intermédiaire entre les *Pseudanodonta Normandi* et
Ps. Servaini. Elle se distingue du *Ps. Normandi :* par son galbe plus
allongé, plus régulier, subrectangulaire ; par ses valves plus régulièrement renflées ; par son bord inférieur plus arqué ; son rostre pointu et non
arrondi. On la sépare du *Ps. Servaini :* à son galbe plus renflé, avec le
sillon dorsal un peu plus accusé, la hauteur de la coquille moins grande
par rapport à la longueur, le bord inférieur plus arqué, le rostre plus
allongé et plus pointu, etc.

PSEUDANODONTA EUTHYMEI, Pacôme (p. 16).

« Coquille régulièrement assez bombée, de forme oblongue, très faiblement déclive à sa région postérieure et terminée par une partie rostrale obtuse et inférieure. Bord supérieur très peu arqué, mais, à partir de l'angle, très fortement descendant sous la forme d'un contour convexe. Bord inférieur d'abord un peu convexe, puis sub-rectiligne. Région antérieure ample, régulièrement sphérique. Région postérieure le double plus allongée que l'antérieure, allant en augmentant insensiblement en hauteur, de 1 millim. 1/2, jusqu'à 21 millimètres en arrière de la perpendiculaire, puis s'atténuant, surtout en dessus, en un rostre inférieur très obtus et arrondi. — Valves assez épaisses, solides, assez convexes pour leur taille, très faiblement bâillantes sur tout le contour antérieur et antéro-inférieur. Stries concentriques peu prononcées sauf vers la périphérie où elles deviennent feuilletées. Épiderme lisse, brillant, poli sur la région moyenne, d'une teinte uniforme d'un brun noirâtre plus pâle sur la partie ombonale. Nacre intérieure orangée, d'un blanc bleuacé vers le bord palléal. — Sommets convexes, sans être proéminents. Sillon dorsal arqué, obsolète tout en étant sensible. Angle postéro-dorsal très obtus. Ligament presque entièrement recouvert. Lunule très grande.

Longueur maximum.	64 millimètres
Hauteur maximum (à 21 de la perpendiculaire).. . .	36 1/2 —
Hauteur de la perpendiculaire.	35 —
Épaisseur maximum (point maximum de la convexité, à : 21 des sommets ; 30 1/2 du rostre ; 36 du bord antérieur ; 14 1/2 de l'angle postéro-dorsal; 25 de la base de la perpendiculaire).	19 —
Corde apico-rostrale.	52 —
Distance des sommets à l'angle postéro-dorsal. . . .	28 —
Distance de cet angle au rostre.	32 1/2 —
Distance du rostre à la perpendiculaire.	38 —
Distance de la perpendiculaire à l'angle postéro-dorsal	40 —
Région antérieure.	21 —
Région postérieure.	43 1/2 —

« Cette espèce est dédiée au frère Euthyme, savant naturaliste, assistant du supérieur des Petits Frères de Marie à Saint-Genis-Laval ». (Bourg).

PSEUDANODONTA APLOA, Bourguignat (p. 16).

« Coquille de forme oblongue-allongée, dans une direction un tant soit peu déclive, terminée par une partie rostrale ronde et aux trois quarts inférieure. Bord supérieur presque rectiligne jusqu'à l'angle, puis descendant sous l'apparence d'un contour arqué. Bord inférieur très faiblement décurrent, convexe. Région antérieure arrondie, peu haute. Région postérieure plus de deux fois plus longue que l'antérieure, augmentant insensiblement en hauteur jusqu'à 28 millimètres en arrière de la perpendiculaire, puis s'atténuant presque brusquement sous la forme d'un rostre très obtus, aux trois quarts inférieur. — Valves assez résistantes, moyennement bombées, remarquablement bâillantes sur tout le contour antérieur et antéro-inférieur, et d'une façon moins exagérée, en arrière, entre l'angle et le rostre. Stries concentriques, grossières, malgré tout très émoussées. Épiderme brillant d'un brun olivâtre, passant au noir à la région postérieure et au clair sur les sommets. — Nacre intérieure, irisée d'un blanc bleuacé, légèrement orangée sur la partie ombonale. — Sommets non proéminents, néanmoins un peu bombés, très ridés. Sillon dorsal peu sensible. Angle postéro-dorsal oblong. Ligament robuste. Lunule grande, subquandrangulaire. »

Longueur maximum.	65	millimètres
Hauteur maximum (à 28 de la perpendiculaire).	35	—
Hauteur de la perpendiculaire.	33	—
Épaisseur maximum (point maximum de la convexité, à : 18 de la perpendiculaire ; 23 des sommets ; 30 du rostre ; 38 du bord antérieur ; 15 de l'angle postéro-dorsal ; 25 de la base de la perpendiculaire).	20	—
Corde apico-rostrale.	53	—
Distance des sommets à l'angle postéro-dorsal.	33	—
Distance de cet angle au rostre.	27	—
Distance du rostre à la perpendiculaire.	41	—
Distance de la base de la perpendiculaire à l'angle postéro-dorsal.	40	—

Région antérieure. . . . . 20 millimètres
Région postérieure. . . . . 47 —

« Cette espèce, de forme allongée, est très remarquable par l'énorme bâillement de son contour antérieur et inférieur. » (Bourg).

PSEUDANODONTA CAZIOTI, Bourguignat (p. 17).

« Coquille relativement bien convexe, très allongée dans une direction descendante, terminée par une partie rostrale inférieure et obtuse. Bord supérieur arqué–déclive jusqu'à l'angle, puis descendant. Bord inférieur très décurrent, presque rectiligne à sa partie moyenne. Région antérieure arrondie et décurrente. Région postérieure près de trois fois plus longue que l'antérieure, allant en augmentant jusqu'à 33 millimètres en arrière de la perpendiculaire, puis brusquement atténuée, surtout supérieurement, et terminée par un rostre inférieur obtus. — Valves relativement épaisses, bien bombées surtout sur la région ombonale, très bâillantes sur le contour inférieur et en arrière, au-dessus du rostre. Stries concentriques saillantes, émoussées, feuilletées sur la région postéro–supérieure. Épiderme brillant, d'un jaune verdâtre, avec des radiations d'un vert peu accentué. Nacre intérieure bleuacée, passant à une nuance orangée sous la région ombonale. — Sommets renflés, convexes sans être pour cela proéminents. Sillon dorsal bombé. Area postéro-dorsal comprimé près de l'angle qui est obtus. Ligament robuste, à moitié recouvert. Lunule grande, triangulaire. »

Longueur maximum. . . . . 81 millimètres
Hauteur maximum (à 33 de la perpendiculaire) . . . 41 —
Hauteur de la perpendiculaire. . . . . 37 —
Épaisseur maximum (point maximum de la convexité,
   à : 18 de la perpendiculaire ; 25 des sommets ; 43 1/2
   du rostre ; 40 du bord antérieur ; 21 de l'angle pos-
   téro-dorsal ; 28 de la base de la perpendiculaire). . 26 —
Corde apico-rostrale. . . . . 69 —
Distance des sommets à l'angle postéro-dorsal. . . 40 —
Distance de cet angle au rostre. . . . . 35 —
Distance du rostre à la perpendiculaire. . . . . . 52 —

Distance de la base de la perpendiculaire à l'angle
   postéro-dorsal. . . . .   48 millimètres
Région antérieure.   21   —
Région postérieure.   60   —

(Bourg.).

PSEUDANODONTA PACOMEI, Bourguignat

(p. 17).

« Coquille ovalaire, un tant soit peu subtrigone et comme tronquée en
arrière, par suite de sa région postérieure allongée en une partie rostrale
très déclive et à extrémité tout à fait inférieure. Bord supérieur très faiblement arqué, puis, à partir de l'angle, tombant presque rectiligne-
ment. Bord inférieur très décurrent, à peine convexe. Région antérieure
arrondie, décurrente inférieurement. Région postérieure un peu plus du
double plus longue que l'antérieure, augmentant en hauteur jusqu'à
28 millimètres de la perpendiculaire, puis s'atténuant brusquement en un
rostre obtus, tout à fait inférieur. — Valves assez solides, relativement
bien bombées, notamment sur la région ombonale et paraissant un peu
comprimées en arrière de la base de la perpendiculaire, ce qui donne
lieu comme à un soupçon de sinuosité. Deux bâillements, dont un énorme
sur tout le contour antéro-inférieur et l'autre petit au-dessus du rostre.
Stries concentriques, çà et là saillantes, tout en restant émoussées. Épiderme brillant, d'une belle teinte verdâtre. Nacre intérieure bleuacée,
devenant orangée sous la région ombonale. — Sommets fortement ridés,
convexes, relativement gonflés. Sillon dorsal accentué, angle postéro-
dorsal bien prononcé. Ligament médiocre. Lunule allongée. »

Longueur maximum. . . . .   62 millimètres
Hauteur maximum (à 28 de la perpendiculaire). . .   35   —
Hauteur de la perpendiculaire.   31   —
Épaisseur maximum (point maximum de la convexité,
   à : 11 de la perpendiculaire ; 10 des sommets ; 35 du
   rostre ; 32 du bord antérieur ; 19 de l'angle postéro-
   dorsal ; 23 de la base de la perpendiculaire). . .   19   —
Corde apico-rostrale.   52   —
Distance des sommets à l'angle postéro-dorsal. . .   31   —

Distance de l'angle au rostre.	30 millimètres
Distance du rostre à la perpendiculaire.	37 —
Distance de la base de la perpendiculaire à l'angle postéro-dorsal.	38 —
Région antérieure.	19 —
Région postérieure.	45 —

(Bourg.).

PSEUDANODONTA TRIVURTINA, Bourguignat

(p. 18).

« Coquille régulièrement oblongue dans un sens à peine déclive, terminée par une région postérieure subarrondie avec un sentiment rostral inférieur très obtus. Bord supérieur faiblement arqué, mais convexe, descendant à partir de l'angle. Bord inférieur régulièrement convexe. Région antérieure ample, ronde, à peine décurrente inférieurement. Région inférieure pas tout à fait le double plus longue que l'antérieure, augmentant insensiblement jusqu'à 15 millimètres en arrière de la perpendiculaire, puis s'atténuant en un contour arrondi, dont le maximum de la convexité est inférieur. — Valves assez épaisses, solides, régulièrement bombées, offrant deux grands bâillements, l'un sur tout le contour antéro-inférieur, l'autre entre le rostre et le ligament. Stries concentriques, assez saillantes et grossières, néanmoins émoussées. Épiderme brillant, d'une belle teinte verte, passant au jaune vers la périphérie et au noir vers l'ange postéro-dorsal. Nacre intérieure d'un ton orangé assez vif. — Sommets gonflés, convexes, peu proéminents. Sillon dorsal accentué. Angle postéro-dorsal très obtus. Ligament robuste. Lunule allongée.

Longueur maximum.	59 millimètres
Hauteur maximum (à 15 de la perpendiculaire). . .	33 —
Hauteur de la perpendiculaire.	31 —
Épaisseur maximum (point maximum de la convexité, à : 11 de la perpendiculaire ; 19 des sommets ; 28 1/2 du rostre ; 31 du bord antérieur ; 15 de l'angle postéro-dorsal ; 20 de la base de la perpendiculaire).	19 —
Corde apico-rostrale.	47 —
Distance des sommets à l'angle postéro-dorsal. . .	25 —

Distance de cet angle au rostre. . . . .   27 millimètres
Distance du rostre à la perpendiculaire.   33   —
Distance de la base de la perpendiculaire à l'angle pos -
    téro-dorsal.   35   —
Région antérieure.   20   —
Région postérieure.   39   —

(Bourg.).

PSEUDANODONTA BREBISSONI, Locard (p. 18).

Coquille de taille assez petite, d'un galbe subovalaire un peu allongé, faiblement renflée dans son ensemble et dans une direction un peu déclive, terminée par un rostre un peu inférieur obtus et arrondi. Bord supérieur assez allongé, descendant lentement depuis le sommet jusqu'à l'angle postéro-dorsal, et presque rectiligne, puis ensuite s'infléchissant assez rapidement jusqu'au rostre suivant une courbe très peu arquée. Bord inférieur allongé, à peine subsinueux dans son milieu, un peu plus arqué antérieurement que postérieurement. Région antérieure bien arrondie, faiblement déclive à la partie inférieure. Région postérieure un peu plus de trois fois plus longue que l'antérieure, avec le maximum de largeur juste au niveau de l'angle postéro-dorsal, terminée par un rostre un peu inférieur et bien arrondi. — Valves minces, bâillantes dans le bas de la région antérieure et au-dessus du rostre, jusque sous le ligament, avec le maximum de bombement presque médian. Stries concentriques fortes et irrégulières. Epiderme fortement corrodé vers les sommets, d'un brun roux terne. Intérieur d'un bleuté nacré, carnéolé sous les sommets. — Sommets très peu saillants, à peine renflés, très dénudés. Sillon dorsal, presque droit, à peine accusé, bordant une crête postéro-dorsale haute, allongée et bien comprimée. — Ligament allongé, fort, saillant. Lunule médiocre.

Longueur maximum. . . . .   55 millimètres
Hauteur maximum (à 28 1/2 de la perpendiculaire). .   35   —
Hauteur de la perpendiculaire.   26   —
Epaisseur maximum (point maximum de la convexité,
    à : 19 des sommets ; 15 de la perpendiculaire ; 28 1/2
    du bord antérieur ; 28 du rostre ; 14 de l'angle pos-
    téro-dorsal ; 10 du pied de la perpendiculaire). .   16   —

Corde apico-rostrale. . . . .   47 millimètres
Distance des sommets à l'angle postéro-dorsal. . . .   24   —
Distance de cet angle au rostre.   28   —
Distance du rostre à la perpendiculaire. . . . .   39 1/2 —
Distance de la base de la perpendiculaire à l'angle
    postéro-dorsal.   34   —
Région antérieure. . . . .   13 1/2 —
Région postérieure.   42   —

Cette petite espèce, voisine du *Pseudanodonta Trivurtina* s'en distingue par son galbe plus allongé, moins déclive, par son rostre plus arrondi et moins inférieur, par son bord inférieur moins arrondi, par son bord supérieur moins arqué; etc.

ANODONTA VASCHALDEI, F. Pacôme (p. 20).

Coquille d'un galbe largement ovalaire, assez comprimée dans son ensemble, un peu moins du double plus large que haute, terminée par un rostre bien accusé quoique peu aigu, et presque exactement médian, le tout dans une direction à peine descendante. Bord supérieur rectiligne, allongé, s'infléchissant ensuite en ligne droite jusqu'au rostre sous un angle de 145 degrés. Bord inférieur largement convexe, mais un peu plus retroussé dans la région antérieure que dans l'autre, avec le maximum de convexité à 33 millimètres de la perpendiculaire. — Région antérieure plus développée en hauteur qu'en largeur, arrondie, mais un peu décurrente inférieurement. — Région postérieure un peu plus longue que haute, terminée par une partie rostrale droite en dessus, arrondie en dessous et à axe médian. — Valves minces, assez bombées, avec le maximum de bombement à peine un peu antéro-supérieur, légèrement bâillantes dans la partie inférieure de la région antérieure, beaucoup plus ouvertes depuis l'angle jusqu'au rostre. Stries concentriques fines, mais assez irrégulières, subondulées vers les sommets. Épiderme d'un beau vert clair, un peu jaunâtre vers la partie antérieure, rouge fauve au sommet, vert foncé et un peu radié dans toute la région postérieure. Intérieur d'un beau nacré bleuacé, avec les sommets fauves. — Sommets très peu saillants, comme écrasés, se confondant dans le bombement général des valves, vaguement ridés, Sillon dorsal légè-

rement arqué, mais bien accusé depuis les sommets jusqu'au rostre.
Ligament assez robuste, allongé. Lunule un peu courte, mais assez large.

Longueur maximum.	115	millimètres
Hauteur maximum (à 33 de la perpendiculaire).	72	—
Hauteur de la perpendiculaire.	69	—
Épaisseur maximum (point maximum de la convexité, à : 33 des sommets; 15 de la perpendiculaire; 57 du bord antérieur; 69 du rostre ; 38 de l'angle postéro-dorsal ; 43 de la base de la perpendiculaire.	19	—
Corde apico-rostrale.	93	—
Distance des sommets à l'angle postéro-dorsal.	44	—
Distance de cet angle au rostre.	53	—
Distance du rostre à la perpendiculaire.	84	—
Distance de la base de la perpendiculaire à l'angle postéro-dorsal.	79	—
Région antérieure.	41	—
Région postérieure.	85	—

Cette espèce voisine de l'*Anodonta Hecartiana* s'en distingue par son galbe plus déprimé, plus large, avec le bord inférieur moins convexe, le rostre moins saillant, les sommets moins renflés. C'est la forme française la plus déprimée du groupe de l'*Anodonta pammegala*.

ANODONTA CATOCYRTA, Coutagne (p. 21).

Coquille d'un galbe subovoïde un peu court et bien renflé, un peu moins du double plus large que haute, dans une direction légèrement descendante, et terminée par un rostre court, mais bien marqué, assez aigu, à peine infra-médian. Bord supérieur rectiligne, un peu allongé, s'infléchissant jusqu'au rostre lentement et sous un angle de 150 degrés. Bord inférieur un peu court, bien convexe, un peu plus retroussé antérieurement que postérieurement. Région antérieure haute et large, très faiblement décurrente dans le bas. Région postérieure un peu plus longue que haute, avec les deux bords du rostre incurvés en sens inverse. — Valves un peu minces, très bombées, avec le maximum de bombement un peu antéro-supérieur, très légèrement bâillantes dans le bas du bord antérieur, beaucoup plus ouvertes depuis l'angle postéro-dorsal jusqu'en dessous du rostre. Stries concentriques fortes et irrégulières, surtout à partir du dernier tiers de la hauteur. Epiderme d'un roux fauve foncé, un peu noirâtre à la périphérie et sur l'arête apico-rostrale. Intérieur nacré, bleuté et irisé. — Sommets souvent errodés, peu saillants, se confondant dans le bombement général des valves, assez fortement ridés. Sillon dorsal flexueux, bien marqué sur toute son étendue et comme dédoublé dans sa partie inférieure. Ligament allongé, très robuste. Lunule assez large et allongée.

Longueur maximum. . . . . 112 millimètres
Hauteur maximum (à 25 de la perpendiculaire). . . 62 —
Hauteur de la perpendiculaire. . . . . 60 —
Épaisseur maximum (point maximum de la convexité,
   à : 29 des sommets ; 18 de la perpendiculaire ; 51 1/2
   du bord antérieur ; 62 du rostre ; 28 de l'angle pos-
   téro-dorsal ; 10 1/2 de la base de la perpendiculaire). 39 —
Corde apico-rostrale. . . . . 86 —
Distance des sommets à l'angle postéro-dorsal. . . 34 1/2 —
Distance de cet angle au rostre. . . . . 56 —
Distance du rostre à la perpendiculaire. . . . . 78 —
Distance de la base de la perpendiculaire à l'angle pos-
   téro -dorsal . . . . 68 —
Région antérieure. . . . . 34 —
Région postérieure. . . . . 79 —

L'*Anodonta catocyrta* est voisin, comme galbe et comme coloration, de l'*Anodonta Locardi;* il en diffère par sa forme plus courte, plus renflée, plus trapue, avec une région postérieure bien moins allongée et également plus renflée, quoique la région antérieure reste sensiblement la même.

ANODONTA GABILLOTI, Locard (p. 23).

Coquille de grande taille, d'un galbe subovoïde presque régulier et bien renflé, dans une direction faiblement déclive, terminée par un rostre arrondi, presque médian, assez obtus. Bord supérieur très allongé, descendant presque en courbe continue depuis les sommets jusqu'au

rostre, sans former d'angle postéro-dorsal bien sensible. Bord inférieur largement arqué, un peu plus retroussé dans la région antérieure
que dans la postérieure. Région antérieure bien arrondie, à peine un
peu déclive dans le bas. Région postérieure deux fois plus grande que
l'antérieure, allant en s'élargissant à peine jusqu'à 24 millimètres au delà
de la perpendulaire, terminée par une partie rostrée à peine un peu plus
arquée en dessous qu'en dessus. — Valves assez minces, bien bombées
dans tout leur ensemble, avec le maximum de bombement reporté un peu
vers le haut, surmontées d'une crête postéro-dorsale très étroite et très
longue, faiblement comprimée, un peu bâillantes au-dessus du rostre.
Stries concentriques fortes et très irrégulières. Épiderme brillant, d'un
marron très foncé, d'un jaune verdâtre dans le bas. Intérieur blanc
nacré, légèrement rosé, irisé, passant au carnéolé dans la région des
sommets. — Sommets largement bombés, mais non saillants, fortement
errodés. Sillon dorsal un peu arqué, bien accusé. Ligament très allongé,
assez robuste, d'un brun noirâtre. Lunule étroite et très longue.

Longueur maximum. . . . . 151 millimètres
Hauteur maximum (à 24 de la perpendiculaire). . . 82   —
Hauteur de la perpendiculaire. 79   —
Épaisseur maximum (point maximum de la convexité,
    à : 42 des sommets ; 75 du bord antérieur ; 26 de la
    perpendiculaire ; 78 du rostre ; 37 de l'angle postéro-
    dorsal ; 53 du pied de la perpendiculaire). . . . 50   —
Corde apico-rostrale. 115   —
Distance des sommets à l'angle postéro-dorsal. . . 53   —
Distance de cet angle au rostre. 66   —
Distance du rostre au pied de la perpendiculaire. . . 101   —
Distance du pied de la perpendiculaire à l'angle pos-
    téro-dorsal. 89   —
Région antérieure. 49   —
Région postérieure. 103   —

Cette belle espèce dont nous devons la connaissance à M. Gabillot,
naturaliste lyonnais, est voisine de l'*Anodonta Gallica* Bourguignat ; mais
elle s'en distingue ; par son galbe moins allongé, plus régulièrement
ovoïde ; par ses valves plus régulièrement renflées, avec un sillon postéro-
dorsal moins vigoureusement accusé ; par son rostre moins allongé et
plus obtus ; par son angle postéro-dorsal bien moins accusé ; etc.

ANODONTA TRINURCINA, Locard (p. 26).

Coquille de grande taille, d'un galbe subovalaire un peu allongé, à bord subparallèles dans une direction à peine déclive, un peu renflée, terminée par une partie rostrale obtuse, arrondie, et un peu infé - rieure. Bord supérieur presque rectiligne jusqu'à l'angle postéro-dorsal, s'infléchissant progressivement jusqu'au rostre. Bord inférieur, légèrement déclive, très allongé, avec un sentiment de sinuosité dans son milieu, plus retroussé antérieurement que postérieurement. Région antérieure haute et bien arrondie, un peu décurrente dans le bas. Région postérieure un peu moins de deux fois et demie plus longue que l'antérieure, allant en s'élargissant très lentement jusqu'au niveau de l'angle postéro-dorsal, puis terminée par un rostre arrondi, un peu inférieur, plus arqué en dessus qu'en dessous. — Valves assez minces, presque régulièrement bombées, à peine bâillantes au-dessus du rostre, avec le maximum de bombement sensiblement médian, surmontées d'une crête postéro-dor-sale allongée, mais peu haute et faiblement comprimée. Stries concen-triques un peu fortes, assez irrégulières, devenant comme feuilletées à la périphérie. Epiderme d'un marron un peu rougeâtre vers les sommets, puis un peu verdâtre dans la partie médiane, plus sombre vers le rostre. Intérieur d'un nacré bleuté, irisé, faiblement carnéolé vers les sommets. — Sommets assez renflés mais non saillants, ornés de rides concentriques irrégulières et rapprochées. Sillon dorsal très faiblement arqué, assez accusé vers les sommets, confus vers le rostre. Ligament très allongé, peu saillant, noirâtre. Lunule longue et relativement étroite.

Longueur maximum. . . . . 156 millimètres
Hauteur maximum (à 47 de la perpendiculaire). . . . 80 —
Hauteur de la perpendiculaire. . . . . 75 —
Epaisseur maximum (point maximum de la convexité,
   à : 46 des sommets ; 33 de la perpendiculaire ;
   77 du bord antérieur ; 80 du rostre ; 35 de l'angle
   postéro-dorsal ; 53 du pied de la perpendiculaire). 46 —
Corde apico-rostrale. . . . . 122 —
Distance des sommets à l'angle postéro-dorsal. . . . 47 —
Distance de cet angle au rostre. . . . . 84 —

Distance du rostre à la perpendiculaire.   .   .   . 107 millimètres
Distance du pied de la perpendiculaire à l'angle postéro-
    dorsal. 87   —
Région antérieure. 47   —
Région postérieure. 110   —

Cette forme du groupe des *Ventricosina* est une des moins renflées pour sa grande taille ; elle est plus particulièrement caractérisée : par le parallélisme de ses bords supérieur et inférieur, dans une direction à peine déclive ; par le non-bâillement de ses valves ; par la forme obtuse de son rostre inférieur ; etc.

ANODONTA ANNESIACA, Locard (p. 28).

Coquille de taille assez grande, d'un galbe subelliptique un peu court dans une direction assez déclive, à valves bien renflées dans leur ensemble, terminée par un rostre un peu allongé, droit, et infra-médian. Bord supérieur allongé descendant lentement depuis les sommets jusqu'à l'angle postéro-dorsal, puis s'infléchissant sous un angle d'environ 145 degrés, jusque vers le rostre, suivant une ligne à peine arquée. Bord inférieur allongé, presque droit dans le milieu, bien plus retroussé dans la partie antérieure que dans la postérieure. Région antérieure bien arrondie, faiblement déclive dans le bas. Région postérieure un peu moins de deux fois et demie plus longue que l'antérieure, allant en s'élargissant très faiblement jusqu'à 18 millimètres de la perpendiculaire, terminée par un rostre droit, arrondi, un peu infra-médian, un peu plus arqué en dessous qu'en dessus. — Valves assez minces, bâillantes seulement au-dessus du rostre, bien renflées dans tout leur ensemble, avec le maximum de bombement reporté un peu vers le haut, exactement sur la ligne de plus grande hauteur, surmontées d'une crête postéro-dorsale peu comprimée, allongée, mais peu haute. Stries concentriques assez accusées, presque régulières. Epiderme d'un roux jaunâtre clair, sur tout le long du bord basal, devenant un peu plus rougeâtre dans la région de la crête. Intérieur d'un nacré blond, irisé. — Sommets non saillants à leur origine, assez bombés, et ornés de rides concentriques nombreuses. Ligament fort, allongé, d'un roux foncé. Lunule étroite et longue.

Longueur maximum. . . . . 125 millimètres
Hauteur maximum (à 18 de la perpendiculaire). . . 65 —
Hauteur de la perpendiculaire. . . . . 62 —
Epaisseur maximum (point maximum de la convexité,
    à : 30 des sommets ; 18 de la perpendiculaire ; 55 du
    bord antérieur ; 73 du rostre ; 27 de l'angle postéro-
    dorsal ; 44 du pied de la perpendiculaire). . . . 38 —
Corde apico-rostrale. . . . . 100 —
Distance des sommets à l'angle postéro-dorsal. . . 40 —
Distance de cet angle au rostre.. . . . . 69 —
Distance du rostre à la perpendiculaire. . . . . . 85 —
Distance du pied de la perpendiculaire à l'angle pos-
    téro-dorsal. . . . . 72 —
Région antérieure. . . . . 37 —
Région postérieure. . . . . 90 —

Cette espèce est voisine de l'*Anodonta cariosa* de Küster ; mais elle
en diffère : par sa taille plus forte ; par son galbe moins allongé ; par son
bord supérieur plus droit, avec un angle postéro-dorsal moins accusé ;
par son bord inférieur plus long et moins arqué ; par son rostre plus
inférieur et plus arrondi ; par ses valves plus renflées ; etc.

ANODONTA NOELI, Bourguignat et Locard

(p. 29).

Sous le nom d'*Anodonta oblonga* presque tous les auteurs ont compris
une forme absolument différente et comme taille et comme galbe du seul
et véritable type tel qu'il a été décrit et très exactement figuré par Millet.
L'*oblonga*, sur lequel nous aurons à revenir, doit prendre place dans un
tout autre groupe, celui des *Jourdheuiliana*. Nous désignerons sous
le nom d'*Anodonta Noeli*, en souvenir de M. l'inspecteur des ponts et
chaussées, de Noël, qui a exécuté les travaux de canalisation de l'Aube et
des Ardennes, l'espèce si communément répandue et jusqu'à présent
confondue avec le véritable *oblonga* ; nous renvoyons comme figuration de
notre nouvelle espèce à la planche XVIII, figure 13, de l'atlas de l'abbé
Dupuy. En comparant ces deux types on voit que l'*Anodonta Noeli* diffère

de l'*A. oblonga :* par sa taille toujours beaucoup plus grande ; par son profil plus étroitement allongé ; par son rostre beaucoup plus saillant et plus médian ; par sa région antérieure moins décurrente dans le bas ; par sa région postérieure bien plus développée ; par son bord inférieur plus droit, et plus étendu ; etc.

ANODONTA GLOSSODES, Locard (p. 29).

Coquille de taille moyenne, d'un galbe presque régulièrement elliptique-allongé dans une direction un peu décurrente, médiocrement renflée, terminée par un rostre obtus et médian. Bord supérieur bien arqué, descendant d'abord lentement jusqu'à l'angle postéro-dorsal, pour s'infléchir ensuite un peu plus rapidement jusqu'au rostre, suivant une courbe régulière. Bord inférieur également bien arqué, se retroussant assez brusquement un peu au-delà du niveau de l'angle postéro-dorsal. Région antérieure arrondie, un peu étroite, faiblement décurrente dans le bas. Région postérieure deux fois et demie plus longue que l'antérieure, allant d'abord en s'élargissant jusqu'à 22 millimètres de la perpendiculaire, se terminant par un rostre plus arqué en dessous qu'en dessus, un peu tronqué obliquement à son extrémité. — Valves assez minces, médiocrement bombées dans leur ensemble, avec le maximum de bombement reporté un peu dans le haut, surmontées d'une crête postéro-dorsale peu développée et légèrement comprimée, faiblement bâillantes dans le bas de la région antérieure et au-dessus du rostre. Stries concentriques un peu fines, assez régulières, devenant plus marquées sur la partie postérieure. Épiderme lisse, un peu brillant, d'un jaune verdâtre passant au roux gris vers les sommets. Intérieur d'un bleuté nacré et irisé, devenant carnéolé sous les sommets. — Sommets non saillants et peu renflés. Sillon dorsal presque droit et très peu marqué. Ligament un peu court, solide, d'un roux clair. Lunule étroite et allongée.

Longueur maximum. . . . .   87 millimètres
Hauteur maximum (à 22 de la perpendiculaire) . . .   49   —
Hauteur de la perpendiculaire.   44   —
Épaisseur maximum (point maximum de la convexité,
    à : 25 des sommets ; 18 de la perpendiculaire ; 42 du

bord antérieur ; 47 du rostre ; 21 de l'angle postéro-
dorsal ; 30 du pied de la perpendiculaire). . . . 25 millimètres
Corde apico-rostrale. . . . . 70 —
Distance des sommets à l'angle postéro-dorsal. . . 28 —
Distance de cet angle au rostre. . . . . . . 46 —
Distance du rostre à la perpendiculaire. . . . . . 61 —
Distance du pied de la perpendiculaire à l'angle pos-
téro-dorsal. . . . . 50 —
Région antérieure. . . . . 25 —
Région postérieure.. . . . . 63 —

Cette espèce, voisine de l'*Anodonta Noeli* s'en distingue : par sa taille
plus petite, par son galbe plus régulièrement elliptique, par son allure
moins décurrente, par son rostre plus court et plus régulier, par sa crête
postéro-dorsale moins développée, etc.

ANODONTA SOLMANICA, Locard (p. 30).

Coquille de taille moyenne, d'un galbe renflé et elliptique-allongé sous
une direction à peine décurrente, terminée par un rostre droit et un peu
infra-médian. Bord supérieur arqué descendant d'abord un peu lentement jusqu'à l'angle postéro-dorsal, puis s'infléchissant ensuite plus
rapidement et presque en ligne droite jusqu'au rostre. Bord inférieur
allongé, presque rectiligne dans toute sa partie médiane, notablement plus
arqué et plus retroussé dans la région antérieure que dans l'autre.
Région antérieure bien arrondie, un peu décurrente dans le bas. Région
postérieure plus de deux fois et demie plus longue que l'antérieure, allant
en s'agrandissant à peine, jusqu'à 11 millimètres au delà de la perpendiculaire, puis s'atténuant de plus en plus jusqu'au rostre, celui-ci,
arrondi à son extrémité, et plus arqué en dessous qu'en dessus. — Valves
bien bombées dans leur ensemble, un peu atténuées le long de la crête
postéro-dorsale qui est longue et étroite, le maximum de bombement
étant presque médian, fortement bâillantes seulement au dessus du rostre
jusque vers le ligament. Stries concentriques fines et peu marquées, devenant plus fortes à la périphérie. Épiderme d'un jaune un peu roux dans
toute la partie antérieure, passant au vert plus ou moins intense dans
toute la région postérieure. Intérieur d'un nacré bleuté, irisé, à peine

carnéolé sous les sommets. — **Sommets non saillants, mais renflés comme le reste de la coquille. Sillon postéro-dorsal assez accusé, et à profil ondulé. Ligament un peu court, mais très fort et très saillant. Lunule longue et large.**

Longueur maximum.	75	millimètres
Hauteur maximum (à 11 de la perpendiculaire).	47	—
Hauteur de la perpendiculaire.	46	—
Épaisseur maximum (point maximum de la convexité, à : 33 des sommets ; 23 de la perpendiculaire ; 48 du bord antérieur ; 46 du rostre ; 23 de l'angle postéro-dorsal ; 32 1/2 du pied de la perpendiculaire.)	32	—
Corde apico-rostrale.	76	—
Distance des sommets à l'angle postéro-dorsal.	37	—
Distance de cet angle au rostre.	44	—
Distance du rostre à la perpendiculaire.	67	—
Distance du pied de la perpendiculaire à l'angle postéro-dorsal.	55	—
Région antérieure.	25 1/2	—
Région postérieure.	70	—

Cette espèce comparée à l'*Anodonta Condatina* dont elle est voisine, en diffère : par son galbe plus étroitement allongé, et encore proportionnellement plus bombé dans son ensemble ; par sa taille ordinairement plus petite ; par son rostre plus étroit et plus long ; par son bord supérieur plus arqué ; par son bord inférieur plus droit et plus long ; par son sillon arqué ; etc.

ANODONTA CARIOSULA, Ancey (p. 30).

Coquille d'un galbe largement ovalaire relativement renflé, moins de deux fois plus haute que large, terminée par une partie subrostrée, un peu obtuse, à peine infra-médiane, et dans une direction très légèrement descendante. Bord supérieur droit et allongé, descendant assez rapidement depuis l'angle jusqu'au rostre, sous un angle de 143 degrés. Bord inférieur court, régulièrement convexe, avec son maximum de courbure à 31 millimètres de la perpendiculaire. Région antérieure très haute et relativement peu large par suite de la position antérieure des sommets. Région postérieure un peu allongée quoique très haute, avec les deux bords du rostre incurvés en sens inverse. — Valves minces, fragiles, peu bombées, avec le maximum de saillie presque médian, légèrèment bâillantes dans le milieu de la partie antérieure, plus ouvertes depuis l'angle postéro-dorsal jusqu'au-dessous du rostre. Stries concentriques très fines, irrégulières, mais très rapprochées. Épiderme terne, d'un marron foncé, un peu verdâtre avec quelques zones plus claires. Intérieur nacré, d'un bleuté rosé. — Sommets très largement errodés peu saillants, avec quelques rides peu nombreuses, mais rapprochées. Sillon dorsal peu marqué à sa naissance vers les sommets, comme aplati vers le rostre. Ligament fort, épais et allongé. Lunule étroite et longue.

Longueur maximum..	116	millimètres
Hauteur maximum (à 31 de la perpendiculaire). . .	61	—
Hauteur de la perpendiculaire.	58	—
Épaisseur maximum (point maximum de la convexité, à : 31 des sommets ; 20 de la perpendiculaire ; 48 de bord antérieur ; 58 du rostre ; 31 de l'angle postéro-dorsal ; 40 de la base de la perpendiculaire). . .	33	—
Corde apico-rostrale.	85	—
Distance des sommets à l'angle postéro-dorsal. . .	40	—
Distance de cet angle au rostre..	50	—
Distance du rostre à la perpendiculaire.	78	—
Distance de la base de la perpendiculaire à l'angle postéro-dorsal.	70	—
Région antérieure.	28	—
Région postérieure.	78	—

Comme son nom l'indique l'*Anodonta cariosula* a quelques rapports avec l'*Anodonta cariosa* ; il s'en distingue par sa forme plus courte, surtout plus haute et plus déprimée, avec un rostre plus court et plus obtus ; c'est une des formes les plus aplaties parmi les grandes espèces de ce groupe. A côté du type tel que nous venons de le décrire d'après un échantillon du canal de l'Ille à Rennes, nous citerons une variété major de l'Isère qui atteint 120 millimètres de longueur, pour 65 de hauteur et seulement 31 d'épaisseur ; son test est plus brillant, mais conserve cette même teinte marron verdâtre.

ANODONTA SUBQUADRANGULATA, Locard

(p. 31).

Coquille de taille moyenne, d'un galbe subquadrangulaire un peu court et médiocrement renflé, dans une direction à peine décurrente, terminée par un rostre court, un peu infra-médian. Bord supérieur allongé et presque droit, s'infléchissant également en ligne droite et sous un angle de 140 degrés jusqu'au rostre. Bord inférieur rectiligne dans son milieu, mais sur une faible longueur, bien retroussé à ses deux extrémités. Région antérieure bien arrondie, à peine déclive dans le bas. Région postérieure allant en augmentant insensiblement jusqu'à 20 millimètres au delà de la perpendiculaire, un peu plus de deux fois plus longue que l'antérieure, terminée par un rostre court, plus arqué en dessous qu'en dessus. — Valves minces, régulièrement bombées, avec le maximum de bombement presque médian, surmontées d'une crête postéro-dorsale faiblement comprimée, mais courte et haute, bâillantes dans le bas de la région antérieure et au-dessus du rostre. Stries concentriques très fines, à peine feuilletées à la périphérie. Épiderme terne, d'un roux clair un peu jaunâtre. Intérieur d'un nacré légèrement rosé et irisé, passant au carnéolé vers les sommets. — Sommets renflés, mais non saillants, ornés à leur naissance de quelques rides ondulées. Sillon dorsal incurvé, subbifide à son extrémité. Ligament allongé, saillant et robuste. Lunule assez courte et un peu large.

Longueur maximum. . . . . 78 millimètres
Hauteur maximum (à 20 de la perpendiculaire).. . . 45 —
Hauteur de la perpendiculaire. . . . . 43 —
Épaisseur maximum (point maximum de la convexité, à : 23 des sommets ; 13 de la perpendiculaire ; 36 du bord antérieur ; 24 de l'angle postéro-dorsal ; 42 du rostre ; 54 du pied de la perpendiculaire).. . . . 26 —
Corde apico-rostrale. . . . . 62 —
Distance des sommets à l'angle postéro-dorsal.. . . 29 —
Distance de cet angle au rostre.. . . . . 39 —
Distance du rostre à la perpendiculaire. . . . . . 54 —
Distance du pied de la perpendiculaire à l'angle postéro-dorsal. . . . . 51 —

Région antérieure. . . . .   23 millimètres
Région postérieure.   55   —

Cette espèce voisine de l'*Anodonta quadrangulata* s'en distingue : par son galbe plus court, plus ramassé ; par ses valves proportionnellement un peu plus renflées ; par son bord supérieur moins allongé, surtout dans la région antérieure qui est arrondie dans le haut et non pas anguleuse ; par son bord inférieur moins allongé et rectiligne sur une moins grande longueur, se retroussant moins brusquement dans la partie postérieure ; etc.

ANODONTA MARSOLINÆ, Bourguignat (p. 32).

Coquille de taille moyenne, d'un galbe presque régulièrement ovalaire, faiblement allongée dans une direction un peu décurrente, assez comprimée et terminée par un rostre médian très obtus. Bord supérieur un peu court, faiblement arqué, puis subrecto-descendant depuis l'angle postéro-dorsal jusqu'au rostre en formant un angle d'environ 150°. Bord inférieur un peu allongé, assez fortement oblique et descendant jusqu'à 31 millimètres de la perpendiculaire, puis remontant vers le rostre sous une courbure à peine plus arquée que dans la partie correspondante du bord supérieur. Région antérieure arrondie, assez large, bien décurrente dans le bas. Région postérieure plus de deux fois plus longue que l'antérieure, régulièrement allongée jusqu'à l'extrémité du rostre. — Valves minces, fragiles, peu bombées, faiblement bâillantes au-dessus du rostre. Stries concentriques assez irrégulières, peu saillantes. Épiderme d'un roux verdâtre, passant au roux fauve dans la région des sommets, le tout assez brillant. Intérieur d'un beau nacré rosé fortement irisé, plus teinté sous les sommets. — Sommets très peu saillants, finement acuminés à leur extrémité, avec des rides assez fortes, peu nombreuses et irrégulières. Sillon dorsal assez marqué, d'abord rectiligne, puis ensuite légèrement arqué vers le rostre. Ligament allongé, peu épais, peu saillant. Lunule étroite et allongée.

Longueur maximum. . . . .   81 millimètres
Hauteur maximum (à 17 1/2 de la perpendiculaire). .   45   —
Hauteur de la perpendiculaire.   42   —
Épaisseur maximum (point maximum de la convexité,

à : 20 des sommets ; 11 de la perpendiculaire ;
34 du bord antérieur ; 49 du rostre ; 20 1/2 de
l'angle postéro-dorsal ; 28 1/2 de la base de la
perpendiculaire). . . . . 22 milllmètres
Corde apico-rostrale. 65   —
Distance des sommets à l'angle postéro-dorsal. . . 26   —
Distance de cet angle au rostre. 44   —
Distance du rostre à la perpendiculaire. 58   —
Distance de la base de la perpendiculaire à l'angle
postéro-dorsal. 48   —
Région antérieure. . . . . 22 1/2 —
Région postérieure. . . . . 59 1/2 —

Cette espèce voisine de l'*Anodonta thripedesta* s'en distingue : par sa
région antérieure plus courte et plus rapidement décurrente dans le bas ;
par sa région postérieure un peu plus allongée, avec le bord supérieur
descendant moins rapidement vers le rostre ; par ses valves moins bombées ; par son rostre un peu moins inférieur ; etc.

ANODONTA MANTUACINA, **Bourguignat** (p. 32).

Coquille de taille moyenne, d'un galbe sublancéolé, un peu large, assez
régulière, légèrement renflée, avec une direction faiblement déclive,
terminée par un rostre un peu allongé et presque exactement médian.
Bord supérieur court, faiblement arqué, puis descendant à partir de
l'angle postéro-dorsal jusqu'au rostre presqu'en ligne droite, en formant
un angle d'environ 153 degrés. Bord inférieur assez arqué, avec le maximum de bombement à 22 millimètres de la perpendiculaire, se retroussant
ensuite assez rapidement et presque en ligne droite jusqu'au rostre. Région antérieure bien arrondie, très faiblement déclive dans le bas. Région
postérieure près de deux fois et demie plus longue que l'antérieure, à
profil presque régulier dans tout son contour. — Valves un peu minces,
mais assez solides, bien bombées, surtout dans le haut, très faiblement
bâillantes dans la région antérieure et au-dessus du rostre. Stries fortes
et irrégulières, parfois même assez saillantes. Épiderme d'un roux verdâtre un peu terne, passant par places à un roux un peu plus jaunâtre,
surtout au voisinage des sommets qui sont du reste le plus souvent dénu-

dés. Intérieur nacré, bléuté à la périphérie, roux-orangé sous les sommets. — Sommets un peu renflés dans leur ensemble, ornés de rides ondulées fines, nombreuses et rapprochées. Sillon dorsal peu marqué, vaguement bifide sur une assez grande étendue. Ligament allongé, mais peu saillant. Lunule étroite et longue.

Longueur maximum.	80	millimètres
Hauteur maximum (à 22 de la perpendiculaire).	44	—
Hauteur de la perpendiculaire.	40	—
Épaisseur maximum (point maximum de la convexité, à : 18 des sommets ; 11 de la perpendiculaire ; 32 1/2 du bord antérieur ; 48 du rostre ; 18 de l'angle postéro-dorsal ; 28 1/2 de la base de la perpendiculaire)..	23	—
Corde apico-rostrale.	63	—
Distance des sommets à l'angle postéro-dorsal.	27	—
Distance de cet angle au rostre..	40	—
Distance du rostre à la perpendiculaire.	57	—
Distance de la base de la perpendiculaire à l'angle postéro-dorsal.	46	—
Région antérieure..	22	—
Région postérieure..	58	—

Cet *Anondonta* voisin du précédent s'en distingue aisément par son galbe plus lancéolé, avec un rostre plus allongé, paraissant d'autant plus acuminé que les valves sont plus bombées dans leur ensemble et que leur maximum de bombement est reporté un peu plus haut et un peu plus antérieurement ; en outre le galbe est encore plus régulier ; le bord inférieur, dans la région antérieure moins décurrent, etc.

ANODONTA DEHONESTA, Servain (p. 33).

Coquille de taille moyenne, d'un galbe subelliptique un peu irrégulier, assez renflée dans la partie postéro-inférieure, quoique le maximum de bombement soit sensiblement placé au milieu de la coquille, terminée par un rostre obtus, exactement médian. Bord supérieur un peu court, descendant d'abord lentement depuis une ligne située à 16 1/2 des sommets jusqu'à l'angle postéro-dorsal, puis s'infléchissant ensuite presque en ligne droite jusqu'au rostre, sous un angle d'environ 163°. Bord inférieur très légèrement descendant, à peu près également arqué à ses deux extrémités. Région antérieure bien arrondie, régulière, à peine plus décurrente dans le bas que dans le haut. Région postérieure un peu plus de deux fois et demie plus grande que l'antérieure, terminée par un rostre obtus et camard-renversé, à profils inégaux, presque rectiligne en dessus et bien arqué en dessous. — Valves très minces, déprimées dans la partie antéro-supérieure et au contraire assez renflées dans le reste de la coquille, bâillantes seulement au-dessus du rostre. Stries très fortes et très irrégulières. Épiderme terne, d'un roux fauve un peu jaunâtre avec quelques zones concentriques un peu plus foncées. Intérieur d'un nacré bleuté à la périphérie, passant à l'orangé sous les sommets. — Sommets très fortement et très largement dénudés, très peu saillants, avec quelques grosses rides se confondant ensuite avec les stries. Sillon dorsal presque rectiligne, très peu marqué à l'origine, plus accusé vers le rostre. Ligament allongé, un peu mince, peu saillant. Lunule étroite et très allongée.

Longueur maximum.	79 millimètres
Hauteur maximum (à 16 1/2 de la perpendiculaire). .	43 —
Hauteur de la perpendiculaire.	39 —
Épaisseur maximum (point maximum de la convexité, à : 23 des sommets ; 17 de la perpendiculaire ; 37 du bord antérieur ; 42 du rostre ; 25 de l'angle postéro-dorsal ; 28 de la base de la perpendiculaire). . .	22 —
Corde apico-rostrale.	62 —
Distance des sommets à l'angle postéro-dorsal. . .	38 —
Distance de cet angle au rostre.	28 —
Distance du rostre à la perpendiculaire.	58 —
Distance de la base de la perpendiculaire à l'angle postéro-dorsal.	52 —
Région antérieure.	21 1/2 —
Région postérieure.	58 —

L'*Anodonta dehonesta* présente une réelle affinité avec les deux espèces précédentes ; mais on le distinguera toujours facilement au mode de bombement de ses valves reporté surtout dans la région postéro-inférieure, et à la forme de son rostre camard-renversé, droit en dessus, bien arrondi en dessous, ce qui change complètement le profil de la coquille.

ANODONTA PELECINA, Locard (p. 33).

Coquille de taille moyenne, d'un galbe subovalaire allongé dans une direction bien déclive, médiocrement renflée, terminée par un large rostre arrondi, un peu infra-médian. Bord supérieur allongé, arqué, s'infléchissant assez rapidement et presque en ligne droite depuis l'angle postéro-dorsal jusqu'au rostre. Bord inférieur allongé et très largement arqué, bien retroussé à ses deux extrémités. Région inférieure un peu étroitement arrondie, fortement déclive dans le bas. Région postérieure à peine un peu plus de deux fois plus longue que l'antérieure, allant en s'élargissant lentement jusqu'à 15 millimètres au delà de la perpendiculaire. — Valves un peu minces, presque régulièrement bombées, faiblement comprimées vers la crête postéro-dorsale qui est courte et étroite, avec le maximum de bombement reporté un peu dans le haut, très faiblement bâillantes dans la région antérieure, très ouvertes depuis le ligament jusqu'au rostre. Stries concentriques fines et assez régulières. Épiderme lisse et brillant, d'un gris cendré dans le haut, passant au rose jaunâtre dans le bas avec quelques zones un peu verdâtres. Intérieur d'un nacré à peine bleuté, bien irisé. — Sommets finement acuminés, non saillants, bien renflés dans leur ensemble, ornés d'un petit nombre de rides ondulées assez grosses. Sillon dorsal à peine sensible, presque droit. Ligament très gros et très robuste, d'un roux-clair. Lunule courte et assez large.

Longueur maximum.	79	millimètres
Hauteur maximum (à 15 de la perpendiculaire). . .	47	—
Hauteur de la perpendiculaire.	43	—
Épaisseur maximum (point maximum de la convexité, à : 16 des sommets ; 8 de la perpendiculaire ; 33 du bord antérieur ; 49 du rostre ; 23 de l'angle postéro-dorsal ; 31 du pied de la perpendiculaire). . . .	23	—
Corde apico-rostrale.	62	—
Distance des sommets à l'angle postéro-dorsal. . . .	29	—
Distance de cet angle au rostre.	37	—
Distance du rostre à la perpendiculaire.	50	—
Distance du pied de la perpendiculaire à l'angle postéro-dorsal.	47	—

Région antérieure . . . . 26 millimètres
Région postérieure. 54   —

Cette forme voisine de l'*Anodonta Mantuacina* en diffère : par son galbe moins régulier ; par sa région antérieure plus étroite et plus déclive ; par sa région postérieure plus large, terminée par un rostre plus élargi et plus arrondi ; par son ensemble plus décurrent ; etc.

ANODONTA DELICATULA, Servain (p. 33).

Coquille de taille assez petite, d'un galbe subovalaire un peu comprimé dans une direction à peine descendante, terminée par un rostre sub-inférieur. Bord supérieur droit, un peu allongé, s'infléchissant à partir de l'angle jusqu'au rostre, suivant une courbure de plus en plus rapide. Bord inférieur légèrement sub-sinueux dans sa partie médiane, plus retroussé en avant qu'en arrière. Région antérieure peu large, bien haute et presque régulièrement arrondie, à peine un peu décurrente dans le bas. Région postérieure très développée par rapport à l'antérieure, plus de quatre fois plus longue, s'infléchissant à partir de l'angle pour se terminiminer par un rostre sub-basal à profil camard. — Valves minces, peu renflées, avec le maximum de bombement suivant une région presque parallèle au bord supérieur et passant à 12 millimètres de ce bord, faiblement bâillantes seulement en dessus du rostre. Stries concentriques peu fortes mais très irrégulières. Épiderme peu brillant, d'un marron un peu rougeâtre, avec quelques zones concentriques plus jaunes. Intérieur d'un nacré bleuté. — Sommets largement et profondément excoriés, très antérieurs et se renflant rapidement. Sillon dorsal presque droit et assez confus. Ligament allongé, fort et assez saillant. Lunule longue et très étroite.

Longueur maximum . . . . 65 millimètres
Hauteur maximum (à 13 de la perpendiculaire). . . 35   —
Hauteur de la perpendiculaire. 32   —
Épaisseur maximum (point maximum de la convexité,
    à : 20 des sommets ; 18 de la perpendiculaire ; 30 du
    bord antérieur ; 36 du rostre ; 12 de l'angle postéro-
    dorsal ; 28 de la base de la perpendiculaire). . . 19   —
Corde apico-rostrale 55   —

Distance des sommets à l'angle postéro-dorsal. . .   22 millimètres
Distance de cet angle au rostre.   36   —
Distance du rostre à la perpendiculaire.   48   —
Distance de la base de la perpendiculaire à l'angle pos-
    téro-dorsal
Région antérieure.   15   —
Région postérieure.   50   —

Cette espèce est la plus petite du groupe ; on la distingue en outre des espèces que nous venons de décrire : par son profil camard avec le rostre inférieur ; par le développement de la région postérieure ; par le peu de bâillement des valves ; enfin par son bord inférieur légèrement sinueux.

ANODONTA CATULA, Coutagne (p. 34).

Coquille d'assez petite taille, d'un galbe irrégulièrement subovalaire, assez renflée dans son ensemble, avec une direction fortement décurrente, terminée par un rostre très obtus et sub-basal. Bord supérieur très court dans sa partie antérieure, s'allongeant en ligne droite dans la partie postérieure jusqu'à l'angle qui correspond exactement à la hauteur maximum. Bord inférieur sensiblement droit, très incliné, commençant à se retrousser postérieurement à 19 millimètres de la perpendiculaire. Région antérieure arrondie et bien décurrente dans le bas. Région postérieure trois fois et demie plus grande que l'antérieure, largement arrondie à son extrémité, plus étroitement arquée en dessous qu'en dessus, par suite de la position inférieure du rostre. — Valves un peu minces, bien bombées sauf vers la crête postéro-dorsale, le bombement se prologeant jusqu'à la périphérie et particulièrement suivant une large surface allant des sommets jusqu'au pied de la ligne de plus grande hauteur, bâillantes dans le bas de la région antérieure et au-dessus du rostre. Stries concentriques très fines, ne devenant un peu irrégulières que vers les bords. Épiderme lisse, brillant, d'un fauve gris-roux, parfois plus roussâtre et par places dans la région des sommets et au voisinage du maximum de bombement. Intérieur nacré, d'un bleuté un peu foncé, légèrement roséolé sous les sommets. — Sommets un peu saillants et bien pointus à leur origine, s'épanouissant ensuite largement avec quelques rides onduleuses fines, nombreuses et rapprochées. Sillon dorsal à peine marqué à sa naissance, se confondant avec le renflement des valves. Ligament allongé, un peu mince et peu saillant. Lunule étroite, très allongée.

Longueur maximum.	54 millimètres
Hauteur maximum (à 19 de la perpendiculaire). . .	40 —
Hauteur de la perpendiculaire	32 —
Épaisseur maximum (point maximum de la convexité, à : 20 des sommets; 16 1/2 de la perpendiculaire; 18 1/2 du bord antérieur; 18 du rostre; 18 de l'angle postéro-dorsal; 20 de la base de la perpendiculaire).	21 —
Corde apico-rostrale	56 —
Distance des sommets à l'angle postéro-dorsal. . .	19 —
Distance de cet angle au rostre.	43 —
Distance du rostre à la perpendiculaire.	42 —
Distance de la base de la perpendiculaire à l'angle postéro-dorsal.	38 —
Région antérieure	17 —
Région postérieure.	49 —

Par son mode de bombement on voit que déjà cette forme tend un peu à passer au groupe des *Glyciana* si particulièrement caractérisé par les ondulations que présentent les valves des coquilles qu'il renferme. Voisin de l'*Anodonta siliqua*, l'*A. catula* s'en distingue par sa taille un peu plus grande, par son galbe bien plus haut dans la région postérieure, par son rostre beaucoup plus obtus, par son bord inférieur bien plus droit dans sa partie médiane, etc.

ANODONTA SILIQUIFORMIS, Locard (p. 34).

Coquille de taille assez petite, d'un galbe étroitement ovalaire, un peu renflée dans le milieu et dans une direction bien déclive, terminée par un rostre basal tronqué à son extrémité. Bord supérieur allongé et arqué, s'infléchissant depuis l'angle postéro-dorsal jusqu'au rostre suivant une ligne presque droite. Bord inférieur sensiblement rectiligne dans la partie médiane, plus retroussé dans la région antérieure que vers le rostre. Région antérieure un peu étroite, bien arrondie, fortement décurrente

dans le bas. Région postérieure plus de trois fois plus longue que l'antérieure, allant en s'élargissant lentement jusqu'à 16 millimètres au delà de
la perpendiculaire, terminée par un rostre allongé, large, tronqué à son
extrémité et basal. —· Valves un peu minces, assez renflées dans le milieu,
bien atténuées jusque vers l'extrémité du rostre, surmontées d'une crête
postéro-dorsale un peu comprimée, mais allongée, et peu hautes, bâillantes
seulement au-dessus du rostre. Stries concentriques fines, assez irrégulières, un peu feuilletées tout à fait à la périphérie. Épiderme lisse, brillant, d'un marron clair un peu jaunâtre dans le bas, plus foncé vers la
crête. Intérieur d'un nacré bleuté, irisé, carnéolé sous les sommets. —
Sommets non saillants, peu renflés, fortement dénudés. Sillon dorsal
presque droit, à peine marqué. Ligament fort, allongé, d'un marron clair.
Lunule étroite et longue.

Longueur maximum.	58	millimètres
Hauteur maximum (à 16 de la perpendiculaire). . .	35	—
Hauteur de la perpendiculaire	31	—
Épaisseur maximum (point maximum de la convexité, à : 16 des sommets; 10 de la perpendiculaire ; 25 du bord antérieur; 44 du rostre; 21 1/2 de l'angle pos-téro-dorsal; 23 du pied de la perpendiculaire). .	19	—
Corde apico-rostrale.	58	—
Distance des sommets à l'angle postéro-dorsal. . .	30	—
Distance de cet angle au rostre.	34	—
Distance du rostre à la perpendiculaire.	50	—
Distance du pied de la perpendiculaire à l'angle pos-téro-dorsal.	40	—
Région antérieure.	16	—
Région postérieure.	52	—

Notre espèce, comme son nom l'indique est voisine de l'*Anodonta
siliqua*, mais elle s'en distingue : par son galbe plus étroitement allongé ;
par sa région antérieure moins étroite; par son bord inférieur plus droit
et plus long ; par son rostre plus basal et plus tronqué; etc.

ANODONTA MANSUETA, Bourguignat (p. 35).

Coquille d'un galbe un peu étroitement allongé dans une direction légèrement déclive, bien renflée surtout dans son milieu et plutôt sub-
comprimée à la périphérie, terminée par une partie rostrale sub-médiane
assez allongée quoique un peu obtuse à son extrémité. Bord supérieur
allongé et faiblement arqué, s'infléchissant d'abord lentement depuis les
sommets jusqu'à l'angle, puis descendant plus rapidement vers le rostre.
Bord inférieur allongé, vaguement sinueux dans son milieu, un peu plus
retroussé dans la partie inférieure que dans l'autre qui est nécessairement
plus allongée. Région antérieure un peu étroite, bien arrondie, décurrente dans le bas. Région postérieure exactement deux fois et demie plus
longue que l'antérieure, allant d'abord en s'élargissant jusqu'à 13 1/2 de
la perpendiculaire, pour s'atténuer jusqu'au rostre qui est comme tronqué
à son extrémité. — Valves solides, relativement un peu minces, très
bombées vers le milieu, puis ensuite atténuées dans tous les sens, faiblement bâillantes en avant, un peu plus bâillantes immédiatement au delà
de l'angle. Stries concentriques fines et rapprochées, devenant plus irrégulières à la périphérie. Épiderme lisse, un peu brillant, d'un fauve foncé,
rougeâtre vers les sommets, jaunâtre dans la région antérieure, passant
au vert foncé dans la région postérieure. Intérieur d'un nacré bleuté, irisé,
un peu roséolé sous les sommets. — Sommets assez renflés, mais peu
saillants, excoriés sur une petite hauteur. Sillon faiblement arqué, très
apparent par suite du bombement des valves. Ligament très allongé, fort,
mais peu saillant. Lunule étroite et assez longue.

Longueur maximum. . . . . 83 millimètres
Hauteur maximum (à 17 1/2 de la perpendiculaire). . 44 1/2 —
Hauteur de la perpendiculaire. . . . . 39 —
Épaisseur maximum (point maximum de la convexité,
   à : 22 des sommets; 18 de la perpendiculaire; 38 du
   bord antérieur; 46 du rostre; 23 de l'angle postéro-
   dorsal; 26 de la base de la perpendiculaire). . . 30 —
Corde apico-rostrale. . . . . 68 —
Distance des sommets à l'angle postéro-dorsal. . . 33 —
Distance de cet angle au rostre. . . . . 40 —

Distance du rostre à la perpendiculaire. . . . . . 58 millimètres
Distance de la base de la perpendiculaire à l'angle pos-
    téro-dorsal. 48   —
Région antérieure 24   —
Région postérieure. 60   —

Voisine de l'*Anodonta Glyca*, l'*A. mansueta* en diffère par son galbe plus court, plus large, avec un même mode de bombement des valves, mais plus reporté dans la partie centrale; sa crête apico-rostrale est plus saillante, plus haute et moins allongée; son rostre de même profil est toujours plus court.

ANODONTA ISSIODURENSIS, Locard (p. 36).

Coquille d'assez petite taille, d'un galbe peu renflé, subelliptique allongée, dans une direction faiblement décurrente, terminée par un rostre allongé à peine infra-médian et très obtus. Bord supérieur allongé, légèrement arqué, s'infléchissant à partir de l'angle postéro-dorsal jusqu'au rostre sous un angle d'environ 143 degrés et par une ligne un peu courbe. Bord inférieur presque droit dans sa partie médiane, un peu plus retroussé antérieurement que postérieurement. Région antérieure bien arrondie. Région postérieure deux fois et demie plus longue que l'antérieure, allant en s'élargissant à peine jusqu'à 22 millimètres au delà de la perpendiculaire, terminée par une partie rostrée un peu plus arquée en dessous qu'en dessus, arrondie à son extrémité, à peine infra-médiane. — Valves un peu minces, peu renflées, surmontées d'une crête postéro-dorsale assez comprimée, mais un peu haute, faiblement bâillantes, d'un fauve un peu verdâtre, passant au roux vers le haut, plus teinté dans la région postéro-dorsale. Intérieur d'un nacré bleuté, irisé, bien carnéolé sous les sommets. — Sommets excoriés, peu renflés, non saillants. Sillon dorsal droit, un peu marqué. Ligament allongé, assez robuste, brunâtre. Lunule longue et un peu étroite.

Longueur maximum. . . . . 71 millimètres
Hauteur maximum (à 22 de la perpendiculaire). . . 38   —
Hauteur de la perpendiculaire. 35   —
Épaisseur maximum (point maximum de le convexité,
    à : 22 des sommets; 36 du bord antérieur; 17 de la

perpendiculaire; 35 du rostre; 19 de l'angle pos-
téro-dorsal; 27 du pied de la perpendiculaire). . 19 millimètres
Corde apico-rostrale . . . . 56 —
Distance des sommets à l'angle postéro-dorsal. . . 32 —
Distance de cet angle au rostre. . . . . 30 —
Distance du rostre à la perpendiculaire. . . . . 50 —
Distance du pied de la perpendiculaire à l'angle pos-
téro-dorsal. . . . . 45 —
Région antérieure . . . . 20 —
Région postérieure. . . . . . . · . . . . . 51 —

Cette forme est en quelque sorte un diminutif de l'*Anodonta Doei;* elle
en rappelle tous les caractères, avec une notable atténuation, que l'on
n'observe pas chez les *var. minor* de ce type; en outre, elle est inscrite
dans un galbe plus étroitement et plus régulièrement elliptique, avec une
direction bien moins décurrente.

ANODONTA DOEOPSIS, Locard (p. 36).

Coquille d'un galbe un peu court, dans une direction fortement déclive,
très renflée dans sa partie médiane et suivant une zone allant des
sommets jusqu'à la base postérieure la plus déclive, atténuée sur le reste
de son ensemble, terminée par un rostre court et inférieur. Bord supérieur assez allongé et faiblement arqué s'infléchissant brusquement en
droite ligne depuis l'angle postéro-dorsal jusqu'au rostre, et formant
avec la ligne des sommets un angle d'environ 135 degrés. Bord inférieur
largement arrondi, un peu plus arqué dans la partie postérieure que
dans l'autre, presque droit dans son milieu, mais sur une faible longueur.
Région antérieure haute, mais peu large, bien décurrente dans le bas.
Région postérieure deux fois et demie plus longue que l'antérieure, avec
des bords presque parallèles jusqu'à 26 millimètres de la perpendiculaire,
se terminant par un rostre inférieur plus arrondi en dessous qu'en
dessus. — Valves un peu minces, très irrégulièrement bombées, avec
une partie creusée immédiatement au delà de la perpendiculaire, mais
sur une faible profondeur, fortement bâillantes depuis le rostre jusqu'à
l'angle postéro-dorsal. Stries extrêmement fines, accusés seulement à la
périphérie. Epiderme lisse, brillant, poli, d'un fauve grisâtre un peu clair,

avec quelques parties plus jaunâtres dans le bas de la région antérieure, et d'un vert tendre dans la partie postérieure, parfois sous forme de rayons. Intérieur d'un beau nacré bleuté, bien irisé. — Sommets dénudés, bien renflés, mais à peine saillants, vaguement ridés sur une faible étendue. Ligament bien allongé, peu saillant, assez robuste. Lunule étroite et allongée.

Longueur maximum.	81	millimètres
Hauteur maximum (à 16 de la perpendiculaire). . .	49	—
Hauteur de la perpendiculaire.	48	—
Epaisseur maximum (point maximum de la convexité, à : 25 des sommets ; 17 de la perpendiculaire ; 41 du bord antérieur ; 44 du rostre ; 22 de l'angle postéro-dorsal ; 33 de la base de la perpendiculaire). . .	27	—
Corde apico-rostrale.	68	—
Distance des sommets à l'angle postéro-dorsal. . . .	35	—
Distance de cet angle au rostre.	43	—
Distance du rostre à la perpendiculaire.	53	—
Distance de la base de la perpendiculaire à l'angle postéro-dorsal. . . . . : . . .	54	—
Région antérieure.	23	—
Région postérieure.	59	—

Par son mode de bombement si particulier, notre forme appartient à ce curieux groupe des *Glyciana;* mais moins allongé que l'*Anodonta Glyca*, il constitue une sorte de passage entre l'*Anodonta Doei* déjà court en renflé et le gros *A. Spengleri*. On le distinguera donc de l'*A. Doei :* à sa forme plus courte, plus haute ; à son galbe plus décurrent, avec la région antérieure relativement plus étroite et plus comprimée dans le bas ; à son rostre plus large, à sa crête plus haute ; etc.

ANODONTA CADOMENSIS, Locard (p. 38).

Coquille de taille moyenne, bien bombée dans son ensemble, d'un galbe subelliptique allongé dans une direction un peu déclive, terminée par un large rostre arrondi, subbasal, un peu retroussé vers le haut. Bord supérieur très allongé, faiblement arqué, s'infléchissant à partir de l'angle postéro-dorsal jusqu'au rostre, suivant une ligne un peu sinueuse.

Bord inférieur très allongé, largement arqué, un peu plus retroussé dans la région antérieure que vers le rostre. Région antérieure arrondie, bien décurrente dans le bas. Région postérieure plus de deux fois et demie plus longue que l'antérieure, allant en s'élargissant lentement jusqu'à 25 millimètres au delà de la perpendiculaire, se terminant ensuite par un rostre subbasal, arrondi à son extrémité, plus arqué en dessous qu'en dessus. — Valves un peu épaisses, bien renflées dans tout leur ensemble, surmontées d'une crête postéro-dorsale haute, longue et bien atténuée, très fortement bâillantes au-dessus du rostre. Stries concentriques fines, presque régulières, à peine feuilletées à la périphérie. Epiderme lisse et brillant, d'un roux grisâtre, passant au rouge clair vers les sommets, un peu jaunâtre dans le bas et vert sur l'extrémité du rostre. Intérieur d'un nacré blanchâtre, passant au bleuté irisé vers le rostre, et au carnéolé sous les sommets. — Sommets renflés, à peine saillants, ornés de quelques rides ondulées et rapprochées. Sillon dorsal bien accusé, un peu flexueux. Ligament fort, allongé bien saillant. Lunule un peu étroite, mais très longue.

Longueur maximum.	95	millimètres
Hauteur maximum (à 25 de la perpendiculaire). . .	50	—
Hauteur de la perpendiculaire.	45	—
Epaisseur maximum (point maximum de la convexité, à : 24 des sommets; 15 1/2 de la perpendiculaire; 41 du bord antérieur; 55 du rostre; 19 de l'angle postéro-dorsal; 31 du pied de la perpendiculaire). .	30	—
Corde apico-rostale.	77	—
Distance des sommets à l'angle postéro-dorsal. . .	41	—
Distance de cet angle au rostre.	43	—
Distance du rostre à la perpendiculaire.	66	—
Distance du pied de la perpendiculaire à l'angle postéro-dorsal.	57	—
Région antérieure.	26	—
Région postérieure.	70	—

ANODONTA RIQUETI, Bourguignat (p. 38).

Coquille de taille assez petite, d'un galbe subovalaire un peu allongé et assez renflé, avec une direction décurrente, terminée par un rostre obtus un peu inférieur. Bord supérieur allongé et faiblement arqué, s'infléchissant ensuite jusqu'au rostre sous un angle d'environ 140 degrés. Bord inférieur assez long, avec un sentiment de sinuosité peu accusé au delà de la perpendiculaire, se retroussant vers le rostre à 20 millimètres de cette perpendiculaire. Région antérieure bien arrondie, décurrente dans le bas. Région postérieure un peu moins de trois fois plus grande que l'antérieure, avec un rostre un peu plus étroitement arrondi en dessous qu'en dessus. — Valves un peu minces, mais assez solides, bombées dans tout leur ensemble, bâillantes dans le bas de la région antérieure et au-dessus du rostre. Stries concentriques très fines, un peu plus saillantes et plus irrégulières à la périphérie. Epiderme d'un fauve presque grisâtre avec quelques tons vert clair, sous forme de rayons plus particulièrement répartis dans la région postérieure. Intérieur d'un nacré bleuté passant à l'orangé clair sous les sommets. — Sommets dénudés, assez renflés, mais non saillants, ornés de quelques rides ondulées peu nombreuses. Sillon dorsal peu saillant, ordinairement accusé par un rayon vert. Ligament robuste, assez fort, un peu court. Lunule étroite et allongée.

Longueur maximum.	63	millimètres
Hauteur maximum (à 20 de la perpendiculaire). . .	37	—
Hauteur de la perpendiculaire.	32	—
Epaisseur maximum (point maximum de la convexité, à : 12 des sommets ; 8 de la perpendiculaire ; 24 1/2 du bord antérieur ; 41 du rostre ; 17 de l'angle postéro-dorsal ; 23 de la base de la perpendiculaire).	19	—
Corde apico-rostrale.	54	—
Distance des sommets à l'angle postéro-dorsal. . . .	20	—
Distance de cet angle au rostre.	58	—
Distance du rostre à la perpendiculaire	44	—
Distance de la base de la perpendiculaire à l'angle postéro-dorsal.	38	—

Région antérieure. . . . . 17 millimètres
Région postérieure. . . . . 47ʳ —

Cette espèce, dédiée à l'ingénieur Riquet, créateur du canal du Languedoc, atteint parfois de plus grandes proportions. Ainsi on trouve dans la Loire, à Nantes, une *var. major* de même galbe ou d'un galbe un peu allongé qui mesure jusqu'à 82 millimètres de longueur, pour 43 de hauteur. L'*Anodonta Riqueti* diffère de l'*A. Cadomensis* par sa taille plus petite, son galbe moins étroitement allongé, sa région postérieure plus courte, son rostre plus obtus, son bord inférieur plus arqué, ses valves moins bombées, etc.

ANODONTA ICANA, Bourguignat (p. 38).

Coquille de taille assez petite, d'un galbe subelliptique un peu allongé dans une direction bien déclive, renflée et terminée par un rostre subbasal également allongé, quoique assez obtus à son extrémité. Bord supérieur un peu court, arqué, descendant ensuite jusqu'au rostre, suivant une ligne presque droite et sous un angle d'environ 145 degrés. Bord inférieur droit dans son milieu, assez allongé, à peu près également retroussé à ses deux extrémités. Région antérieure arrondie, mais bien décurrente dans le bas. Région postérieure un peu moins de trois fois plus grande que l'antérieure, plus arquée en dessus qu'en dessous. — Valves minces, très bâillantes mais seulement dans la région postérieure au-dessus du rostre, fortement bombées surtout suivant une zone oblique qui s'étend des sommets pour aboutir au point de la partie inférieure où la courbure commence à remonter vers le rostre. Stries concentriques assez accusées, un peu irrégulières. Epiderme presque brillant, d'un roux fauve à peine plus teinté à l'extrémité de la région postérieure. Intérieur d'un beau nacré bleuté bien irisé, passant à l'orangé vif sous les sommets. — Sommets renflés, assez saillants, dénudés, ornés de rides ondulées peu nombreuses, mais assez fortes. Sillon dorsal vague, accusé surtout par le bombement des valves. Ligament un peu court, assez mince, saillant. Lunule large et allongée.

Longueur maximum. . . . . 57 millimètres
Hauteur maximum (à 13 de la perpendiculaire). . . 39 1/2 —
Epaisseur maximum (point maximum de la convexité,

à : 24 des sommets; 17 de la perpendiculaire ; 35 du
bord antérieur; 34 du rostre ; 14 de l'angle postéro-
dorsal ; 25 de la base de la perpendiculaire). . .   24 millimètres
Corde apico-rostrale.   58   —
Distance des sommets à l'angle postéro-dorsal. . . .   25   —
Distance de cet angle au rostre.   37   —
Distance du rostre à la perpendiculaire.   44   —
Distance de la base de la perpendiculaire à l'angle pos-
téro-dorsal.   39   —
Région antérieure. . . . .   18 1/2 —
Région-postérieure.   50   —

Cette espèce, voisine de l'*Anodonta Riqueti*, s'en distingue par son
galbe plus allongé, dans une direction plus déclive, et surtout par ses
valves beaucoup plus bombées, assez analogues à celles des espèces du
groupe des *Glyciana*. La forme du Jura est ordinairement un peu plus
petite, avec une coloration plus verdâtre, mais elle possède également la
teinte orangée que l'on observe sous les sommets à l'intérieur.

ANODONTA MARBOZENSIS, Locard (p. 38).

Coquille de petite taille, d'un galbe étroitement subvoïde, bien allongée et
bien renflée vers le milieu, dans une direction faiblement déclive, terminée
par un rostre un peu inférieur, tronqué à son extrémité. Bord supérieur
arqué, descendant d'abord un peu lentement jusqu'à l'angle postéro-dorsal
puis ensuite un peu plus rapidement jusqu'au rostre. Bord inférieur
allongé et très largement arqué, beaucoup plus retroussé dans la partie
antérieure que dans la postérieure. Région antérieure bien arrondie,
décurrente dans le bas. Région postérieure un peu plus de trois fois et
demie plus longue que l'antérieure allant en augmentant faiblement
jusqu'à 18 millimètres au delà de la perpendiculaire, se terminant
ensuite par un rostre allongé, mais tronqué à son extrémité, plus arqué
en dessus qu'en dessous. — Valves un peu minces, un peu irrégulière,
ment bombées, avec une saillie particulièrement développée suivant une
zone allant des sommets au bas du rostre, surmontées d'une crête postéro-dorsale étroite et bien comprimée, à peine bâillantes dans le bas de
la région antérieure, beaucoup plus ouvertes au-dessus du rostre. Stries

concentriques assez fines, mais un peu irrégulières. Épiderme lisse, assez brillant, brunâtre, un peu rougeâtre dans la partie qui avoisine les sommets, quoique ceux-ci soient plus ou moins dénudés. Intérieur d'un beau nacré bleuté et irisé, chaudement carnéolé sous les sommets. — Sommets bombés, mais à peine saillants, ornés de quelques rides ondulées. Sillon dorsal très marqué et très arqué. Ligament allongé, un peu saillant, assez fort. Lunule un peu large et assez longue.

Longueur maximum.	59	millimètres
Hauteur maximum (à 18 de la perpendiculaire).	31	—
Hauteur de la perpendiculaire.	27	—
Epaisseur maximum (point maximum de la convexité, à : 18 des sommets ; 27 du bord antérieur ; 13 de la perpendiculaire ; 34 du rostre ; 15 de l'angle postéro-dorsal ; 20 du pied de la perpendiculaire).	22	—
Corde apico-rostrale.	50	—
Distance des sommets à l'angle postéro-dorsal.	25	—
Distance de cet angle au rostre.	30	—
Distance du rostre à la perpendiculaire.	45	—
Distance du pied de la perpendiculaire à l'angle postéro-dorsal.	25	—
Région antérieure.	13	—
Région postérieure.	47	—

Cette espèce voisine de l'*Anodonta icana* s'en sépare : par son galbe plus renflé ; par son profil plus étroitement allongé ; par sa région postérieure plus développée en longueur ; par son rostre plus long ; par son mode de bombement ; etc.

ANODONTA PAMBONI, F. Pacôme (p. 40).

Coquille d'un galbe quasi subrhomboïdal, très renflée dans son milieu, à section presque subtrapézoïdale, dans une direction légèrement déclive, terminée par un large rostre presque médian. Bord supérieur bien droit, et très allongé, s'infléchissant ensuite rapidement et en ligne également droite jusqu'au rostre sous un angle de 140 degrés. Bord inférieur droit, mais déclive dans son milieu, un peu plus arqué vers le rostre que vers la région antérieure. Région antérieure haute et large, bien arrondie, un peu anguleuse dans le haut, un peu décurrente dans le bas. Région postérieure deux fois et demie plus longue que l'antérieure, allant en s'élargissant très lentement jusqu'à 22 millimètres de la perpendiculaire, se terminant par un rostre arrondi, mais un peu plus arqué en dessous qu'en dessus. — Valves un peu épaisses, très fortement bombées dans la région des sommets, dans le milieu et jusqu'au bord inférieur au delà de la hauteur maximum, bien déprimées dans le haut de la région antérieure et tout le long de la crête postéro-dorsale, faiblement bâillantes en dessus du rostre. Stries très fines, un peu feuilletées à la périphérie. Epiderme d'un fauve roux dans la région des sommets, passant ensuite au gris verdâtre assez foncé. Intérieur d'un nacré bleuté assez foncé, comme carnéolé sous les sommets. — Sommets très renflés, finement acuminés à leur naissance, un peu dénudés et ornés de rides ondulées assez fortes. Sillon dorsal arqué et bien accusé par le bombement des valves. Ligament très allongé, fort et robuste. Lunule large et allongée.

Longueur maximum.	37	millimètres
Hauteur maximum (à 22 de la perpendiculaire). . .	46	—
Hauteur de la perpendiculaire.	44	—
Epaisseur maximum (point maximum de la convexité, à : 27 des sommets ; 18 de la perpendiculaire ; 43 du bord antérieur ; 45 du rostre ; 30 de la base de la perpendiculaire; 25 de l'angle postéro-dorsal). . .	33	—
Corde apico-rostrale.	68	—
Distance des sommets à l'angle postéro-dorsal. . . .	34	—
Distance de cet angle au rostre.	42	—
Distance du rostre à la perpendiculaire.	60	—
Distance de la base de la perpendiculaire à l'angle postéro-dorsal.	55	—
Région antérieure.	25 1/2	—
Région postérieure.	62	—

Cette espèce, dédiée par le Frère Pacôme au Frère Pambon, directeur du pensionnat des Frères Maristes à Charolles, dans le département de Saône-et-Loire, doit prendre place à côté de l'*A. cyrtoptychia;* mais elle en diffère par son galbe plus allongé, plus régulièrement profilé dans une direction moins déclive, et plus bombée dans le milieu.

ANODONTA PERARDUA, Locard (p. 40).

Coquille d'assez petite taille, d'un galbe subrhomboïdal très renflé, très déclive dans le bas, rectiligne dans le haut, terminée par un rostre court, basal et retroussé en l'air. Bord supérieur exactement rectiligne jusqu'à l'angle postéro-dorsal, s'infléchissant ensuite brusquement jusqu'au rostre sous un angle de 128 degrés. Bord inférieur très arqué et très décurrent, beaucoup plus retroussé antérieurement que postérieurement. Région antérieure anguleuse dans le haut, arrondie dans le milieu, très fortement déclive dans le bas. Région postérieure un peu moins de deux fois et demie plus longue que l'antérieure, allant en augmentant en hauteur par le bas jusqu'à 20 millimètres au delà de la perpendiculaire pour se terminer par un rostre court et arrondi beaucoup plus arqué en dessous qu'en dessus. — Valves un peu minces, très légèrement bâillantes au-dessus du rostre, très bombées suivant une région allant des sommets jusqu'au bord de la ligne de plus grande hauteur, comprimées dans le haut de la région antérieure et surtout vers la crête postéro-dorsale qui est courte, mais assez haute. Stries concentriques extrêmement fines. Epiderme lisse et brillant, d'un vert un peu grisâtre vers les sommets, jaunâtre à la périphérie antéro-inférieure, vert clair dans tout le haut de la région postérieure. Intérieur d'un bleuté nacré et irisé, un peu carnéolé tout à fait sous les sommets. — Sommets bien renflés, mais à peine saillants, faiblement dénudés, ornés de quelques rides ondulées. Sillon dorsal très accusé et ondulé. Ligament allongé, un peu mince, d'un blond roux. Lunule un peu courte, mais assez large.

Longueur maximum.	66	millimètres
Hauteur maximum (à 10 de la perpendiculaire) . . .	41	—
Hauteur de la perpendiculaire.	37	—
Épaisseur maximum (point maximum de la convexité, à : 27 des sommets ; 19 de la perpendiculaire ; 28 du bord antérieur ; 28 du rostre ; 19 de l'angle postéro-dorsal ; 26 du pied de la perpendiculaire). . . .	27	millimètres
Corde apico-rostrale.	54	—
Distance des sommets à l'angle postéro-dorsal. . .	26	—
Distance de cet angle au rostre.	35	—

Distance du rostre à la perpendiculaire. .   .   .   .   .   43 millimètres
Distance du pied de la perpendiculaire à l'angle pos-
   téro-dorsal.   44   —
Région antérieure.   20   —
Région postérieure.   47   —

Cette Anodonte voisine de l'*Anodonta cyrtoptychia* s'en distingue : par
sa taille plus petite; par son galbe plus renflé; par son bord supérieur
plus rectiligne; par son bord inférieur plus arqué ; par son rostre plus
court et plus retroussé vers le haut; par conséquent moins basal; par
son sillon dorsal plus marqué et plus flexueux; etc.

ANODONTA PONDERIFORMIS, Locard (p. 41).

L'*Anodonta ponderosa* type, tel qu'il a été figuré par Pfeiffer (1825.
Deutsch. Moll., II, p. 31, pl. IV, fig. 3 et 4) et après lui par Rossmässler
(1836. *Iconogr.*, IV, fig. 282) et par M. H. Drouët (1852. *Nayades de
France*, pl. VI) ne nous est pas connu en France, quoique plusieurs
auteurs l'aient indiqué dans ce pays.

Sous ce même nom l'abbé Dupuy (1852. *Hist. Moll.*, pl. XVIII, fig. 17)
a décrit et figuré une forme différente, d'un galbe plus court, bien moins
haut, etc., qui est certainement différent du véritable *ponderosa;* nous la
désignons sous le nom d'*Anodonta ponderiformis*. Nous avons observé
cette forme bien typique et bien caractérisée dans plusieurs stations. A ces
localités que nous avons indiquées il y aurait probablement lieu d'ajouter
celles signalés par l'abbé Dupuy, savoir : la Garonne à Agen, les environs d'Abbeville, etc.; nous n'avons pas été à même de contrôler ces
indications. Il est même probable que les échantillons de la Somme se
rapportent à notre *Anodonta Brebissoni*, forme toute différente que nous
décrivons plus loin.

ANODONTA ARESTA, Locard (p. 41).

Coquille de taille assez forte, d'un galbe bien renflé, presque régulièrement ovalaire-allongée, dans une direction un peu décurrente, terminée
par un rostre très obtus et médian. Bord supérieur un peu court, assez

arqué, s'infléchissant lentement vers le rostre. Bord inférieur allongé, droit dans son milieu, un peu plus retroussé dans la région antérieure que dans l'autre. Région antérieure haute et large, bien arrondie, mais déclive inférieurement. Région postérieure deux fois et demie plus longue que l'antérieure, terminée par une partie rostrale sensiblement de même rayon que la région antérieure. — Valves un peu minces, mais solides, très renflées dans tout leur ensemble, avec le maximum de bombement presque médian, un peu bâillantes dans la région antérieure, très ouvertes depuis l'angle postéro-dorsal jusqu'au rostre. Stries très fines, un peu feuilletées à la périphérie. Épiderme lisse et brillant, d'un vert grisâtre foncé, passant au roux vers les sommets, un peu jaunâtre dans la région postérieure. Intérieur d'un nacré bleuté irisé, avec une tache orangée claire sous les sommets. — Sommets très bombés, un peu saillants à leur origine, dénudés, ornés de quelques rares rides rapprochées. Sillon dorsal bien accusé par le bombement des valves, surtout au voisinage des sommets, ensuite très confus. Ligament allongé très gros et très fort. Lunule longue et large.

Longueur maximum. . . . . 99 millimètres
Hauteur maximum (à 21 de la perpendiculaire). . . 55   —
Hauteur de la perpendiculaire. 49   —
Épaisseur maximum (point maximum de la convexité,
     à : 33 des sommets ; 24 de la perpendiculaire ;
     52 du bord antérieur ; 47 du rostre ; 22 de l'angle
     postéro-dorsal ; 35 de la base de la perpendiculaire). 38   —
Corde apico-rostrale. 78   —
Distance des sommets à l'angle postéro-dorsal. . . 31 1/2 —
Distance de cet angle au rostre. 52   —
Distance du rostre à la perpendiculaire. 68   —
Distance de la base de la perpendiculaire à l'angle pos-
     téro-dorsal. 56   —
Région antérieure. 28   —
Région postérieure. 71   —

On ne peut rapprocher l'*Anodonta aresta* que de l'*A. subponderosa*. Il s'en distingue : par sa taille plus petite ; par son galbe plus régulier ; par son rostre moins allongé et bien plus obtus ; par ses valves encore plus bombées ; etc.

ANODONTA BREBISSONI, Locard (p. 42).

Coquille de grande taille, d'un galbe subovoïde, très bombée et un peu allongée dans une direction faiblement déclive, terminée par un rostre inframédian court et arrondi. Bord supérieur très allongé, faiblement arqué, descendant lentement jusqu'à 17 millimètres de la perpendiculaire, puis ensuite un peu plus rapidement jusqu'à l'angle postéro-dorsal, pour s'infléchir enfin jusqu'au rostre suivant une ligne ondulée et courte. Bord inférieur très arqué, avec le maximum de courbure correspondant au maximum de hauteur, bien plus retroussé dans la région antérieure que dans la postérieure. Région antérieure allongée et anguleuse dans le haut, arrondie au milieu, bien déclive dans le bas. Région postérieure deux fois plus longue que l'antérieure, allant en s'élargissant faiblement jusqu'à 17 millimètres de la perpendiculaire, terminée par un rostre court, arrondi, plus arqué en dessous qu'en dessus. — Valves un peu épaisses, très bombées dans le milieu, un peu atténuées dans le haut de la région antérieure et suivant une crête postéro-dorsale courte, mais large, un peu bâillantes dans le bas de la région antérieure, plus ouvertes au-dessus du rostre. Stries concentriques très fines, un peu plus marquées à la périphérie. Épiderme d'un fauve clair un peu jaunâtre dans la région des sommets et vers le milieu. Intérieur d'un nacré uniformément carnéolé et bien irisé. — Sommets très renflés, un peu saillants, avec deux ou trois rides tout à fait à la naissance. Sillon dorsal arqué et très accusé, subbifide vers le rostre. Ligament allongé, fort et robuste. Lunule large et longue.

Longueur maximum.	121	millimètres
Hauteur maximum (à 17 de la perpendiculaire). . .	69	—
Hauteur de la perpendiculaire.	65	—
Épaisseur maximum (point maximum de la convexité, à : 35 des sommets ; 20 de la perpendiculaire ; 58 du bord antérieur ; 62 du rostre ; 40 de l'angle postéro-dorsal ; 42 du pied de la perpendiculaire). . . .	47	—
Corde apico-rostrale.	93	—
Distance des sommets à l'angle postéro-dorsal. . .	53	—
Distance de cet angle au rostre.	49 1/2	—

Distance du rostre au pied de la perpendiculaire. . .   79 millimètres

Distance du pied de la perpendiculaire à l'angle postéro-

    dorsal. . . . . . . , ...   78   —

Région antérieure.   40   —

Région postérieure.. . . . . :   82   —

Cette grande et belle espèce à laquelle nous avons donné le nom du naturaliste, M. de Brébisson, qui nous a communiqué de nombreux matériaux d'étude du nord de la France, constitue en quelque sorte le passage entre les grandes formes pondéreuses et le groupe de l'*Anodonta Dupuyi;* ses caractères sont tellement tranchés qu'elle sera toujours facile à distinguer de ses congénères, par sa forme particulièrement ovoïde, avec un bord supérieur très allongé, un rostre court, un bord inférieur très arqué, etc. Elle présente également une certaine ressemblance avec l'*Anodonta Kickxi* Colbeau (1865. *In Ann. Soc. malac. Belg.*, III, pl. III, fig. 1), mais elle s'en distingue : par son galbe plus étroit, plus allongé; par son rostre plus pointu et plus aminci à son extrémité; par sa région antérieure un peu moins décurrente; par son sillon dorsal moins arqué, etc.

ANODONTA DINELLINA, Mabille (p. 43).

Coquille de taille assez forte, d'un galbe subelliptique un peu court, mais bien renflé dans tout son ensemble, dans une direction un peu déclive, terminée par un rostre obtus infra-médian. Bord supérieur un peu allongé et assez arqué, descendant sur le rostre par une courbe à plus petit rayon et sous un angle d'environ 140°. Bord inférieur notablement plus arqué en avant qu'en arrière, un peu arrondi dans son milieu. Région antérieure haute et large, bien arrondie, légèrement décurrente dans le bas. Région postérieure deux fois et demie plus longue que l'antérieure, allant en s'agrandissant jusqu'à 23 millimètres en arrière de la perpendiculaire, se rétrécissant ensuite un peu rapidement pour former un rostre submédian, arrondi à son extrémité. — Valves un peu épaisses, bien renflées dans toutes leurs parties, sauf vers la crête postéro-dorsale qui est un peu longue mais assez étroite, avec le maximum de bombement antéro-médian, très peu bâillantes antérieurement, plus ouvertes au-dessus du rostre. Stries concentriques grossières et irrégulières. Épiderme terne et non brillant,

plus ou moins excorié, d'un brun noirâtre. Intérieur d'un nacré blanchâtre, avec une tache orangée plus étendue sous les sommets. — Sommets assez renflés, profondément dénudés. Sillon dorsal presque rectiligne, bien accusé par le bombement des valves, un peu confus à son
extrémité. Ligament allongé, fort et épais. Lunule un peu large et assez
allongée.

Longueur maximum.	112	millimètres
Hauteur maximum (à 23 de la perpendiculaire). . .	56	—
Hauteur de la perpendiculaire.	50	—
Épaisseur maximum (point maximum de la convexité, à : 34 des sommets ; 25 de la perpendiculaire ; 64 1/2 du bord antérieur ; 50 du rostre ; 24 de l'angle postéro-dorsal ; 38 de la base de la perpendiculaire).	38	—
Corde apico-rostrale.	83	—
Distance des sommets à l'angle postéro-dorsal. . . .	39	—
Distance de cet angle au rostre.	52	—
Distance du rostre à la perpendiculaire.	69	—
Distance du pied de la perpendiculaire à l'angle pos- téro-dorsal.	60	—
Région antérieure.	30	—
Région postérieure..	73	—

L'*Anodonta Dinellina* doit prendre place à côté de l'*Anodonta Dupuyi*
dans le groupe des *Ponderosiana*. Il s'en distingue : par son galbe un peu
plus étroitement allongé, avec la région antérieure moins haute ; par ses
valves plus bombées, mais avec un maximum de bombement plus médian
et moins largement réparti ; par son test plus épais ; par la coloration
plus sombre et moins brillante de son épiderme ; etc.

ANODONTA LACANNICA, Bourguignat (p. 46).

Coquille de taille assez petite, d'un galbe subréniforme assez renflé,
dans une direction plus déclive en arrière qu'en avant, et terminée par un
rostre très arrondi presque basal. Bord supérieur très arqué s'infléchissant d'abord progressivement jusqu'à l'angle postéro-dorsal et même un
peu au delà, puis plus rapidement jusqu'au rostre. Bord inférieur allongé,
sinueux dans son milieu, régulièrement arqué à ses deux extrémités.

Région antérieure large, un peu étroitement arrondie, décurrente en bas
et en haut. Région postérieure pas tout à fait deux fois plus longue que
l'antérieure, arrondie vers le rostre, mais plus arquée en dessus qu'en
dessous par suite de la position inférieure du rostre. — Valves un peu
épaisses, bien renflées dans tout leur ensemble, sauf sur une petite étendue au voisinage du sinus basal, avec une crête postéro-dorsale très peu
accusée, le maximum de bombement presque médian ; bâillement des
valves médiocre dans le bas de la région antérieure, plus accusé, mais sur
une faible étendue, au-dessus du rostre. Stries concentriques assez fines,
un peu irrégulières. Épiderme non brillant, d'un jaune foncé et terne dans
la partie antéro-inférieure, passant au marron très sombre sur le reste de
la coquille. Intérieur d'un nacré carnéolé et irisé, avec une petite tache
orangée sous les sommets. — Sommets saillants, renflés, profondément
excoriés. Sillon dorsal presque nul, perdu dans le bombement des valves.
Ligament un peu court, très gros et très robuste. Lunule peu apparente.

Longueur maximum.	74 millimètres
Hauteur maximum (à 16 de la perpendiculaire). . . .	44 —
Hauteur de la perpendiculaire.	42 —
Épaisseur maximum (point maximum de la convexité, à : 26 1/2 des sommets ; 16 de la perpendiculaire ; 42 du bord antérieur ; 35 du rostre ; 38 de l'angle postéro-dorsal ; 27 de la base de la perpendiculaire).	28 —
Corde apico-rostrale.	51 —
Distance des sommets à l'angle postéro-dorsal. . . .	31 —
Distance de cet angle au rostre.	35 —
Distance du rostre à la perpendiculaire.	44 1/2 —
Distance du pied de la perpendiculaire à l'angle pos- téro-dorsal.	43 —
Région antérieure.	26 —
Région postérieure.	50 —

ANODONTA CARVALHOPSIS, Locard (p. 46).

Coquille de taille assez grande, d'un galbe vaguement subtriangulaire,
dans une direction extrêmement déclive, bien renflée, terminée par un
rostre assez pointu et tout à fait inférieur. Bord supérieur presque droit

dans la région antérieure, puis s'infléchissant rapidement jusqu'à l'angle postéro-dorsal pour tomber ensuite presque verticalement jusqu'au rostre. Bord inférieur très déclive, sinueux dans son milieu, plus arqué dans la région antérieure que dans l'autre. Région antérieure subanguleuse dans le haut, arrondie dans le milieu, très décurrente dans le bas. Région postérieure un peu plus de deux fois plus longue que l'antérieure, d'un profil régulièrement camard, par suite de la direction du rostre. Valves un peu épaisses, irrégulièrement bombées, le maximum de bombement se trouvant dans une zone triangulaire allant des sommets à la base du rostre, accompagné antérieurement d'une partie méplane correspondant au sillon basal, et surmonté d'une crête postéro-dorsale courte, large et assez fortement comprimée ; bâillement des valves très prononcé au-dessus du rostre. Stries concentriques assez fines, un peu irrégulières, subfeuilletées dans la région rostrale et le long de la crête. Épiderme un peu lisse, brillant, d'un marron foncé. Intérieur d'un nacré blanchâtre dans la région antérieure, bleuté dans la région postérieure ; carnéolé sous les sommets. — Sommets un peu saillants, bien bombés, dénudés. Sillon dorsal très arqué et bien accusé. Ligament très allongé, fort et robuste. Lunule un peu étroite, mais longue.

Longueur maximum.	100	millimètres
Hauteur maximum (à 21 de la perpendiculaire).	63	—
Hauteur de la perpendiculaire.	55	—
Épaisseur maximum (point maximum de la convexité, à : 35 des sommets ; 24 de la perpendiculaire ; 55 du bord antérieur ; 51 du rostre ; 23 de l'angle postéro-dorsal ; 38 du pied de la perpendiculaire).	35	—
Corde apico-rostrale.	86	—
Distance des sommets à l'angle postéro-dorsal.	49	—
Distance de cet angle au rostre.	50	—
Distance du rostre à la perpendiculaire.	53	—
Distance du pied de la perpendiculaire à l'angle postéro-dorsal.	57	—
Région antérieure.	32	—
Région postérieure.	72	—

Cette forme voisine de l'*Anodonta Carvalhoi* s'en distingue : par son galbe encore plus triangulaire ; par sa forme plus large ; par son rostre

plus court, plus basal, plus camard ; par son bord inférieur plus sinueux ;
par ses valves plus bombées ; etc.

ANODONTA POPULARIS, Bourguignat (p. 46).

Coquille de taille assez petite, d'un galbe irrégulièrement elliptique, un
peu allongée, assez renflée, terminée par un rostre basal un peu obtus et
dans une direction fortement déclive. Bord supérieur allongé et arqué,
s'infléchissant lentement depuis les sommets jusqu'à l'angle postéro-dorsal, puis de plus en plus rapidement jusqu'au rostre. Bord inférieur très
décurrent, régulièrement arqué, mais plus retroussé dans la partie antérieure que dans l'autre. Région antérieure un peu étroite, très déclive
dans le bas. Région postérieure un peu plus de deux fois et demie plus
longue que l'antérieure, ayant son maximum de hauteur à 19 de la perpendiculaire pour se terminer par un rostre très camard et bien inférieur.
— Valves un peu minces, bien renflées, avec le maximum de bombement
un peu antéro-supérieur, laissant une crête postéro-dorsale étroite, mais
longue, assez bâillantes dans tout le bas de la région antérieure et surtout
au-dessus du rostre. Stries concentriques irrégulières, assez marquées
surtout à la périphérie. Épiderme un peu brillant, mais non lisse, d'un verdâtre foncé, un peu jaunâtre dans le bas de la partie antérieure, avec quelques minces rayons dans la partie postérieure. Intérieur nacré, d'un bleuté
intense, irisé, légèrement carnéolé sous les sommets.— Sommets excoriés,
peu saillants, se confondant dans le bombement général. Sillon dorsal
bien marqué, presque droit. Ligament allongé, fort et robuste. Lunule un
peu large, assez courte.

Longueur maximum.	72	millimètres
Hauteur maximum (à 19 de la perpendiculaire). . .	43	—
Hauteur de la perpendiculaire.	37	—
Épaisseur maximum (point maximum de la convexité, à : 19 des sommets ; 11 de la perpendiculaire ; 30 du bord antérieur ; 43 du rostre ; 29 de l'angle postéro-dorsal ; 24 de la base de la perpendiculaire). . . .	26	—
Corde apico-rostrale.	62	—
Distance des sommets à l'angle postéro-dorsal. . .	33	—
Distance de cet angle au rostre.	35	—

Distance du rostre à la perpendiculaire. . . . . . .   45 millimètres
Distance du pied de la perpendiculaire à l'angle pos-
  téro-dorsal.   44   —
Région antérieure.   20   —
Région postérieure.   54   —

Cette petite espèce est comme un diminutif de l'*Anodonta Carvalhoi*
du Portugal; c'est la plus petite forme de ce groupe, parmi les espèces
françaises.

ANODONTA VENDEANA, Servain (p. 46).

Coquille de taille assez petite, d'un galbe elliptique, un peu allongée,
avec une direction faiblement déclive, assez renflée dans son ensemble,
terminée par un rostre arrondi infra-médian. Bord supérieur allongé et
arqué, descendant lentement jusqu'à l'angle postéro-dorsal, s'infléchissant plus rapidement jusqu'au rostre. Bord inférieur également allongé,
méplan dans son milieu, plus arqué et plus retroussé dans la partie antérieure que vers le rostre. Région antérieure haute et large, bien arrondie,
un peu décurrente dans le bas. Région postérieure un peu moins de deux
fois et demie plus longue que l'antérieure, allant en s'élargissant jusqu'à
18 millimètres de la perpendiculaire, se terminant par un rostre un peu
camard, plus arqué en dessus qu'en dessous. — Valves assez épaisses,
bien bombées dans le milieu, un peu aplaties vers le rostre, surmontées
d'une crête postéro-dorsale assez large et longue, un peu bâillantes dans le
bas de la région antérieure et surtout au dessus du rostre. Stries concentriques assez fortes, irrégulières et groupées par masses, feuilletées à la
périphérie. Épiderme un peu brillant et lisse dans la partie la plus bombée,
plus terne et plus rugueux sur tout le reste de la coquille, d'un brun
foncé verdâtre passant au roux fauve vers les sommets. Intérieur d'un
nacré bleuté et irisé. — Sommets très arrondis, un peu renflés et légèrement saillants. Sillon dorsal accusé seulement par le bombement des
valves. Ligament allongé, fort et robuste. Lunule longue et un peu
étroite.

Longueur maximum. . . . .   79 millimètres
Hauteur maximum (à 18 de la perpendiculaire). . .   47   —
Hauteur de la perpendiculaire.   42   —

Épaisseur maximum (point maximum de la convexité,
    à : 26 des sommets ; 16 de la perpendiculaire ; 39 du
    bord antérieur ; 39 du rostre ; 29 de l'angle postéro-
    dorsal ; 27 de la base de là perpendiculaire). . . .   27 millimètres
Corde apico-rostrale.   62   —
Distance des sommets à l'angle postéro-dorsal. . . .   36   —
Distance de cet angle au rostre.   35   —
Distance du rostre à la perpendiculaire.   51   —
Distance de la base de la perpendiculaire, à l'angle pos-
    téro-dorsal.   30   —
Région antérieure.   24   —
Région postérieure.   55   —

ANODONTA FINANCEI, Locard (p. 47).

Coquille de taille moyenne, d'un galbe subovalaire un peu court, assez
renflée, dans une direction décurrente, terminée par un rostre presque
basal et très obtus. Bord supérieur allongé et bien arqué, s'infléchissant rapidement en ligne droite depuis l'angle postéro-dorsal jusqu'au
rostre. Bord inférieur allongé, largement arqué, un peu plus retroussé
dans la région antérieure que dans l'autre. Région antérieure, subanguleuse dans le haut, arrondie dans le milieu, bien décurrente dans le bas.
Région postérieure un peu plus de deux fois plus longue que l'antérieure,
allant en s'élargissant lentement jusqu'à 16 millimètres au delà de la perpendiculaire, terminée par un rostre court, dirigé vers le bas, bien
arrondi. — Valves un peu épaisses, bien bombées dans leur ensemble,
si ce n'est dans le haut de la région antérieure et sur la crête postéro-
dorsale qui est un peu courte mais large ; bâillement seulement au-dessus du rostre. — Stries concentriques fines et régulières, comme feuilletées à la périphérie. Épiderme d'un marron foncé un peu fauve,
légèrement rougeâtre au voisinage des sommets. Intérieur d'un nacré
blanc, ou peu bleuté dans la région postérieure, bien carnéolé sous les
sommets. — Sommets non saillants, mais assez renflés. Sillon dorsal
presque droit, accusé seulement dans la partie supérieure, émoussé vers
le rostre. Ligament allongé, fort et robuste. Lunule étroite et allongée.

Longueur maximum. . . . .   88 millimètres
Hauteur maximum (à 16 de la perpendiculaire). . .   52   —

Hauteur de la perpendiculaire. . . . .   47 millimètres
Épaisseur maximum (point maximum de la convexité,
   à : 30 des sommets ; 21 de la perpendiculaire ; 48 du
   bord antérieur ; 42 du rostre ; 23 de l'angle postéro-
   dorsal ; 33 du pied de la perpendiculaire). . . ,   30   —
Corde apico-rostrale.   72   —
Distance des sommets à l'angle postéro-dorsal. . .   40   —
Distance de cet angle au rostre.   42   —
Distance du rostre à la perpendiculaire.   56   —
Distance du pied de la perpendiculaire à l'angle pos-
   téro-dorsal.   55   —
Région antérieure.   28   —
Région postérieure.   63   —

Cette espèce est voisine de l'*Anodonta Tamegana* de M. da Sylva e
Castro (1883) ; mais elle s'en distingue par ses sommets plus antérieurs,
par son ensemble plus renflé, par son bord inférieur moins convexe, etc.

ANODONTA DIVINITA, Bourguignat (p. 47).

Coquille de taille assez grande, d'un galbe subrhomboïdal bien déprimé, fortement déclive et terminée par un rostre subbasal un peu obtus.
Bord supérieur assez allongé, faiblement arqué jusqu'à environ 20 millimètres de la perpendiculaire, puis s'infléchissant beaucoup plus rapidement jusqu'au rostre. Bord inférieur très décurrent, allongé, légèrement
arqué dans le milieu, plus retroussé dans la région postérieure que dans
l'autre. Région antérieure haute et large, bien déclive dans le bas. Région
postérieure juste deux fois plus longue que l'antérieure, d'abord très
haute jusqu'à 18 millimètres de la perpendiculaire, puis de plus en plus
rapidement rétrécie jusqu'au rostre. — Valves épaisses, comprimées, le
maximum de bombement reporté près des sommets, avec une crête
postéro-dorsale assez haute, assez allongée ; bâillement léger dans le
bas de la région antérieure, immédiatement au-dessous du ligament.
Stries concentriques, fortes et irrégulières, très rapprochées, formant
des groupes saillants. Épiderme terne, rugueux, d'un marron très foncé.
Extérieur d'un nacré bleuté et irisé. — Sommets irradiés, renflés, mais
non saillants. Sillon dorsal un peu arqué dans le haut peu saillant, s'at-

ténuant au voisinage du rostre. Ligament très fort et très robuste, assez allongé. Lunule allongée et un peu étroite.

Longueur maximum . . . .   92 millimètres
Hauteur maximum (à 18 de la perpendiculaire). . .   59   —
Hauteur de la perpendiculaire   53   —
Épaisseur maximum (point maximum de la convexité,
   à : 20 des sommets ; 10 de la perpendiculaire ; 40 du
   bord antérieur ; 56 du rostre ; 29 1/2 de l'angle pos-
   téro-dorsal ; 37 du pied de la perpendiculaire) . .   31   —
Corde apico-rostrale   45   —
Distance des sommets à l'angle postéro-dorsal . . .   39 1/2 —
Distance de cet angle au rostre   43   —
Distance du rostre à la perpendiculaire   54   —
Distance de la base de la perpendiculaire à l'angle pos-
   téro-dorsal   54   —
Région antérieure . . . .   30 1/2 —
Région postérieure   62   —

Cette espèce, voisine de l'*Anodonta incrassata* des auteurs anglais, s'en distingue par sa forme plus déprimée, par son galbe plus rhomboïdal moins allongé, par son rostre plus obtus, son allure plus déclive, etc.

ANODONTA CŒNOSELLA, Bourguignat (p. 47).

Coquille de taille moyenne, d'un galbe subelliptique un peu court, dans une direction déclive et un peu infra-médiane avec un bombement médian assez prononcé, terminée par un rostre obtus. Bord supérieur bien arqué, descendant régulièrement et progressivement jusqu'au rostre. Bord inférieur bien déclive dans la partie antérieure et peu arqué jusqu'à 10 millimètres au delà de la perpendiculaire, se retroussant assez rapidement pour aboutir au rostre. Région antérieure assez large et bien arrondie. Région postérieure deux fois et demie plus longue que l'antérieure, avec son maximum de largeur à 20 millimètres de la perpendiculaire, se terminant par un rostre obtus, à profil plus arqué en dessous qu'en dessus. — Valves assez épaisses, bien bombées dans le milieu, un peu déprimées à la périphérie, avec une crête postéro-dorsale assez étroite, mais allongée, bâillantes seulement dans la région postéro-dor-

sale. Stries concentriques fines, rapprochées, comme flexueuses, feuilletées sur les bords. Épiderme d'un noir verdâtre un peu roux, avec quelques rares rayons noirs dans la partie postérieure. Extérieur d'un nacré
légèrement rosé, irisé, carnéolé sur les sommets. — Sommets fortement
errodés, non saillants, un peu bombés. Sillon dorsal presque droit et
assez accusé, se perdant vers la région rostrale. Ligament très allongé,
solide et épais. Lunule étroite et longue.

Longueur maximum	70	millimètres
Hauteur maximum (à 20 de la perpendiculaire). . .	55	—
Hauteur de la perpendiculaire	48	—
Épaisseur maximum (point maximum de la convexité, à : 24 des sommets; 11 1/2 de la perpendiculaire ; 38 du bord antérieur; 52 du rostre ; 30 de l'angle postéro-dorsal; 29 de la base de la perpendiculaire).	31	—
Corde apico-rostrale	70	—
Distance des sommets à l'angle postéro-dorsal . . .	40	—
Distance de cet angle au rostre	38	—
Distance du rostre à la perpendiculaire.	58 1/2	—
Distance du pied de la perpendiculaire à l'angle postéro-dorsal	59	—
Région antérieure	27	—
Région postérieure	63	—

Cette espèce se distingue de la précédente par son galbe plus renflé
dans la partie médiane, par son profil plus régulièrement elliptique, plus
étroitement allongé, avec le bord inférieur bien plus arqué dans son ensemble, etc.

ANODONTA SPONDEA, Bourguignat (p. 48).

Coquille d'un galbe court et renflé, de taille moyenne, à valves épaisses
et bombées, terminée par un rostre subinférieur assez étroit, dans une
direction légèrement déclive. Bord supérieur très court dans la région
antérieure, descendant d'abord lentement depuis les sommets jusqu'à
l'angle postéro-dorsal, s'infléchissant ensuite en droite ligne jusqu'au
rostre, sous un angle de 140 degrés environ. Bord inférieur largement
arqué, mais plus retroussé dans la région antérieure que dans l'autre.

Région antérieure haute et large, bien arrondie, un peu déclive dans le bas. Région postérieure près de trois fois plus grande que l'antérieure, allant un peu en augmentant jusqu'à 13 millimètres en arrière de la perpendiculaire, puis s'allongeant assez rapidement en un rostre subbasal, à peine retroussé vers le haut. — Valves solides, épaisses, pesantes, largement bombées dans tout leur ensemble, à peine entr'ouvertes dans le bas de la région antérieure, bien bâillantes au-dessus du rostre, surmontées d'une crête courte et très peu haute. Stries très fines, presque régulières, visibles jusque vers les sommets. Épiderme d'un marron foncé, un peu verdâtre, passant au rougeâtre vers les sommets. Intérieur d'un nacré bleuté et irisé, passant au carnéolé sous les sommets. — Sommets bien renflés mais peu saillants, finement acuminés à leur extrémité ; ornés de quelques rides rapprochées et ondulées. Sillon dorsal assez accusé par le bombement des valves. Ligament allongé, très fort et très robuste. Lunule un peu large et courte.

Longueur maximum	94	millimètres
Hauteur maximum (à 13 de la perpendiculaire) . . .	56	—
Hauteur de la perpendiculaire	52	—
Épaisseur maximum (point maximum de la convexité, à : 27 des sommets ; 17 de la perpendiculaire ; 41 du bord antérieur ; 57 du rostre ; 27 de l'angle postéro-dorsal ; 37 du pied de la perpendiculaire). . . .	34	—
Corde apico-rostrale	83	—
Distance des sommets à l'angle postéro-dorsal . . .	39	—
Distance de cet angle au rostre	52	—
Distance du rostre à la perpendiculaire.	64	—
Distance du pied de la perpendiculaire à l'angle postéro-dorsal	60	—
Région antérieure . . . . , . .	24	—
Région postérieure	70	—

ANODONTA STERRA, Servain (p. 48).

Coquille d'un galbe subrhomboïdal court et renflé, dans une direction très faiblement déclive, terminée par un rostre subbasal obtus. Bord supérieur allongé et légèrement arqué, descendant lentement jusqu'à angle postéro-dorsal, puis s'infléchissant rapidement jusqu'au rostre sous un angle d'un peu moins de 140 degrés. Bord inférieur bien arqué, surtout dans la région antérieure. Région antérieure haute et large, très faiblement déclive dans le bas. Région postérieure un peu plus de deux fois plus grande que l'antérieure, allant en diminuant depuis la perpendiculaire jusqu'au rostre, mais avec un profil plus arqué en dessus qu'en dessous. — Valves lourdes et épaisses, largement bombées dans leur ensemble, bâillantes dans toute la région antérieure, beaucoup moins ouvertes au-dessus du rostre. Stries concentriques assez fortes, irrégulières. Épiderme d'un marron très foncé, un peu brillant, mais non lisse. Extérieur d'un nacré bleuté, passant au carnéolé sous les sommets. — Sommets renflés et saillants, excoriés et finement ridés à leur extrémité. Sillon dorsal accusé surtout par le bombement des valves, presque rectiligne, visible sur toute son étendue. Ligament allongé, fort et robuste. Lunule un peu étroite et assez allongée.

Longueur maximum.	91	millimètres
Hauteur maximum	55	—
Hauteur de la perpendiculaire	55	—
Épaisseur maximum (point maximum de la convexité, à : 23 des sommets ; 14 de la perpendiculaire ; 42 du bord antérieur ; 54 du rostre ; 28 de l'angle postéro-dorsal ; 39 du pied de la perpendiculaire).	34	—
Corde apico-rostrale	75	—
Distance des sommets à l'angle postéro-dorsal	40	—
Distance de cet angle au rostre	44	—
Distance du rostre à la perpendiculaire	59	—
Distance du pied de la perpendiculaire à l'angle postéro-dorsal	61	—
Région antérieure	29	—
Région postérieure	63	—

Cette espèce se rapproche de l'*Anodonta spondea* par son mode de bombement et par l'épaisseur du test ; mais elle en diffère : par un galbe plus court, plus rhomboïdal ; par une partie rostrale moins allongée ; par sa direction moins déclive ; par son bord inférieur plus arqué ; etc.

UNIO THIBAUTI, Servain (p. 48).

Coquille d'un galbe subelliptique un peu allongé, dans une direction légèrement décurrente, assez renflée, terminée par un rostre subinférieur un peu court. Bord supérieur arqué, court dans la région antérieure, s'allongeant et descendant lentement jusqu'à l'angle postéro-dorsal, pour s'infléchir ensuite plus rapidement jusqu'au rostre, sous un angle de près de 150 degrés. Bord inférieur largement arqué, plus retroussé antérieurement que postérieurement. Région antérieure bien arrondie, faiblement déclive dans le bas. Région postérieure presque deux fois et demie plus longue que l'antérieure, allant en s'élargissant jusqu'à 13 millimètres de la perpendiculaire, pour se terminer par un rostre un peu aminci et tronqué dans le bout, plus arqué en dessus qu'en dessous. — Valves assez épaisses, bien bombées dans leur ensemble, avec une crête postéro-dorsale longue et haute, le maximum de bombement se trouvant sensiblement sur la ligne de plus grande hauteur, un peu bâillantes dans la région antérieure, et plus ouvertes au-dessus du rostre. Stries concentriques assez finement groupées en faisceaux irrégulièrement répartis et faisant saillie à la surface du test. Épiderme d'un marron verdâtre, passant au brun plus ou moins foncé à la périphérie et dans la région postéro-dorsale. Extérieur d'un nacré bleuté, irisé, passant au carnéolé sous les sommets. — Sommets renflés et un peu saillants, dénudés et finement ondulés. Sillon dorsal un peu arqué, bien marqué sur toute son étendue jusqu'au rostre. Ligament allongé, fort et robuste. Lunule étroite et allongée.

Longueur maximum	86 millimètres
Hauteur maximum (à 13 de la perpendiculaire). . .	50 —
Hauteur de la perpendiculaire	47 —
Épaisseur maximum (point maximum de la convexité, à : 23 des sommets; 13 de la perpendiculaire; 39 du bord antérieur; 48 du rostre; 24 de l'angle postéro-dorsal; 31 de la base de la perpendiculaire). . .	29 —
Corde apico-rostrale	70 —
Distance des sommets à l'angle postéro-dorsal. . .	33 —
Distance de cet angle au rostre	42 —

Distance du rostre à la perpendiculaire. . . . . . .   57 millimètres
Distance du pied de la perpendiculaire à l'angle pos-
 téro-dorsal   52   —
Région antérieure   26   —
Région postérieure.   60   —

De toutes les espèces françaises du groupe des *Spondeana* c'est l'*A. Thibauti* dont le test est le moins épais. Mais par son galbe, par son mode
de renflement, nous ne saurions séparer ces espèces ; l'*A. Thibauti* est en
effet voisin de l'*A. spondea ;* il s'en distingue : par son galbe un peu plus
allongé, avec un rostre plus allongé dans son ensemble ; par son allure
moins bombée ; par une crête postéro-dorsale bien plus accusée en hauteur comme en longueur ; etc.

ANODONTA ALETHINIA, Bourguignat (p. 49).

Coquille de petite taille, d'un galbe subovalaire un peu court, dans
une direction déclive, bien renflée dans tout son ensemble, sauf sur la
crête postéro-dorsale, et terminée par un rostre court, un peu infra-mé-
cian. Bord supérieur assez allongé, faiblement arqué, descendant lentement jusqu'à l'angle postéro-dorsal, pour s'infléchir ensuite en ligne
droite jusqu'au rostre, sous un angle de 140 degrés. Bord inférieur largement arqué, plus retroussé dans la partie postérieure que dans l'autre.
Région antérieure anguleuse dans le haut, ensuite bien arrondie et décurrente dans le bas. Région postérieure un peu moins de deux fois et
demie plus grande que l'antérieure, allant en s'élargissant jusqu'à 10 millimètres de la perpendiculaire, s'atténuant ensuite rapidement à partir de
19 millimètres de la même ligne. — Valves bien bombées, un peu minces,
atténuées seulement dans le haut de la région antérieuré et sur la crête
postéro-dorsale qui est relativement haute et longue ; bâillement très
large, uniquement au-dessus du rostre jusqu'au ligament. Stries concentriques fines et presque régulières. Épiderme lisse, brillant, d'un fauve
roux un peu clair, légèrement jaunâtre dans le bas, avec un ou deux
rayons verdâtres le long du sillon dorsal. Intérieur d'un nacré bleuté,
irisé, carnéolé sous les sommets. — Sommets bien renflés, mais non
saillants, excoriés et finement ridés à leur naissance. Sillon dorsal droit,
bien marqué sur toute son étendue. Ligament très allongé, fort et robuste.
Lunule étroite et longue.

Longueur maximum . . . . 58 millimètres
Hauteur maximum (à 10 de la perpendiculaire) . . . 35 —
Hauteur de la perpendiculaire . . . . 32 —
Épaisseur maximum (point maximum de la convexité,
   à : 19 des sommets ; 11 de la perpendiculaire ; 29 du
   bord antérieur ; 30 du rostre ; 18 de l'angle postéro-
   dorsal ; 20 du pied de la perpendiculaire). . . . 22 —
Corde apico-rostrale . . . . 47 —
Distance des sommets à l'angle postéro-dorsal. . . 24 —
Distance de cet angle au rostre. . . . . 29 —
Distance du rostre à la perpendiculaire . . . . . 39 —
Distance du pied de la perpendiculaire à l'angle pos-
   téro-dorsal . . . . 38 —
Région antérieure . . . . 17 1/2 —
Région postérieure. . . . . 41 —

Rapproché de l'*Anodonta arundinum*, l'*A. Alethimia* s'en distinguera par son galbe plus étroitement allongé dans une direction un peu plus déclive, par son bord inférieur plus arqué, par son rostre un peu moins inférieur, etc.

ANODONTA CALETENGIS, Locard (p. 50).

Coquille de taille moyenne, d'un galbe très bombé, subovalaire, un peu allongée, dans une direction faiblement déclive, terminée par un rostre médian et obtus. Bord supérieur allongé, légèrement arqué, s'infléchissant suivant une ligne presque droite, depuis l'angle postéro-dorsal jusqu'au rostre, et sous un angle d'environ 143 degrés. Bord inférieur largement arqué, un peu plus retroussé dans la région postérieure que dans l'antérieure. Région antérieure bien arrondie, un peu déclive dans le bas. Région postérieure deux fois plus longue que l'antérieure, allant en s'agrandissant jusqu'à 18 millimètres au delà de la perpendiculaire, terminée par une partie rostrale arrondie. Stries concentriques fines, presque régulières, un peu feuilletées à la périphérie. Valves un peu épaisses, très bombées, surtout dans la partie centrale, faiblement bâillantes dans la région antérieure, plus ouvertes au-dessus du rostre, surmontées d'une crête postéro-dorsale assez comprimée, longue et peu haute. Épiderme

un peu terne, d'un fauve un peu jaunâtre, avec deux ou plusieurs rayons
verts dans la région postérieure. Intérieur d'un nacré légèrement bleuté,
bien irisé, légèrement carnéolé sous les sommets. — Sommets très bombés, mais à peine saillants, légèrement ondulés à leur naissance. Sillon
dorsal un peu arqué et bien accusé. Ligament fort, allongé, brun. Lunule
assez large et un peu courte.

Longueur maximum	91	millimètres
Hauteur maximum (à 18 de la perpendiculaire). . .	56	—
Hauteur de la perpendiculaire	52	—
Épaisseur maximum (point maximum de la convexité, à : 27 des sommets; 46 du bord antérieur; 14 1/2 de la perpendiculaire; 47 du rostre; 27 de l'angle pos- téro-dorsal; 33 du pied de la perpendiculaire) . .	34	—
Corde apico-rostrale	71	—
Distance des sommets à l'angle postéro-dorsal . . .	35	—
Distance de cet angle au rostre.	44	—
Distance du rostre à la perpendiculaire	59	—
Distance du pied de la perpendiculaire à l'angle pos- téro-dorsal	59	—
Région antérieure	31	—
Région postérieure.	61	—

Cette espèce est voisine de l'*Anodonta Germanica ;* elle s'en distingue :
par son galbe plus étroitement allongé; par ses valves plus bombées,
avec un bombement plus médian; par une direction un peu plus déclive;
par la région antérieure plus étroite et plus décurrente dans le bas; par
ses sommets plus étroits; etc.

ANODONTA SIGELA, Bourguignat (p. 51).

Coquille de taille un peu petite, d'un galbe presque régulièrement elliptique un peu allongé dans une direction déclive, très renflée dans son
ensemble et terminée par un rostre obtus légèrement infra-médian. Bord
supérieur bien arqué, descendant presque régulièrement depuis les sommets jusqu'au rostre. Bord inférieur également arqué, mais un peu plus
retroussé dans la région antérieure que dans l'autre. Région antérieure
bien arrondie, un peu déclive dans le bas. Région postérieure deux fois

et demie plus grande que l'antérieure, allant en augmentant jusqu'à 17 millimètres au delà de la perpendiculaire, s'infléchissant ensuite presque symétriquement jusqu'au rostre. — Valves minces, mais solides, très bombées, avec le maximum de bombement sensiblement médian, atténuées vers l'angle postéro-dorsal pour former une crête un peu haute et assez longue, bâillantes seulement depuis l'angle jusqu'au rostre. Stries fines, mais parfois irrégulières et irrégulièrement groupées. Épiderme brillant, d'un roux grisâtre passant par places au jaunâtre. Intérieur d'un nacré bleuté, irisé, carnéolé sous les sommets. — Sommets bien renflés, un peu saillants; dénudés, ornés de rides ondulées fines et assez nombreuses à sa naissance. Sillon dorsal, d'abord un peu infléchi vers les sommets, ensuite dans une direction sensiblement rectiligne jusqu'au rostre, assez accusé par le bombement des valves. Ligament un peu court, mais très gros et très robuste. Lunule assez courte et un peu large.

Longueur maximum.	73 millimètres
Hauteur maximum (à 17 de la perpendiculaire).	44 —
Hauteur de la perpendiculaire.	40 —
Épaisseur maximum (point maximum de la convexité, à : 28 des sommets; 14 de la perpendiculaire; 36 du bord antérieur; 37 du rostre; 23 de l'angle postéro-dorsal; 23 du pied de la perpendiculaire).	29 —
Corde apico-rostrale.	63 —
Distance des sommets à l'angle postéro-dorsal.	33 —
Distance de cet angle au rostre.	35 1/2 —
Distance du rostre à la perpendiculaire.	42 —
Distance du pied de la perpendiculaire à l'angle postéro-dorsal.	44 —
Région antérieure.	21 —
Région postérieure.	53 —

Cette espèce se distingue des *Anodonta intermedia* et *A. Germanica* par son galbe plus allongé, plus étroitement elliptique avec un rostre moins marqué. A côté du type tel que nous venons de le décrire d'après un échantillon de la collection de M. Bourguignat, se rencontre dans le Jura et dans Saône-et-Loire, une variété de même allure, mais un peu plus élargie, dans une direction légèrement plus oblique.

ANODONTA SEGNIS, Bourguignat (p. 52),

Coquille d'un galbe étroitement allongé, ovalaire, dans une direction un peu déclive, assez bombée dans son ensemble, terminée par un rostre allongé et inframédian. Bord supérieur arqué, s'infléchissant lentement jusqu'à l'angle postéro-dorsal, puis un peu plus rapidement et longuement jusqu'au rostre, sous un angle d'environ 165 degrés. Bord inférieur allongé, largement arqué, mais bien plus retroussé dans la région antérieure que dans l'autre. Région antérieure bien arrondie, à peine décurrente dans le bas. Région postérieure trois fois plus grande que l'antérieure, allant en s'élargissant très lentement jusqu'à 17 millimètres de la perpendiculaire, s'allongeant en une partie rostrale un peu plus arqûée en dessus qu'en dessous. — Valves un peu épaisses, bien bombées, avec le maximum de saillie presque médian, surmontées d'une crête postéro-dorsale peu haute, mais très allongée, un peu bâillantes dans le bas de la région antérieure, plus ouvertes en dessus du rostre jusqu'au ligament. Stries concentriques très fines devenant plus fortes et plus irrégulières vers les bords. Épiderme d'un marron clair un peu fauve, lisse et brillant. Intérieur d'un nacré bleuté, légèrement rosé sous les sommets, irisé. — Sommets assez renflés, finement acuminés à leur naissance, ornés de rides assez fortes et assez nombreuses. Sillon dorsal allongé et arqué dans le haut. Ligament très allongé, fort et robuste. Lunule longue et un peu étroite.

Longueur maximum.	77 millimètres
Hauteur maximum (à 17 de la perpendiculaire). . .	40 1/2 —
Hauteur de la perpendiculaire.	38 —
Épaisseur maximum (point maximum de la conxexité, à : 27 des sommets ; 19 de la perpendiculaire ; 39 du bord antérieur ; 39 du rostre ; 17 de l'angle postéro-dorsal ; 28 du pied de la perpendiculaire) . . .	26 —
Corde apico-rostrale.	64 —
Distance des sommets à l'angle postéro-dorsal. . .	26 —
Distance de cet angle au rostre.	43 —
Distance du rostre à la perpendiculaire.	55 1/2 —
Distance du pied de la perpendiculaire à l'angle postéro-dorsal.	48 —

Région antérieure . . . .   19 1/2 millim.
Région postérieure   58   —

Cette espèce qui a presque le facies d'un *Unio*, est en quelque sorte un diminutif de l'*Anodonta Rossmässleriana* tel que l'abbé Dupuy l'a créé; elle s'en distingue non seulement par sa taille plus petite, mais par son galbe plus régulièrement elliptique, avec les bords plus parallèles, par son rostre moins étroitement tronqué à l'extrémité, etc.

ANODONTA SUBINORNATA, Bourguignat (p. 53).

Coquille d'assez grande taille, d'un galbe elliptique presque régulier, dans une direction décurrente assez prononcée, bien renflée dans son milieu, et terminée par un rostre obtus, infra-médian. Bord supérieur allongé et arqué, s'infléchissant lentement jusqu'à l'angle postéro-dorsal, pour descendre ensuite plus rapidement jusqu'au rostre, et presque en ligne droite, sous un angle d'environ 145 degrés. Bord inférieur largement arqué à peu près également retroussé à ses deux extrémités. Bord antérieur bien arrondi, un peu décurrent dans le bas. Bord postérieur près de trois fois plus grand que l'antérieur allant en s'élargissant lentement jusqu'à 21 millimètres de la perpendiculaire, se terminant par un rostre arrondi. — Valves un peu minces, solides, bien bombées dans leur milieu, surmontées d'une crête postéro-dorsale haute et longue, faiblement bâillantes dans le bas de la région antérieure, plus ouvertes au-dessus du rostre, jusque sous le ligament. Stries concentriques très fines vers les sommets, devenant beaucoup plus fortes et beaucoup plus irrégulières dans le bas. Épiderme d'un fauve grisâtre, avec quelques parties d'un jaune terne dans le bas. Intérieur d'un blanc nacré bleuté et irisé. — Sommets un peu étroits et arqués à leur origine, saillants, renflés et finement ridés sur une faible hauteur. Sillon dorsal doublement arqué, bien accusé depuis les sommets jusqu'au rostre. Ligament allongé, fort et robuste. Lunule assez large et longue.

Longueur maximum. . . . .   98 millimètres
Hauteur maximum (à 21 de la perpendiculaire). . .   55   —
Hauteur de la perpendiculaire.   51   —
Épaisseur maximum (point maximum de la convexité,
    à : 28 des sommets; 19 de la perpendiculaire ; 45 du

bord antérieur; 56 du rostre ; 29 de l'angle postéro-
dorsal; 36 du pied de la perpendiculaire).   .   .   .   **33** millimètres
Corde apico-rostrale.   83   —
Distance des sommets à l'angle postéro-dorsal.   .   .   43   —
Distance de cet angle au rostre.   46   —
Distance du rostre à la perpendiculaire.   70   —
Distance du pied de la perpendiculaire à l'angle postéro-
dorsal.   63   —
Région antérieure   26   —
Région postérieure   73   —

Cette espèce voisine de l'*Anodonta inornata* s'en distingue par son galbe
plus court et plus renflé, par son rostre moins étroitement allongé, par
ses valves plus bombées dans leur ensemble, par son bord inférieur plus
arrondi, etc.

ANODONTA BLAGA, Bourguignat (p. 53).

Coquille d'assez grande taille, d'un galbe relativement peu renflé et largement ovalaire, dans une direction faiblement décurrente, terminée par
un rostre court, infra-médian. Bord supérieur à peine arqué, commençant à s'infléchir un peu avant l'angle postéro-dorsal, descendant ensuite
assez rapidement vers le rostre. Bord inférieur largement arrondi, un peu
plus retroussé en avant qu'en arrière. Région antérieure bien arrondie,
faiblement déclive dans le bas. Région postérieure deux fois et demie plus
longue que l'antérieure, s'agrandissant très lentement jusqu'à 20 millimètres de la perpendiculaire, à peu près également arquée en dessus
comme en dessous vers le rostre. — Valves un peu minces, bombées surtout dans la région supérieure, surmontées d'une crête postéro-dorsale
allongée, mais peu haute, bâillantes antérieurement et surtout au-dessus
du rostre. Stries concentriques fines vers les sommets, grossières et irrégulières à la périphérie. Épiderme lisse et brillant vers les sommets, d'un
marron grisâtre, un peu verdâtre, devenant plus sombre dans la région
postérieure. Intérieur d'un nacré bleuté, irisé. Sommets renflés, mais peu
saillants, un peu acuminés à leur origine, ornés de quelques rides ondulées. Sillon dorsal assez accusé, un peu flexueux, comme bifide vers

le rostre. Ligament allongé, fort et puissant. Lunule étroite et un peu longue.

Longueur maximum.	92	millimètres
Hauteur maximum (à 20 de la perpendiculaire).	54	—
Hauteur de la perpendiculaire.	51	—
Épaisseur maximum (point maximum de la convexité, à : 25 des sommets ; 16 de la perpendiculaire ; 41 du bord antérieur ; 52 du rostre ; 21 de l'angle postéro-dorsal ; 36 du pied de la perpendiculaire).	30	—
Corde apico-rostrale	74	—
Distance des sommets à l'angle postéro-dorsal.	28	—
Distance de cet angle au rostre.	51	—
Distance du rostre à la perpendiculaire.	65	—
Distance du pied de la perpendiculaire à l'angle postéro-dorsal.	57	—
Région antérieure	27	—
Région postérieure	64	—

Cette espèce voisine de l'*Anodonta subinornata* en diffère par son galbe moins renflé, par sa forme plus haute, avec une région antérieure plus élargie, moins décurrente dans le bas, par son galbe moins obli-que, etc.

ANODONTA ULTRONEA, Bourguignat (p. 53).

Coquille de taille moyenne, d'un galbe un peu étroitement ovalaire, un peu renflée dans tout son ensemble, dans une direction légèrement dé-clive, terminée par un rostre assez court et infra-médian. Bord su-périeur un peu allongé et faiblement arqué, s'infléchissant longuement et presque en ligne droite depuis l'angle postéro-dorsal jusqu'au rostre, sous un angle de 148 degrés environ. Bord inférieur presque méplan dans son milieu, sur une faible longueur, plus retroussé dans la région anté-rieure que dans la postérieure. Région antérieure bien arrondie, assez décurrente dans le bas. Région postérieure deux fois et demie plus longue que l'antérieure, allant en s'élargissant lentement jusqu'à 19 mil-limètres de la perpendiculaire, ensuite plus arquée en dessus qu'en des-sous. — Valves assez épaisses, un peu bombées dans leur ensemble avec le maximum de bombement presque médian, surmontées dans le haut d'une crête assez longue et assez haute, mais peu comprimée, fortement bâillantes dans presque toute la région antérieure et surtout au-dessus du rostre. Stries concentriques très fines vers les sommets, plus grosses et plus irrégulières à la périphérie. Épiderme d'un marron foncé, un peu rougeâtre sous les sommets, puis ensuite verdâtre dans la partie la plus bombée, enfin presque noirâtre à la périphérie. Intérieur nacré, un peu carnéolé et irisé. — Sommets arrondis, à peine saillants à leur naissance, ornés de nombreuses rides ondulées. Sillon dorsal un peu arqué, assez accusé. Ligament très allongé, fort et robuste. Lunule étroite et allongée.

Longueur maximum. . . . . ,	92 millimètres	
Hauteur maximum (à 19 de la perpendiculaire). . .	52	—
Hauteur de la perpendiculaire	49	—
Épaisseur maximum (point maximum de la convexié, à : 31 des sommets; 20 de la perpendiculaire; 46 1/2 du bord antérieur; 46 du rostre; 24 de l'angle postéro-dorsal; 32 du pied de la perpendiculaire). .	28	—
Corde apico–rostrale	45	—
Distance des sommets à l'angle postéro–dorsal. . .	33	—
Distance de cet angle au rostre.	49	—
Distance du rostre à la perpendiculaire.	62 1/2	—
Distance du pied de la perpendiculaire à l'angle postéro-dorsal	57	—
Région antérieure	27	—
Région postérieure.	65	—

Cette espèce voisine de l'*Anodonta blaca* en diffère par son galbe encore un peu plus étroit, et surtout par ses valves dont le bombement est notablement plus médian, tandis qu'il est plus rapproché des sommets chez l'*A. blaca*.

ANODONTA OBNIXA, Locard (p. 53).

Coquille d'assez grande taille, d'un galbe elliptique très allongé et très renflé, dans une direction faiblement déclive, terminée par un rostre allongé et tronqué à son extrémité. Bord supérieur très arqué, s'infléchissant depuis les sommets jusqu'au rostre en formant un angle postéro-dorsal très émoussé. Bord inférieur largement arqué, un peu plus retroussé dans la région antérieure que dans la postérieure. Région antérieure bien arrondie, légèrement déclive dans le bas. Région postérieure deux fois et demie plus longue que l'antérieure, allant en s'élargissant à peine jusqu'à 23 millimètres au delà de la perpendiculaire, terminée par une partie rostrale, plus arqué en dessus qu'en dessous, à axe infra-médian. — Valves assez épaisses, très fortement bombées dans leur ensemble, avec le maximum de bombement un peu supérieur, surmontées d'une crête postéro-dorsale comprimée, assez longue et assez haute ; faible bâillement dans la région antérieure, beaucoup plus ouverte au dessus du rostre. Stries concentriques assez fortes, irrégulières. Épiderme un peu brillant, d'un fauve presque grisâtre dans la région antérieure, plus foncé dans la région postérieure. Intérieur d'un blanc faiblement bleuté, irisé, passant au carnéolé sous les sommets. — Sommets obliques, très rénflés, légèrement saillants, corrodés à leur naissance. Corde apico-rostrale droite et très fortement accusée. Ligament gros et robuste, d'un fauve foncé. Lunule longue et un peu étroite.

Longueur maximum.	105	millimètres
Hauteur maximum (à 23 de la perpendiculaire). .	56	—
Hauteur de la perpendiculaire.	54	—
Épaisseur maximum (point maximum de la convexité, à : 25 des sommets; 46 du bord antérieur; 17 de la perpendiculaire; 62 du rostre; 26 de l'angle postéro-dorsal; 40 du pied de la perpendiculaire). .	37	—
Corde apico-rostrale	86	—
Distance des sommets à l'angle postéro-dorsal. . .	40	—
Distance de cet angle au rostre.	55	—
Distance du rostre à la perpendiculaire.	72	—
Distance du pied de la perpendiculaire à l'angle postéro-dorsal.	63	—
Région antérieure.	30	—
Région postérieure.	75	—

M. Bourguignat (1881. *Mat. Moll. acéph.*, I, p. 210) a divisé en deux séries les espèces appartenant à ce groupe : 1° les coquilles de forme légèrement sub-trigone, comme les *Anodonta Broti* et *A. tumida;* 2° les coquilles de forme obtuse allongée, comme les *Anodonta Humberti* et *A. Charpentieri*. C'est près de l'*A. Humberti* que notre nouvelle espèce doit prendre place.

ANODONTA MITULA, Bourguignat (p. 54).

Coquille d'assez petite taille, d'un galbe subovalaire et court, dans une direction légèrement descendante, assez renflée, terminée par un rostre submédian et obtus. Bord supérieur allongé et arqué, descendant rapidement et en ligne droite jusqu'au rostre, sous un angle d'environ 140 degrés. Bord inférieur largement arqué presque également arrondi à ses deux extrémités. Région antérieure large et haute, un peu anguleuse dans le haut, bien arrondie dans le milieu, faiblement déclive dans les bas. Région postérieure un peu plus de deux fois plus grande que l'antérieure, allant en s'agrandissant lentement jusqu'à 18 de la perpendiculaire, plus retroussée en dessous qu'en dessus, terminée par un rostre un peu relevé dans le haut quoique qu'avec un axe légèrement inframédian. Valves un peu minces, inégalement bossuées, assez renflées dans leur ensemble, avec le maximum de bombement presque médian, surmontées d'une crête postéro-dorsale courte, mais assez haute, bâillantes seulement dans la région postérieure au-dessus du rostre. Stries concentriques un peu fortes et assez irrégulières. Epiderme d'un fauve grisâtre, plus clair vers les sommets, un peu jaunacé dans le bas. Intérieur d'un nacré bleuté, irisé, passant au carnéolé sous les sommets. Sommets renflés, mais peu saillants, dénudés, ornés de rides assez fortes. Sillon dorsal peu prononcé, accusé surtout par le bombement des valves. — Ligament allongé, assez fort, mais peu saillant. Lunule courte et assez large.

Longueur maximum. . . , ... 63 millimètres
Hauteur maximum (à 18 de la perpendiculaire). . . 39 —
Hauteur de la perpendiculaire. . . . . 36 —
Épaisseur maximum (point maximum de la convexité,
   à : 21 des sommets ; 17 de la perpendiculaire ;
   33 du bord antérieur; 32 du rostre ; 18 de l'angle
   postéro-dorsal ; 24 du pied de la perpendiculaire). . 20 —
Corde apico-rostrale. . . . . 51 —
Distance des sommets à l'angle postéro-dorsal. . . 24 —

Distance de cet angle au rostre. . . . . 31 millimètres

Distance du rostre à la perpendiculaire. . . . . . 42 —

Distance du pied de la perpendiculaire à l'angle postéro-dorsal. . . . . 41 —

Région antérieure. . . . . 20 —

Région postérieure. . . . . 44 —

ANODONTA CHRESIMELLA, Bourguignat (p. 55).

Coquille de taille assez petite, d'un galbe ovalaire un peu allongé, médiocrement renflée, dans une direction assez fortement décurrente, et terminée par un rostre peu aigu, presque médian. Bord supérieur arqué et assez allongé, descendant ensuite lentement jusqu'au rostre, sous un angle d'environ 152 degrés, et presque en ligne droite. Bord inférieur largement arqué, un peu plus retroussé dans la région antérieure que dans l'autre. Région antérieure un peu courte, mais assez haute, bien arrondie, déclive dans la partie inférieure. Région postérieure plus de deux fois et demie plus longue que l'antérieure, allant en s'agrandissant très lentement jusqu'à 16 millimètres de la perpendiculaire, plus arquée en dessous qu'en dessus, avec un rostre un peu relevé vers le haut. — Valves minces et fragiles, un peu renflées dans le haut, ensuite légèrement comprimées, avec une crête postéro-dorsale allongée et peu haute ; bâillement dans toute la région antérieure et au-dessus du rostre, jusqu'au ligament. Stries concentriques un peu fines, assez régulières. Epiderme lisse et brillant, d'un fauve verdâtre, plus clair en dessus, parfois avec quelques rayons d'un vert sombre, très étroits, dans la partie postéro-dorsale. Intérieur d'un nacré bleuté et irisé, passant au carnéolé sous les sommets. — Sommets peu renflés, mais non saillants, à peine ridés à leur naissance. Sillon dorsal presque droit et peu accusé, visible seulement au voisinage des sommets. Ligament très allongé, fort et puissant. Lunule courte et étroite.

Longueur maximum. . . . . 75 millimètres

Hauteur maximum (à 16 de la perpendiculaire). . . 44 —

Hauteur de la perpendiculaire. . . . . 41 —

Epaisseur maximum (point maximum de la convexité,

à : 13 1/2 des sommets ; 28 du bord antérieur ; 8 de
la perpendiculaire ; 49 du rostre ; 24 de l'angle pos-
téro-dorsal ; 31 du pied de la perpendiculaire). . .   22   —
Corde apico-rostrale.   62   —
Distance des sommets à l'angle postéro-dorsal. . . .   31   —
Distance de cet angle au rostre. . . . .   35 1/2 —
Distance du rostre à la perpendiculaire.   53   —
Distance du pied de la perpendiculaire à l'angle pos-
téro-dorsal.   48   —
Région antérieure.   20   —
Région postérieure.   55   —

A NODONTA AUTRICIACA, Locard (p. 55).

Coquille de taille assez petite, d'un galbe sub-ovalaire un peu court,
assez renflée, dans une direction faiblement déclive, terminée par un
rostre court, infra-médian, retroussé vers le haut. Bord supérieur assez
arqué, s'infléchissant un peu rapidement à partir de l'angle postéro-
dorsal jusqu'au rostre, suivant une ligne un peu courbe. Bord inférieur
largement arqué également retroussé à ses deux extrémités. Région
antérieure bien arrondie faiblement décurrente dans le bas. Région
postérieure un peu moins de deux fois plus longue que l'antérieure,
s'élargissant à peine jusqu'à 17 millimètres au delà de la perpendiculaire
terminée par une partie rostrée beaucoup plus arquée en dessous qu'en
dessus. — Valves assez épaisses, régulièrement bombées dans leur ensemble, surmontées d'une crête postéro-dorsale un peu comprimée, mais
assez haute et assez longue, un peu bâillantes dans le bas de la région
antérieure, bien plus ouvertes au-dessus du rostre. — Stries concentriques
très fines, feuilletées dans la région postéro-supérieure. Epiderme d'un
fauve verdâtre, légèrement jaunacé dans le bas de la région antérieure, plus foncé sur la crête, avec quelques rares et étroits rayons d'un
vert plus accusé. Intérieur d'un nacré faiblement bleuté, irisé, bien
carnéolé sous les sommets. — Sommets un peu errodés, non saillants,
mais participant au bombement général des valves. Sillon dorsal presque
droit et bien accusé. Ligament peu saillant, noirâtre, allongé. Lunule
longue et étroite.

11

Longueur maximum.	74	millimètres
Hauteur maximum (à 17 de la perpendiculaire). . .	45	—
Hauteur de la perpendiculaire.	41	—
Epaisseur maximum (point maximum de la convexité, à : 25 des sommets ; 39 du bord antérieur ; 16 de la perpendiculaire ; 36 du rostre ; 22 de l'angle postéro-dorsal ; 28 du pied de la perpendiculaire). . .	23	—
Corde apico-rostrale.	59	—
Distance des sommets à l'angle postéro-dorsal. . .	30	—
Distance de cet angle au rostre.	36	—
Distance du rostre au pied de la perpendiculaire. . .	49	—
Distance du pied de la perpendiculaire à l'angle postéro-dorsal.	49	—
Région antérieure.	23	—
Région postérieure.	52	—

Notre nouvelle espèce est voisine de l'*Anodonta chresimella* Bourguignat ; elle s'en distingue : par son ensemble plus régulièrement bombé, avec le maximum de bombement plus médian ; par son bord supérieur plus allongé et moins arqué ; par sa région antérieure plus haute ; par son angle postéro-dorsal plus accusé ; par son rostre plus retroussé dans le bas ; etc.

ANODONTA PYRENAICA, Locard (p. 55).

Coquille d'assez grande taille, d'un galbe subovalaire un peu allongé, dans une direction déclive, bien renflée, terminée par un rostre très largement arrondi. Bord supérieur bien arqué, s'infléchissant jusqu'à l'angle postéro-dorsal assez lentement, puis plus rapidement et suivant une ligne un peu sinueuse jusqu'au rostre. Bord inférieur allongé, sinueux dans sa partie médiane, mais un peu au delà de la perpendiculaire, à peu près également arqué à ses deux extrémités. Région antérieure bien arrondie assez décurrente dans le bas. Région postérieure deux fois et demie plus longue que l'antérieure, d'abord un peu étranglée immédiatement au delà de la perpendiculaire, puis allant en s'élargissant jusqu'à 34 millimètres au delà de cette ligne, terminée par un rostre un peu inférieur, bien arrondi, un peu plus arqué en dessus qu'en dessous. — Valves épaisses, irrégulièrement bombées par suite du sinus basal, comprimées vers la crête postéro-dorsale qui est courte, mais large, avec le maximum de bombement presque médian ; bâillement très faible dans la région antérieure, beaucoup plus accusé au rostre, et au-dessus du rostre. Stries concentriques assez fortes et irrégulières, subfeuillétées à la périphérie. Epiderme d'un roux grisâtre, terne. Intérieur d'un nacré rosé, irisé, passant au bleuté vers le rostre. — Sommets bombés, mais peu saillants, fortement dénudés. Sillon dorsal arqué et assez accusé. Ligament très fort et très allongé, d'un blond roux. Lunule courte, mais large.

Longueur maximum. . . . . , . . .	107	millimètres
Hauteur maximum (à 34 de la perpendiculaire). . .	64	—
Hauteur de la perpendiculaire.	56	—
Epaisseur maximum (point maximum de la convexité, à : 36 des sommets ; 24 de la perpendiculaire ; 55 du bord antérieur ; 56 du rostre ; 27 de l'angle postéro-dorsal ; 38 du pied de la perpendiculaire). . . .	34	—
Corde apico-rostrale.	92	—
Distance des sommets à l'angle postéro-dorsal. . . .	45	—
Distance de cet angle au rostre.	58	—
Distance du rostre à la perpendiculaire.	58	—
Distance du pied de la perpendiculaire à l'angle postéro-dorsal.	64	—
Région antérieure.	31	—
Région postérieure.	78	—

Cette espèce appartient évidemment au même groupe que l'*Anodonta rostrata* Rossmässler (1836. *Iconogr.*, IV, pl. XX, fig. 284) ; mais elle en diffère : par son galbe plus élargi ; par son rostre bien moins allongé, plus arrondi et plus gros à son extrémité ; par son bord inférieur plus sinueux ; par ses sommets moins saillants ; etc.

ANODONTA MARCONI, Bourguignat (p. 55).

Coquille d'assez grande taille, d'un galbe étroitement elliptique, assez renflée, allongée dans une direction fortement déclive, et terminée par un rostre obtus et médian. Bord supérieur très allongé, arqué, descendant lentement et presque progressivement des sommets au rostre. Bord inférieur très allongé, avec un sentiment de sinuosité dans la partie médiane, un peu plus arqué dans la région antérieure que dans l'autre. Région antérieure bien arrondie, décurrente dans le bas. Région postérieure plus de deux fois et demie plus longue que l'antérieure, avec le maximum de hauteur à 16 millimètres de la perpendiculaire, terminée par un rostre sensiblement médian, obtus, légèrement relevé vers le haut, un peu plus arqué en dessous qu'en dessus. — Valves un peu épaisses, assez renflées dans leur ensemble, avec le maximum de bombement presque médian, surmontées d'une crête peu comprimée, allongée, mais assez étroite; bâillement bien accusé sur tout le contour antérieur et au-dessus du rostre jusqu'au ligament. Stries concentriques assez fines et régulières dans le haut, puis grosses et saillantes dans le bas. Epiderme d'un marron verdâtre foncé. Intérieur d'un nacré bleuté, irisé, carnéolé sous les sommets. — Sommets dénudés, bombés et un peu saillants. Sillon postéro-dorsal sinueux, assez mal défini. Ligament allongé, fort et robuste. Lunule étroite et bien allongée.

Longueur maximum.	93 millimètres
Hauteur maximum (à 16 de la perpendiculaire). . .	50 —
Hauteur de la perpendiculaire.	46 —
Epaisseur maximum (point maximum de la convexité, à : 50 des sommets ; 19 de la perpendiculaire ; 44 1/2 du bord antérieur ; 49 du rostre ; 22 de l'angle postéro-dorsal ; 29 du pied de la perpendiculaire). . .	28 —
Corde apico-rostrale.	78 —
Distance des sommets à l'angle postéro-dorsal. . . .	34 —
Distance de cet angle au rostre	48 —
Distance du rostre à la perpendiculaire.	63 —
Distance du pied de la perpendiculaire à l'angle postéro-dorsal.	51 —
Région antérieure	26 —
Région postérieure.	68 —

Cette espèce voisine de l'*Anodonta rostrata* de Kokeil, tel que l'a figuré Rossmässler (1836. *Iconogr.* IV, p. 25. fig. 284) en diffère : par sa taille plus petite ; par son galbe plus étroitement allongé, avec une crête postéro-dorsale bien moins développée ; par son bord inférieur moins arqué ; par ses valves avec un bombement plus central ; etc.

ANODONTA GLISCHRA, Bourguignat (p. 57).

Coquille de taille assez petite, d'un galbe subovalaire un peu allongé dans une direction déclive, assez renflée, terminée par un rostre submédian un peu obtus. Bord antérieur allongé et presque droit, des sommets à l'angle postéro-dorsal, s'inclinant rapidement et également. en ligne droite jusqu'au rostre, et formant un angle d'un peu moins de 140 degrés. Bord inférieur largement arqué, un peu plus retroussé dans la région antérieure que dans la postérieure. Région antérieure un peu étroite pour sa hauteur, arrondie, décurrente dans le bas. Région postérieure plus de deux fois et demie plus longue que l'antérieure, allant en croissant très lentement jusqu'à 18 millimètres de la perpendiculaire, terminée par une partie rostrée un peu plus arquée en dessous qu'en dessus, légèrement tronquée à son extrémité. — Valves un peu minces, bien bombées dans leur ensemble avec le maximum de bombement presque médian, surmontées par une crête postéro-dorsale allongée et très haute, bâillantes dans tous le bas de la région antérieure et au-dessus du rostre. Stries concentriques un peu fines; plus grossières dans le bas. Epiderme lisse, et brillant dans la partie moyenne, d'un marron clair, un peu verdâtre, plus foncé à la périphérie. Intérieur nacré, bleuté et irisé, légèrement carnéolé vers les sommets. — Sommets très peu saillants, mais renflés et ornés de rides ondulées assez fortes. Sillon dorsal assez accusé comme bifide vers le rostre. Ligament très allongé, fort et saillant. Lunule longue et un peu étroite.

Longueur maximum.	74 millimètres	
Hauteur maximum (à 18 de la perpendiculaire). . .	42	—
Hauteur de la perpendiculaire.	39	—
Epaisseur maximum (point maximum de la convexité, à : 27 des sommets ; 18 de la perpendiculaire; 37 du bord antérieur ; 37 du rostre ; 23 de l'angle postéro-dorsal).	23	—
Corde apico-rostrale.	63	—
Distance des sommets à l'angle postéro-dorsal. . .	34	—
Distance de cet angle au rostre.	37	—
Distance du rostre à la perpendiculaire.	52	—

Distance du pied de la perpendiculaire à l'angle pos-
téro-dorsal. . . . . 48 millimètres
Région antérieure. 20   —
Région postérieure. 55   —

ANODONTA PHILYPNA, Servain (p. 57).

Coquille de taille assez petite, d'un galbe subovalaire-court, un peu
renflée, dans une direction légèrement décurrente, terminée par un rostre
subbasal un peu court. Bord supérieur assez allongé, presque droit,
s'infléchissant brusquement à partir de l'angle postéro-dorsal jusqu'au
rostre, sous un angle de 138 degrés et suivant une courbe un peu concave se relevant vers le rostre. Bord inférieur bien arqué, un peu plus
retroussé dans la région antérieure que dans l'autre. Région antérieure
large et haute, bien arrondie, faiblement déclive dans le bas. Région
postérieure juste égale au double de la région antérieure, allant en
s'agrandissant très lentement par le bas, jusqu'à 15 millimètres de
la perpendiculaire, puis se terminant en un rostre un peu inférieur, mais
relevé en haut. — Valves minces, bien bombées dans le milieu, comme
déprimées à la périphérie, surmontées d'une crête postéro-dorsale longue et surtout très haute et bien comprimée, bâillantes surtout au-dessus
du rostre. Stries concentriques fines, ne devenant un peu grossières que
dans le bas. Epiderme lisse et brillant, d'un fauve roux sur les sommets,
passant ensuite au gris foncé, puis au vert à la périphérie. Intérieur d'un
nacré bleuté, irisé, roséolé sous les sommets. — Sommets peu saillants,
non renflés à leur origine, dénudés, ornés de quelques rides ondulées.
Sillon dorsal arqué et bien accusé jusqu'au rostre. Ligament allongé,
fort et robuste. Lunule courte et étroite.

Longueur maximum. . . . . 71 millimètres
Hauteur maximum (à 15 de la perpendiculaire) . . . 43   —
Hauteur de la perpendiculaire. 41   —
Epaisseur maximum (point maximum de la convexité,
     à : 21 des sommets ; 15 de la perpendiculaire ; 35 du
     bord antérieur ; 47 du rostre ; 22 de l'angle postéro-
     dorsal ; 25 du pied de la perpendiculaire). . . . 22   —
Corde apico-rostrale. 54   —

Distance des sommets à l'angle postéro-dorsal. . . .   26 millimètres
Distance de cet angle au rostre.   35   —
Distance du rostre à la perpendiculaire.   46   —
Distance du pied de la perpendiculaire à l'angle pos-
téro-dorsal.   48   —
Région antérieure.   24   —
Région postérieure.   48   —

Cette espèce diffère de ses congénères du même groupe, par sa taille plus petite, par son galbe encore plus étroitement ovalaire, par sa région postérieure, juste le double de l'antérieure avec une partie rostrale nettement retroussée vers le haut et une crête particulièrement développée.

ANODONTA MARCIDA, Péchaud (p. 58,).

Coquille d'assez petite taille, d'un galbe court et sub-ovalaire, un peu renflée, dans une direction légèrement décurrente, terminée par un rostre trapu un peu basal. Bord supérieur bien arqué, descendant d'abord lentement jusqu'à l'angle postéro-dorsal, puis s'infléchissant plus rapidement et en ligne droite jusqu'au rostre, sous un angle de 140 degrés. Bord inférieur court et bien arqué, mais plus retroussé en avant qu'en arrière. Région postérieure à peine un peu plus du double de l'antérieure, allant en s'élargissant très lentement jusqu'à 12 1/2 millimètres au delà de la perpendiculaire, pour se terminer rapidement en une partie rostrale assez inférieure, plus arquée en dessous qu'en dessus. — Valves un peu minces, bombées, avec le bombement reporté un peu dans le haut, surmontées d'une crête un peu haute et assez atténuée, bien bâillantes dans la région antérieure et au-dessus du rostre. Stries concentriques un peu fortes surtout au voisinage de la périphérie et assez irrégulières. Épiderme d'un marron verdâtre foncé, un peu rougeâtre vers les sommets. Intérieur d'un nacré bleuté et irisé, carnéolé sous les sommets. — Sommets renflés, un peu saillants, ornés de rides ondulées. Sillon dorsal presque droit, confus à son extrémité vers le rostre. Ligament un peu court, mais solide et robuste. Lunule un peu large, assez allongée.

Longueur maximum. . . . .   62 millimètres
Hauteur maximum (à 12 1/2 de la perpendiculaire). .   40   —

Hauteur de la perpendiculaire. . . . . . . · . .   38 millimètres
Épaisseur maximum (point maximum de la convexité, à :
   19 des sommets ; 13 de la perpendiculaire ; 33 du
   bord antérieur ; 32 du rostre ; 15 de l'angle postéro-
   dorsal ; 27 du pied de la perpendiculaire). . . .   21   —
Corde apico-rostrale.   51   —
Distance des sommets à l'angle postéro-dorsal. . . .   25 1/2 —
Distance de cet angle au rostre.   32   —
Distance du rostre à la perpendiculaire. . . . . .   39 1/2 —
Distance du pied de la perpendiculaire à l'angle pos-
   téro-dorsal.   41   —
Région antérieure.   30   —
Région postérieure.   43   —

On distinguera facilement cette espèce de la précédente, à sa taille un peu plus petite, à son galbe encore plus court, à son rostre moins accusé, plus droit et non retroussé vers le haut, à sa crête postéro-dorsale moins haute, etc.

ANODONTA AUBOIRICA, Bourguignat (p. 58).

Coquille de petite taille, d'un galbe elliptique un peu allongé, dans une direction assez déclive, médiocrement renflée, terminée par un rostre submédian très obtus. Bord supérieur assez allongé, presque droit jusqu'à l'angle postéro-dorsal, s'infléchissant ensuite àpeu près en ligne droite jusqu'au rostre, sous un angle de 140 degrés. Bord inférieur largement arrondi, presque droit dans son milieu, à peine un peu plus arqué dans la partie antérieure que dans l'autre. Région antérieure un peu courte, mais bien arrondie, lentement déclive dans le bas. Région postérieure un peu plus de deux fois et demie plus longue que l'antérieure, arrondie dans sa partie rostrale, mais plus arquée en dessous qu'en dessus. — Valves un peu minces, assez bombées dans leur ensemble, avec le maximum de bombement presque médian, surmontées d'une crête postéro-dorsale un peu longue, peu haute, mais faiblement amincie, légèrement bâillantes dans le bas de la région antérieure et surtout au-dessus du rostre jusque sous le ligament. Stries concentriques un peu fortes, assez irrégulières. Épiderme d'un vert bronzé un peu foncé surtout dans la région postérieure, un peu

plus pâles dans le voisinage de la perpendiculaire et sur les sommets.
Intérieur d'un nacré bleuté et irisé, passant au carnéolé un peu violacé
sous les sommets. — Sommets renflés, mais à peine saillants, dénudés,
ornés de rides ondulées fortes et rapprochées. Sillon dorsal droit et très
peu accusé. Ligament allongé, assez fort, robuste. Lunule allongée et un
peu étroite.

Longueur maximum.	59	millimètres
Hauteur maximum (à 14 de la perpendiculaire). . .	36	—
Hauteur de la perpendiculaire.	34	—
Épaisseur maximum (point maximum de la convexité : à 18 des sommets ; 11 de la perpendiculaire ; 28 du bord antérieur ; 33 du rostre ; 16 de l'angle postéro-dorsal ; 22 du pied de la perpendiculaire).	20	—
Corde apico-rostrale.	51	—
Distance des sommets à l'angle postéro-dorsal. . .	21	—
Distance de cet angle au rostre.	35	—
Distance du rostre à la perpendiculaire.	40	—
Distance du pied de la perpendiculaire à l'angle postéro-dorsal.	38	—
Région antérieure.	17	—
Région postérieure.	44	—

ANODONTA INDUSIANA, Bourguignat (p. 59).

Coquille de taille moyenne, d'un galbe subelliptique allongé, un peu
renflée, dans une direction fortement décurrente, terminée par un rostre
submédian assez long. Bord supérieur un peu étendu et bien arqué,
descendant d'abord lentement des sommets jusqu'à l'angle postéro-
dorsal, puis s'infléchissant en ligne droite jusqu'au rostre, sous un angle
d'un peu plus de 140 degrés. Bord inférieur allongé, très largement arqué
se retroussant sous une courbure un peu brusque à l'aplomb de l'angle,
postéro-dorsal pour atteindre presque en ligne droite le rostre. Région
antérieure arrondie, fortement déclive dans le bas. Région postérieure
un peu plus de deux fois et demie plus longue que l'antérieure, allant
en s'agrandissant jusqu'à 19 millimètres au delà de la perpendiculaire,
pour se terminer par un rostre un peu inframédian, assez allongé, comme

tronqué à sa pointe. — Valves un peu minces, assez bombées, surtout
dans la partie postéro-supérieure, surmontées d'une crête postéro-dorsale allongée et peu haute, mais bien comprimée, faiblement bâillantes
dans le bas de la région antérieure, bien plus ouvertes au-dessous du
ligament. Stries concentriques fines, un peu irrégulières, comme feuilletées à la périphérie. Épiderme d'un vert bronzé sombre, passant au roux
vers les sommets. Intérieur d'un nacré bleuté un peu foncé, irisé, carnéolé sous les sommets. — Sommets un peu arqués, renflés mais non
saillants, légèrement dénudés, finement ondulés à leur naissance. Sillon
dorsal flexueux et bien accusé surtout dans le haut. Ligament allongé,
fort et robuste. Lunule très longue et assez étroite.

Longueur maximum.	80	millimètres
Hauteur maximum (à 19 de la perpendiculaire). . . .	48	—
Hauteur de la perpendiculaire.	44	—
Épaisseur maximum (point maximum de la convexité, à : 23 des sommets ; 15 de la perpendiculaire ; 38 de la région antérieure ; 46 du rostre ; 19 de l'angle postéro-dorsal ; 30 du pied de la perpendiculaire). .	26	—
Corde apico-rostrale.	68	—
Distance des sommets à l'angle postéro-dorsal. . . .	31	—
Distance de cet angle au rostre..	45	—
Distance du rostre à la perpendiculaire.	51	—
Distance du pied de la perpendiculeire à l'angle pos- téro-dorsal.	47	—
Région antérieure.	23	—
Région postérieure.	59	—

Cette espèce voisine de l'*Anodonta Rayi* s'en distingue de suite par sa
taille plus grande, par son galbe plus allongé, par sa forme moins haute,
avec un rostre plus long, etc.

ANODONTA ÆQUOREA, Bourguignat (p. 60).

Coquille de taille assez petite, d'un galbe sub-ovalaire un peu allongé,
assez renflée, dans une direction faiblement déclive et terminée par un
rostre subbasal saillant. Bord supérieur presque droit, très court dans
la partie antérieure, bien étendu dans la postérieure, s'infléchissant

rapidement jusqu'au rostre suivant une ligne un peu concave, et sous un
angle de 140 degrés. Bord inférieur bien arqué, plus retroussé dans la région antérieure que dans l'autre. Région antérieure un peu courte, bien
arrondie, faiblement décurrente dans le bas. Région postérieure un peu
plus de trois fois plus grande que l'antérieure, allant en augmentant du
bas jusqu'à 19 millimètres de la perpendiculaire, puis se relevant lentement jusqu'à un rostre un peu inférieur, tronqué à sa pointe et regardant
vers le haut. — Valves un peu minces, assez bombées dans leur ensemble,
avec le maximum de bombement un peu antérieur, surmontées d'une
crête haute et amincie, fortement bâillantes dans le bas de la région
antérieure et au-dessus du rostre jusque sous le ligament. Stries très
fines, concentriques, un peu plus saillantes et irrégulières à la périphérie.
Épiderme d'un vert bronzé presque sombre, passant au fauve rougeâtre
vers les sommets. Intérieur d'un nacré bleuté assez foncé, irisé, carnéolé
sous les sommets. Sommets peu renflés, à peine saillants, s'épanouissant
rapidement, avec des rides un peu grossières, mais peu nombreuses à la
naissance. Sillon dorsal presque droit et bien marqué. Ligament très
allongé, fort et robuste. Lunule étroite et longue.

Longueur maximum.	67	millimètres
Hauteur maximum (à 19 de la perpendiculaire). . .	39	—
Hauteur de la perpendiculaire.	35	—
Épaisseur maximum (point maximum de la convexité, à : 20 des sommets ; 13 de la perpendiculaire ; 19 du bord antérieur ; 39 du rostre ; 22 de l'angle postéro-dorsal ; 23 du pied de la perpendiculaire).. . . .	21	—
Corde apico-rostrale.	57	—
Distance des sommets à l'angle postéro-dorsal. . . .	30	—
Distance de cet angle au rostre..	33	—
Distance du rostre à la perpendiculaire.	50	—
Distance du pied de la perpendiculaire à l'angle postéro-dorsal..	45	—
Région antérieure.	15 1/2	—
Région postérieure..	52	—

Comparé à l'*Anodonta anatina* type, tel qu'il est représenté par Hanley
(pl. II, fig. 1), et par Rossmässler (fig. 417), l'*Anodonta æquorea* s'en
distingue par son galbe plus allongé, avec le bord inférieur plus arqué,

par sa région antérieure plus courte et plus décurrente, par son rostre plus saillant et plus étroitement retroussé, etc.

ANONDOTA GLABRELLA, Bourguignat (p. 62).

Coquille d'un galbe presque régulièrement ovalaire, dans une direction faiblement décurrente, assez renflée, rétrécie en arrière sous forme de rostre peu allongé et presque médian. Bord supérieur arqué, descendant d'abord lentement jusqu'à l'angle postéro-dorsal, puis un peu plus rapidement jusque vers le rostre, suivant une ligne sensiblement rectiligne. Bord inférieur largement arqué, un peu plus retroussé dans la région antérieure que dans l'autre. Région antérieure un peu courte, bien arrondie, à peine un peu déclive dans le bas. Région postérieure un peu plus de deux fois et demie plus longue que l'antérieure, allant en s'agrandissant lentement jusqu'à 18 millimètres de la perpendiculaire, pour se terminer en une partie rostrée un peu plus arquée en dessous qu'en dessus et à peine inframédiane. — Valves un peu minces, assez renflées surtout dans le haut, surmontées d'une crête postéro-dorsale allongée et peu haute, mais assez amincie, bien bâillantes dans le bas de la région antérieure et au-dessus du rostre jusque sous le ligament. Stries assez fortes et irrégulières, concentriques. Épiderme d'un vert jaunâtre, un peu terne, non lisse. Intérieur nacré, d'un bleuté pâle, à peine carnéolé sous les sommets. — Sommets renflés, non saillants, un peu incurvés, dénudés retornés de rides assez grosses et peu nombreuses. Sillon dorsal droit et bien marqué sur les deux tiers de sa longueur. Ligament un peu allongé, fort et robuste. Lunule assez courte, mais large.

Longueur maximum. . . . .   71 millimètres
Hauteur maximum (à 18 de la perpendiculaire). . . .   41   —
Hauteur de la perpendiculaire.   38   —
Épaisseur maximum (point maximum de la convexité,
  à : 19 1/2 des sommets ; 13 1/2 de la perpendiculaire ;
  33 du bord antérieur ; 40 du rostre ; 17 de l'angle
  postéro-dorsal ; 28 du pied de la perpendiculaire).   23   —
Corde apico-rostrale.   59   —
Distance des sommets à l'angle postéro-dorsal. . . .   25   —
Distance de cet angle au rostre.   57   —

Distance du rostre à la perpendiculaire. . . . . . . 50 millimètres
Distance du pied de la perpendieulaire à l'angle pos-
téro-dorsal. . . . . 44 —
Région antérieure. . . . . 20 —
Région postérieure. . . . . 52 —

ANODONTA IDRINOPSIS, Locard (p. 61).

Coquille d'assez petite taille, d'un galbe un peu renflé, subovoïde, allongée dans une direction bien déclive, terminée par un long rostre presque basal et arrondi à son extrémité. Bord supérieur d'abord arqué, puis ensuite infléchi presque en ligne droite jusqu'au rostre, sans dessiner un angle postéro-dorsal bien accusé. Bord inférieur allongé, à peine un peu sinueux dans sa partie médiane, plus retroussé dans la région anté-rieure que dans la postérieure. Région antérieure régulièrement arrondie, légèrement décurrente dans le bas. Région postérieure exactement deux fois et demie plus grande que l'antérieure, allant en s'élargissant jusqu'à 15 millimètres au delà de la perpendiculaire, se terminant par une partie rostrale allongée, presque basale, un peu plus arquée en dessus qu'en dessous. — Valves un peu minces, bien bombées dans leur ensemble, bien bâillantes au-dessus du rostre avec le maximum de bombement, relativement postérieur, surmontées d'une crête postéro-dorsale bien comprimée, peu haute, mais allongée. Stries concentriques assez fortes et assez régulières. Épiderme un peu brillant, d'un fauve clair un peu roux. Intérieur d'un nacré légèrement bleuté, irisé, bien carnéolé sous les sommets. Sommets larges, bombés, mais non saillants. Sillon dorsal presque droit et très accusé. Ligament assez fort, un peu court, d'un roux clair. Lunule allongée et assez large.

Longueur maximum. . . . . 70 millimètres
Hauteur maximum (à 15 de la perpendiculaire). . . 42 —
Hauteur de la perpendiculaire. . . . . 37 —
Épaisseur maximum (point maximum de la convexité,
    à : 28 des sommets ; 39 du bord antérieur ; 19 de la
    perpendiculaire ; 30 du rostre ; 19 de l'angle postéro-
    dorsal ; 46 du pied de la perpendiculaire). . . . 23 —
Corde apico-rostrale. . . . . 58 —

Distance des sommets à l'angle postéro-dorsal. . . . .   25 millimètres
Distance de cet angle au rostre.   39   —
Distance du rostre à la perpendiculaire.   46   —
Distance du pied de la perpendiculaire à l'angle postéro-
     dorsal..   43   —
Région antérieure..   20   —
Région postérieure..   50   —

Comme son nom l'indique, notre nouvelle espèce est voisine de l'*Anodonta Idrina* de Spinelli (1851. *Moll. prov. Bresciana*, p. 19, fig. 1 à 6) ; il s'en distingue : par sa taille plus petite ; par son galbe plus allongé ; par sa direction moins déclive ; par ses valves plus bombées, avec le bombement plus médian ; par son angle postéro-dorsal plus émoussé ; par ses sommets plus largement bombés ; par son rostre un peu moins basal ; etc.

ANODONTA JURANA, Locard (p. 62).

Coquille de taille moyenne, d'un galbe subovalaire un peu court, assez renflée, dans une direction légèrement déclive, terminée par un rostre court un peu inférieur et arrondi. Bord supérieur légèrement arqué jusqu'à l'angle postéro-dorsal, s'infléchissant ensuite assez rapidement et presque en ligne droite jusqu'au rostre, sous un angle de 140°. Bord inférieur un peu allongé, droit dans la partie moyenne, à peine un peu plus arqué antérieurement que postérieurement. Région antérieure bien arrondie, un peu déclive dans le bas. Région postérieure près de deux fois et demie plus longue que l'antérieure, allant en s'élargissant à peine jusqu'à 23 millimètres au delà de la perpendiculaire, terminée par un rostre inframédian large et bien arrondi, plus arqué en dessus qu'en dessous. — Valves légèrement épaissies, bien bombées dans tout leur ensemble, comprimées seulement le long de la crête postéro-dorsale qui est un peu large et assez courte ; bâillement très faible dans la partie antérieure, très accusé au-dessus du rostre. Stries concentriques assez fines et régulières. Épiderme d'un marron foncé un peu roux, lisse et brillant. Intérieur d'un nacré-blanc dans la région antérieure, passant au bleuté irisé dans la postérieure et bien carnéolé sous les sommets. — Sommets bombés, très peu saillants, assez fortement dénudés. Sillon dorsal presque

droit, bien accusé surtout vers les sommets. Ligament fort et bien allongé.
Lunule longue et un peu étroite.

Longueur maximum.	79	millimètres
Hauteur maximum (à 23 de la perpendiculaire). . .	44	—
Hauteur de la perpendiculaire.	41	—
Épaisseur maximum (point maximum de la convexité, à : 24 des sommets ; 39 1/2 du bord antérieur ; 16 de la perpendiculaire ; 42 du rostre ; 22 de l'angle postéro-dorsal ; 28 du pied de la perpendiculaire). . .	26	—
Corde apico-rostrale.	65	—
Distance des sommets à l'angle postéro-dorsal. . .	32	—
Distance de cet angle au rostre.	41	—
Distance du rostre à la perpendiculaire.	54	—
Distance du pied de la perpendiculaire à l'angle postéro-dorsal.	49	—
Région antérieure.	23	—
Région postérieure.	57	—

Cette espèce voisine des *Anodonta glabra* et *A. glabrella* s'en distingue :
par son galbe plus court, plus ramassé ; par ses valves plus bombées ; par
son rostre plus obtus, plus basal, plus arrondi ; par son bord inférieur
plus droit, etc.

ANODONTA INVICTA, Locard (p. 63).

Coquille d'assez grande taille, d'un galbe subovoïde, un peu renflée,
dans une direction bien décurrente, terminée par un rostre basal et
allongé. Bord supérieur arqué, d'abord un peu court jusqu'à l'angle postéro-dorsal, puis longuement infléchi en ligne presque droite jusqu'au
rostre, sous un angle d'environ 140 degrés. Bord inférieur allongé, arqué
surtout dans la région antérieure. Région antérieure bien arrondie. Région
postérieure exactement deux fois plus longue que l'antérieure, allant en
s'élargissant à peine jusqu'à 18 millimètres au delà de la perpendiculaire,
s'atténuant ensuite par le haut, de manière à se terminer en un rostre un
peu étroit, exactement basal, un peu arrondi à son extrémité. Valves relavement minces pour leur taille, comprimées dans le haut de chaque

côté des sommets et avec le maximum de bombement presque médian, légèrement bâillantes au-dessus du rostre, surmontées d'une crête postéro-dorsale allongée et assez haute. Stries concentriques fortes, assez irrégulières. Épiderme d'un fauve un peu grisâtre, plus foncé à la périphérie. Intérieur d'un nacré bleuté, irisé, bien carnéolé sous les sommets. — Sommets dénudés, larges et peu renflés, non saillants, avec quelques rides ondulées. Sillon dorsal droit, allongé, bien accusé. Ligament un peu court, assez robuste, d'un brun-roux. Lunule assez large et allongée.

Longueur maximum.	92	millimètres
Hauteur maximum (à 18 de la perpendiculaire). . .	60	—
Hauteur de la perpendiculaire	58	—
Épaisseur maximum (point maximum de la convexité, à : 38 des sommets ; 52 du bord antérieur ; 20 de la perpendiculaire ; 45 du rostre ; 29 de l'angle postéro-dorsal ; 34 du pied de la perpendiculaire). . . .	32	—
Corde apico-rostrale	79	—
Distance des sommets à l'angle postéro-dorsal . . .	30	—
Distance de cet angle au rostre	58	—
Distance du rostre à la perpendiculaire	59	—
Distance du pied de la perpendiculaire à l'angle postéro-dorsal.	62	—
Région antérieure	33	—
Région postérieure	66	—

On peut rapprocher cette espèce de l'*Anodonta arealis* de Küster. Elle s'en distingue : par sa taille plus forte ; par son galbe notablement plus élargi ; par son rostre moins allongé et plus basal ; par sa région antérieure bien plus largement arrondie ; par sa crête postéro-dorsale bien plus petite ; etc.

ANODONTA BURGUNDINA, Locard (p. 63).

Coquille de taille assez petite, d'un galbe sub-ovoïde, assez renflée, un peu allongée dans une direction décurrente, terminée par un rostre basal arrondi. Bord supérieur arqué, s'infléchissant rapidement et longuement vers le rostre, en formant un angle postéro-dorsal presque émoussé. Bord inférieur largement arqué, un peu plus retroussé dans la région antérieure

que dans la postérieure. Région antérieure bien arrondie, déclive dans
le bas. Région postérieure près de deux fois et demie plus grande que
l'antérieure, allant en s'agrandissant faiblement jusqu'à 16 millimètres au
delà de la perpendiculaire, terminée par une partie rostrée, plus arquée
en dessous qu'en dessus, presque basale, arrondie à son extrémité.
Valves un peu minces, assez renflées, avec le maximum de bombement
un peu supérieur, surmontées d'une crête postéro-dorsale comprimée,
longue et assez haute, faiblement bâillantes dans la région antérieure,
plus ouvertes au-dessus du rostre. Stries concentriques assez fortes et
irrégulières. Épiderme semi-brillant, d'un fauve jaune-verdâtre, avec
des zones plus foncées, passant au vert très sombre dans la région postérieure. Intérieur d'un nacré bleuté, irisé, faiblement carnéolé sous les
sommets. — Sommets légèrement dénudés, un peu bombés, mais non
saillants. Sillon dorsal assez marqué et presque droit. Ligament fort,
robuste, d'un brun roux. Lunule un peu courte et assez large.

Longueur maximum.	71	millimètres
Hauteur maximum (à 16 de la perpendiculaire). . .	45	—
Hauteur de la perpendiculaire	41	—
Épaisseur maximum (point maximum de la convexité, à : 20 des sommets; 33 1/2 du bord antérieur; 12 de la perpendiculaire; 41 du rostre; 19 de l'angle pos- téro-dorsal; 28 du pied de la perpendiculaire) . .	21	—
Corde apico-rostrale	60	—
Distance des sommets à l'angle postéro-dorsal. . .	27	—
Distance de cet angle au rostre.	40	—
Distance du rostre à la perpendiculaire	46	—
Distance du pied de la perpendiculaire à l'angle pos- téro-dorsal.	45	—
Région antérieure	21	—
Région postérieure	51	—

Notre espèce présente quelque analogie avec l'*Anodonta arealis* de
Küster; elle s'en distingue : par sa taille plus petite; par son galbe plus
régulier; par son bord supérieur plus court et plus arqué; par son bord
inférieur moins allongé, terminé par un rostre plus basal; par sa région
antérieure moins haute; par sa crête postéro-dorsale moins développée, etc.

ANODONTA THANORELLA, Bourguignat (p. 63).

Coquille de petite taille, d'un galbe ovalaire un peu court, dans une direction bien déclive, peu renflée, terminée par un rostre inférieur assez allongé. Bord supérieur très arqué, descendant assez rapidement des sommets jusqu'à l'angle postéro-dorsal pour s'infléchir encore plus vite jusqu'au rostre, sous un angle d'un peu plus de 140 degrés. Bord inférieur bien arqué, à peine un peu plus retroussé antérieurement que postérieurement. Région antérieure un peu courte, assez haute, bien déclive dans le bas. Région postérieure deux fois et demie plus longue que l'antérieure, allant en s'agrandissant lentement jusqu'à 18 de la perpendiculaire, se terminant par un rostre inférieur, un peu tronqué à son extrémité, à peine plus arqué en dessous qu'en dessus. Valves peu renflées, avec le maximum de bombement reporté suivant une région un peu allongée dans la ligne qui va des sommets au bord du rostre, surmontées d'une crête postéro-dorsale déprimée, assez allongée et un peu haute, bien bâillantes dans tout le bord de la région antérieure, un peu moins ouverts au-dessus du rostre. Stries concentriques fines, mais constituant quelques faisceaux plus apparents et irréguliers. Test lisse et brillant d'un fauve roux dans le haut, passant au gris un peu verdâtre dans toute la région antérieure et au vert plus ou moins foncé dans la région postéro-dorsale. Intérieur d'un nacré bleuté et irisé, avec une tache carnéolée sous les sommets. —Sommets obliques, peu saillants, peu renflés, ornés à leur origine de quelques grosses rides ondulées. Sillon dorsal flexueux, assez accusé. Ligament assez large, solide et fort. Lunule allongée, mais peu large.

Longueur maximum. . . . . 62 millimètres
Hauteur maximum (à 18 de la perpendiculaire). . . 38   —
Hauteur de la perpendiculaire 35   —
Épaisseur maximum (point maximum de la convexité,
   à : 19 des sommets; 11 1/2 de la perpendiculaire;
   29 1/2 du bord antérieur; 34 du rostre; 17 de l'angle
   postéro-dorsal; 23 du pied de la perpendiculaire) . 17   —
Corde apico-rostrale 53   —
Distance des sommets à l'angle postéro-dorsal. . . 26   —
Distance de cet angle au rostre. 32   —

Distance du rostre à la perpendiculaire. . . . . . .   39 millimètres
Distance du pied de la perpendiculaire à l'angle pos-
   téro-dorsal.   39   —
Région antérieure   18   —
Région postérieure   45   —

Cette espèce, voisine de l'*Anodonta subarealis*, en diffère surtout par
son galbe plus étroitement allongé, avec le bord inférieur moins arqué,
la crête postéro-dorsale moins haute et moins comprimée, les valves
moins bombées, le rostre plus allongé, etc.

ANODONTA TRIANGULIFORMIS, Bourguignat

(p. 64).

Coquille d'un galbe subtriangulaire (le sommet du triangle concordant
avec l'angle postéro-dorsal, et la base fortement déclive correspondant
au bord inférieur), assez déprimé dans son ensemble, presque également
arrondie à ses deux extrémités. Bord supérieur un peu allongé, s'infléchissant sous une très faible courbure jusqu'à l'angle postéro-dorsal, puis
plus rapidement et presque en ligne droite jusqu'au rostre. Bord inférieur
allongé, à peine un peu plus arqué dans la région postérieure que dans
l'antérieure. Région antérieure haute, mais peu large, bien décurrente
dans le bas. Région postérieure près de trois fois plus grande que l'antérieure, allant en s'agrandissant jusqu'à 16 millimètres de la perpendiculaire, terminée par une partie rostrée courte, à peine un peu plus étroite
que la région antérieure. Valves un peu minces, peu renflées, avec le
maximum de bombement presque médian, surmontées d'une crête postéro-dorsale haute, assez longue et un peu comprimée, un peu bâillantes
dans le bas de la région antérieure, plus ouvertes au-dessus du rostre.
Stries concentriques fines et régulières, comme feuilletées à la périphérie.
Épiderme d'un vert clair un peu jaunâtre, plus foncé dans la région
postérieure, lisse et brillant. Intérieur d'un nacré bleuté, passant
l'orangé-clair sous les sommets. — Sommets peu saillants et peu renflés,
dénudés, ornés de quelques rides ondulées à leur naissance. Sillon dorsal
peu marqué, légèrement infléchi. Ligament allongé, solide, robuste.
Lunule courte et peu large.

Longueur maximum	61	millimètres
Hauteur maximum (à 16 de la perpendiculaire). . .	38	—
Hauteur de la perpendiculaire	33	—
Épaisseur maximum (point maximum de la convexité, à : 22 des sommets; 14 de la perpendiculaire ; 30 du bord antérieur; 31 du rostre; 20 de l'angle postéro-dorsal; 21 du pied de la perpendiculaire)	19	—
Corde apico-rostrale.	53	—
Distance des sommets à l'angle postéro-dorsal. . .	28	—
Distance de cet angle au rostre.	32	—
Distance du rostre à la perpendiculaire.	41	—
Distance du pied de la perpendiculaire à l'angle postéro-dorsal.	41	—
Région antérieure.	16	—
Région postérieure.	46	—

Rapproché de l'*Anodonta thanorella*, l'*A. trianguliformis* s'en distinguera par son galbe plus court, plus haut, plus triangulaire, avec un rostre moins saillant, une région antérieure encore plus petite, des valves plus régulièrement bombées, etc.

ANODONTA SOURBIEUI, Bourguignat (p. 64).

Coquille de petite taille, d'un galbe subovalaire, un peu court, dans une direction bien décurrente, assez renflée dans son ensemble, terminée par un rostre basal très court et très obtus. Bord supérieur arqué, s'allongeant et descendant lentement des sommets jusqu'à l'angle postéro-dorsal, s'infléchissant plus rapidement et en droite ligne jusqu'au rostre, sous un angle de 140 degrés. Bord inférieur un peu court et bien arqué, à peine un peu plus retroussé vers le rostre que dans la région antérieure. Région antérieure arrondie, décurrente dans le bas. Région postérieure un peu plus de deux fois plus grande que l'antérieure, allant en s'agrandissant lentement jusqu'à 17 millimètres au delà de la perpendiculaire, terminée par un rostre basal court, arrondi, plus arqué en dessous qu'en dessus. — Valves un peu minces, bien renflées surtout dans le haut, atténuées dans la région antéro-supérieure, surmontées d'une crête postéro-dorsale un peu courte, mais haute et bien amincie, bâillantes seulement dans toute la région postéro-dorsale. Stries concentriques fines, assez régulières. Épiderme d'un vert clair un peu jaunâtre, passant au roux pâle vers les sommets. Intérieur d'un nacré un peu rosé, irisé, carnéolé sous les sommets. — Sommets renflés, à peine saillants à leur origine, dénudés, ornés de quelques rares rides ondulées. Sillon dorsal arqué et bien accusé sur toute la longueur, accompagnant un peu le renflement des valves dans cette partie. Ligament allongé, un peu mince, peu saillant. Lunule courte et étroite.

Longueur maximum.	61	millimètres
Hauteur maximum (à 17 de la perpendiculaire). . . .	38	—
Hauteur de la perpendiculaire.	34	—
Epaisseur maximum (point maximum de la convexité, à : 16 des sommets; 14 de la perpendiculaire ; 27 du bord antérieur ; 36 du rostre ; 18 de l'angle postéro-dorsal ; 23 du pied de la perpendiculaire). . . .	20	—
Corde apico-rostrale.	60	—
Distance des sommets à l'angle postéro-dorsal. . . .	23	—
Distance de cet angle au rostre.	34	—
Distance du rostre à la perpendiculaire.	38 1/2	—
Distance du pied de la perpendiculaire à l'angle postéro-dorsal.	40	—
Région antérieure	18	—
Région postérieure.	43	—

Cette espèce est voisine de l'*Anodonta triangularis*, mais elle s'en distingue toujours par son galbe moins régulier, plus court et plus renflé, plus bombé dans la partie antéro-supérieure, plus amincie sur sa crête, par son rostre plus obtus, etc.

ANODONTA BISUNTIENSIS, Locard (p. 66).

Coquille d'assez petite taille, d'un galbe bien renflé, subelliptique, dans une direction très décurrente, terminée par un rostre très obtus et un peu inférieur. Bord supérieur bien arqué, s'infléchissant jusqu'au rostre, avec un angle postéro-dorsal peu accusé. Bord inférieur bien déclive, presque droit dans le milieu, à peu près également retroussé à ses deux extrémités. Région antérieure arrondie, bien déclive dans le bas. Région postérieure un peu plus de deux fois plus longue que l'antérieure, allant en s'élargissant faiblement jusqu'à 18 millimètres au delà de la perpendiculaire, terminée par une partrie rostrale largement arrondie, un peu camarde, avec son axe légèrement inférieur. — Valves un peu minces bien bombées dans leur ensemble, avec le maximum de bombement presque médian, surmontées d'une crête postéro-dorsale comprimée, mais peu haute, bâillantes seulement au-dessus du rostre. Stries concentriques assez fortes, un peu irrégulières, plus rapprochées et plus multiples à la périphérie. Epiderme un peu brillant, d'un marron foncé un peu jaunâtre. Intérieur d'un nacré-bleuté, ardoisé, irisé, largement carnéolé sous les sommets. — Sommets errodés, bien bombés, mais non saillants, ornés de quelques rides ondulées. Sillon dorsal assez accusé vers les sommets, presque droit. Ligament un peu court, gros, robuste, d'un roux brun. Lunule large, mais un peu courte.

Longueur maximum.	71	millimètres
Hauteur maximum (à 18 de la perpendiculaire).	44	—
Hauteur de la perpendiculaire.	41	—
Epaisseur maximum (point maximum de la convexité, à : 28 des sommets ; 39 du bord antérieur ; 16 1/2 de la perpendiculaire ; 33 du rostre ; 21 de l'angle postéro-dorsal ; 25 du pied de la perpendiculaire).	24	—
Corde apico-rostrale.	59	—
Distance des sommets à l'angle postéro-dorsal.	25	—
Distance de cet angle au rostre	40	—
Distance du rostre à la perperpendiculaire.	44	—
Distance du pied de la perpendiculaire à l'angle postéro-dorsal.	44	—
Région antérieure	23	—
Région postérieure.	49	—

Cette forme est voisine, mais cependant bien distincte de l'*Anodonta Camurini* de Péchaud ; elle s'en distingue notamment : par son galbe moins haut pour une même longueur, et un peu plus renflé ; par son angle postéro-dorsal plus émoussé ; par son rostre même plus obtus ; etc.

ANODONTA MERULARUM, Bourguignat (p. 66).

Coquille de taille assez petite, d'un galbe régulièrement ovoïde, un peu allongée, dans une direction déclive, renflée dans son milieu, terminée par un rostre assez étendu, à peine infra-médian. Bord supérieur faiblement arqué, s'infléchissant lentement jusqu'à l'angle postéro-dorsal, s'incurvant progressivement jusqu'au rostre. Bord inférieur bien arqué, presque également retroussé à ses deux extrémités. Région antérieure un peu haute et bien arrondie, décurrente dans le bas. Région postérieure deux fois et demie plus longue que l'antérieure, allant en s'agrandissant lentement jusqu'à 19 millimètres de la perpendiculaire, puis s'atténuant jusqu'au rostre suivant deux courbes sensiblement symétriques. — Valves un peu minces, mais solides, bien bombées dans la partie médiane, un peu atténuées vers la région antérieure, surmontées d'une crête postéro-dorsale allongée, mais peu haute, très faiblement bâillantes dans le bas de la région antérieure, beaucoup plus ouvertes au-dessus du rostre jusqu'au ligament. — Stries concentriques presque régulières, un peu feuilletées — Epiderme lisse, brillant seulement dans le haut, d'un marron foncé, passant au faune rougeâtre vers les sommets, avec quelques parties verdâtres dans le bas et dans la région antérieure. Intérieur d'un nacré bleuté, irisé, passant au carnéolé sous les sommets. — Sommets assez renflés, non saillants à leur origine, profondément excoriés. Sillon dorsal bien arqué et bien accusé sur presque toute son étendue. Ligament fort et robuste, assez allongé. Lunule étroite et longue.

Longueur maximum.	69	millimètres
Hauteur maximum (à 19 de la perpendiculaire). . .	44	—
Hauteur de la perpendiculaire.	39	—
Epaisseur maximum (point maximum de la convexité, à : 22 des sommets ; 19 de la perpendiculaire ; 34 du bord antérieur ; 37 du rostre ; 19 de l'angle postéro-dorsal ; 25 du pied de la perpendiculaire. . . .	24	—
Corde apico-rostrale.	68 1/2	—
Distance des sommets à l'angle postéro-dorsal. . .	22	—
Distance de cet angle au rostre.	42	—
Distance du rostre à la perpendiculaire.	41 1/2	—

Distance du pied de la perpendiculaire à l'angle pos-
téro--dorsàl. . . . . 43 millimètres
Région antérieure. . . . . 20 —
Région postérieure. . . . . 50 —

ANODONTA MITIS, Bourguignat et Péchaud (p. 66).

Coquille d'un galbe subovalaire, un peu irrégulière, allongée dans une
direction fortement déclive, assez renfléc dans son ensemble, terminée
par un rostre médian et allongé, mais arrondi. Bord supérieur très allongé
et très arqué, s'infléchissant de plus en plus rapidement depuis les sommets jusqu'à l'angle postéro-dorsal, pour ensuite descendre en droite
ligne jusqu'au rostre. Bord inférieur allongé et arqué, mais plus retroussé
dans la partie postérieure que dans l'autre. Région antérieure étroite
et très haute par suite de la forte décurrence du bord inférieur. Région
postérieure plus de deux fois et demie plus longue que l'antérieure, allant
en augmentant jusqu'à 19 millimètres de la perpendiculaire, puis se terminant par une partie rostrale plus arquée en dessous qu'en dessus, bien
arrondie à son extrémité. — Valves un peu renflées dans tout leur
ensemble, avec le maximum de bombement un peu antéro-supérieur,
surmontées d'une crête mince et de taille médiocre, à peine bâillantes
dans le bas de la région antérieure, beaucoup plus ouvertes dans
toute la région postéro-dorsale. Stries concentriques assez fines et
assez régulières, quelques-unes un peu plus saillantes. Épiderme presque
lisse, mais un peu terne, d'une fauve jaunâtre, plus foncé dans la région
postéro-dorsale. Intérieur d'un nacré bien bleuté, irisé, avec une tache
carnéolée sous les sommets. — Sommets un peu renflés, à peine saillants à leur naissance, excoriés, avec quelques rides ondulées à leur
origine. Sillon dorsal faiblement arqué, bien accusé, surtout dans le
haut. Ligament allongé, mais peu saillant, assez fort. Lunule étroite et
longue.

Longueur maximum. . . . . 53 millimètres
Hauteur maximum (à 19 de la perpendiculaire). . . 42 —
Hauteur de la perpendiculaire. . . . . 35 —
Épaisseur maximum (point maximum de la convexité :
 à 18 des sommets; 10 1/2 de la perpendiculaire; 28 du

bord antérieur ; 38 du rostre ; 20 1/2 de l'angle pos-
téro-dorsal ; 24 du pied de la perpendiculaire) . .   21 millimètres
Corde apico-rostrale.   55   —
Distance des sommets à l'angle postéro-dorsal. . .   39   —
Distance de cet angle au rostre.   42   —
Distance du rostre à la perpendiculaire.   39   —
Distance du pied de la perpendiculaire à l'angle pos-
téro-dorsal.   40   —
Région antérieure.   18   —
Région postérieure.   48   —

L'*Anodonta mitis* est voisin de l'*A. merularum ;* il s'en distingue par
son galbe moins régulièrement ovalaire, par ses valves moins bombées,
mais avec un bombement plus égal dans l'ensemble de la coquille, par
sa région antérieure plus étroite et plus décurrente, par son rostre plus
arrondi, par sa crête moins allongée, etc.

ANODONTA PYGMÆA, Bourguignat (p. 66).

Coquille de très petite taille, d'un galbe subarrondi, relativement assez
renflée, dans une direction un peu décurrente, terminée par une partie
rostrée presque obtuse. Bord supérieur extrêmement arqué, s'infléchissant
assez lentement jusqu'à l'angle postéro-dorsal, puis plus rapidement
jusqu'au rostre suivant une courbe arrondie. Bord inférieur un peu allongé,
plus retroussé dans la partie antérieure que dans l'autre. Région antérieure large et arrondie, déclive dans le bas. Région postérieure une fois
et demie seulement plus longue que l'antérieure, allant en décroissant
depuis la perpendiculaire, pour se terminer par un rostre un peu inférieur, plus arqué en dessus qu'en dessous. — Valves minces, mais assez
solides, régulièrement bombées en verre de montre, avec le maximum de
bombement presque médian, surmontées d'une crête postéro-dorsale,
très peu développée, bâillantes seulement dans la région postéro-dorsale.
Stries concentriques un peu fortes et assez irrégulières. Épiderme d'un
fauve grisâtre, plus foncé et un peu verdâtre dans la région postéro-supérieure. Intérieur d'un nacré bleuté, irisé, avec une large tache carnéolée
sous les sommets. — Sommets peu renflés, finement acuminés à leur
origine, excoriés, ornés de quelques rides ondulées. Sillon dorsal à peu

près nul. Ligament un peu court, mais fort et robuste. Lunule assez large et un peu courte.

Longueur maximum . . . . 35 1/2 millim.
Hauteur maximum et de la perpendiculaire . . . . 24 1/2 —
Épaisseur maximum (point maximum de la convexité,
    à : 16 des sommets : 3 de la perpendiculaire ; 18 de la
    région antérieure ; 19 1/2 du rostre ; 11 de l'angle pos-
    téro-dorsal ; 15 du pied de la perpendiculaire). . . 13 —
Corde apico-rostrale. . . . . , ... 29 —
Distance des sommets à l'angle postéro-dorsal . . . 12 —
Distance de cet angle au rostre. . . . . 20 —
Distance du rostre à la perpendiculaire . . . . . 19 —
Distance du pied de la perpendiculaire à l'angle pos-
    téro-dorsal. . . . . 24 —
Région antérieure. . . . . 14 1/2 —
Région postérieure. . . . . 22 1/2 —

Comme son nom l'indique, cette espèce représente la plus petite de nos Anodontes européennes.

ANODONTA FŒDATA, Servain (p. 67).

. Coquille de taille assez petite, d'un galbe presque régulièrement ovalaire, dans une direction un peu déclive, assez allongée, renflée dans son milieu, avec une partie rostrée obtuse presque médiane. Bord supérieur allongé, descendant presque progressivement depuis les sommets jusqu'au rostre, avec un angle postéro-dorsal peu accusé. Bord inférieur allongé et régulièrement arqué, aussi retroussé à l'avant qu'à l'arrière. Région antérieure haute, arrondie, un peu décurrente dans le bas. Région postérieure un peu plus de deux fois plus longue que l'antérieure, allant en croissant lentement et progressivement jusqu'à 15 1/2 millimètres de la perpendiculaire, terminée par un rostre médian, à peu près aussi arqué en dessus qu'en dessous, un peu plus étroitement arrondi que la région antérieure. — Valves un peu minces, renflées dans leur milieu, surmontées d'une crête postéro-dorsale peu comprimée, très allongée et non haute, un peu bâillantes dans le haut de la région antérieure, beaucoup plus ouvertes au-dessus du rostre jusque sous le ligament. Stries concen-

triques fines et régulières, devenant feuilletées sur toute la périphérie.
Épiderme lisse et brillant dans la partie la plus bombée de la coquille,
d'un vert sombre irrégulièrement mélangé de jaunâtre et de roux très
gris. Extérieur nacré, d'un bleuté un peu foncé, irisé, passant au carnéolé
sous les sommets. — Sommets assez renflés, à peine saillants à leur
naissance, excoriés sur une faible étendue, ornés de quelques rides.
Sillon dorsal presque droit, assez allongé. Ligament un peu long, assez
fort, mais peu saillant. Lunule assez large et un peu longue.

Longueur maximum.	71	millimètres
Hauteur maximum (à 15 1/2 de la perpendiculaire) .	41 1/2	—
Hauteur de la perpendiculaire.	38	—
Épaisseur maximum (point maximum de la convexité, à : 20 des sommets; 14 de la perpendiculaire; 26 du bord antérieur; 37 du rostre; 19 de l'angle postéro-dorsal; 27 du pied de la perpendiculaire). . . .	24	—
Corde apico-rostrale	56	—
Distance des sommets à l'angle postéro-dorsal . . .	30	—
Distance de cet angle au rostre	31	—
Distance du rostre à la perpendiculaire.	45	—
Distance du pied de la perpendiculaire à l'angle postéro-dorsal.	44	—
Région antérieure	22 1/2	—
Région postérieure	49	—

ANODONTA OVULARIS, Bourguignat (p. 67).

Coquille d'assez petite taille, d'un galbe presque régulièrement ovalaire, dans une direction décurrente, allongée et presque renflée, terminée
par un rostre presque médian, un peu allongé. Bord supérieur légèrement arqué depuis les sommets jusqu'à l'angle postéro-dorsal, s'infléchissant suivant une large courbure jusqu'au rostre. Bord inférieur allongé
et bien arqué, un peu plus retroussé dans la région antérieure que dans
l'autre. Région antérieure haute et bien arrondie, faiblement décurrente
dans le bas. Région postérieure deux fois et demie plus longue que l'antérieure, allant en croissant lentement jusqu'à 15 millimètres de la perpendiculaire, se terminant par une partie rostrée presque médiane, un

peu plus arquée en dessus qu'en dessous. — Valves un peu minces, peu
bombées dans leur ensemble, surmontées d'une crête postéro-dorsale
comprimée, très allongée, mais peu haute, faiblement bâillantes dans la
région antérieure, beaucoup plus ouvertes au-dessus du rostre jusqu'au
ligament. Stries concentriques fines, irrégulières, formant quelques saillies. Épiderme lisse et brillant, d'un marron clair dans la région antérieure, passant au fauve rougeâtre vers les sommets, d'un vert assez clair
dans la région postérieure. Extérieur d'un nacré bleuté, irisé, avec une
tache carnéolée sous les sommets. — Sommets renflés, mais non saillants,
participant au bombement général de la coquille, ornés de rides ondulées
à leur naissance. Sillon dorsal presque droit et bien accusé. Ligament
allongé, peu épais, quoique assez robuste. Lunule un peu courte, mais
assez large.

Longueur maximum	62	millimètres
Hauteur maximum (à 15 de la perpendiculaire).	33	—
Hauteur de la perpendiculaire.	36	—
Épaisseur maximum (point maximum de la convexité, à : 21 des sommets ; 14 de la perpendiculaire ; 31 du bord antérieur ; 31 du rostre ; 17 de l'angle postéro-dorsal ; 22 du pied de la perpendiculaire)	24	—
Corde apico-rostrale	50	—
Distance des sommets à l'angle postéro-dorsal	23	—
Distance de cet angle au rostre	33	—
Distance du rostre à la perpendiculaire	41	—
Distance du pied de la perpendiculaire à l'angle postéro-dorsal.	38	—
Région antérieure	18	—
Région postérieure.	44	—

Cette espèce est voisine de l'*Anodonta fœdata ;* mais elle s'en distingue
par sa taille plus petite, son galbe plus étroitement ovalaire avec un
rostre plus allongé, par ses valves plus bombées sous tout leur ensemble,
pas une crête postéro-dorsale plus accusée et plus déprimée ; etc.

ANODONTA FASTIGATA, Bourguignat ét Péchaud

(p. 67).

Coquille de petite taille, d'un galbe sub-réniforme, bien renflée, assez allongée, dans une direction fortement déclive, terminée par une partie rostrale inférieure, un peu longue et arrondie à son extrémité. Bord supérieur très arqué, bien infléchi jusqu'à l'angle postéro-dorsal, puis en continuation de courbure plus déclive jusqu'au rostre. Bord inférieur légèrement sinueux presque au pied de la perpendiculaire, plus retroussé dans la partie antérieure que dans l'autre. Région antérieure bien arrondie, décurrente dans le bas. Région postérieure deux fois et demie plus longue que l'antérieure, allant en s'agrandissant lentement jusqu'à 11 millimètres de la perpendiculaire, se terminant par une partie rostrale camarde, bien plus arquée en dessus qu'en dessous et inférieure. — Valves un peu minces, très bombées dans leur ensemble, surtout dans la partie médio-postérieure, surmontées d'une crête postéro-dorsale très peu haute, faiblement comprimée et assez allongée, bâillantes dans le bas de la région antérieure et au-dessus du rostre. Stries concentriques un peu fortes, assez régulières. Épiderme un peu brillant, d'un roux gris verdâtre assez foncé, devenant d'un vert extrêmement sombre dans la partie postérieure. Intérieur d'un nacré bleuté, irisé, passant au carnéolé sous les sommets. — Sommets bombés, mais à peine saillants, dénudés, ornés de rides ondulées assez nombreuses. Sillon dorsal un peu arqué, bien accusé par le bombement des valves. Ligament assez long, fort et saillant. Lunule courte, mais large.

Longueur maximum.	54 millimètres
Hauteur maximum (à 11 de la perpendiculaire). . .	31 —
Hauteur de la perpendiculaire	27 —
Épaisseur maximum (point maximum de la convexité, à : 18 des sommets; 12 de la perpendiculaire; 28 du bord antérieur; 29 du rostre; 13 de l'angle postéro-dorsal; 19 du pied de la perpendiculaire). . . .	22 —
Corde apico-rostrale.	46 —
Distance des sommets à l'angle postéro-dorsal. . . .	21 —
Distance de cet angle au rostre.	30 —

Distance du rostre à la perpendiculaire. . . . . . .   34 millimètres

Distance du pied de la perpendiculaire à l'angle postéro-dorsal.   31   —

Région antérieure.   16   —

Région postérieure.   39   —

Cette curieuse petite forme se distingue des autres Anodontes du même groupe, par son galbe encore plus bombé, réniforme, tout à fait analogue à celui de l'*Unio pruinosus* de Schmidt.

ANODONTA SURANICA, Bourguignat (p. 68).

Coquille d'un galbe subelliptique, assez renflée, largement développée dans la région antérieure, allongée dans une direction fortement déclive, terminée par un rostre sub-basal arrondi. Bord supérieur très arqué, allongé, descendant assez rapidement depuis les sommets jusqu'à l'angle postéro-dorsal pour s'infléchir ensuite plus rapidement et suivant une ligne presque droite jusqu'au rostre. Bord inférieur allongé, droit dans la partie médiane, un peu plus étroitement arqué dans la région antérieure que dans l'autre. Région antérieure haute et large, déclive dans le bas. Région postérieure pas tout à fait deux fois et demie plus longue que l'antérieure, allant en augmentant faiblement jusqu'à 13 millimètres de la perpendiculaire, terminée par un rostre arrondi, infra-médian, plus arquée en dessous qu'en dessus. — Valves bien bombées dans tout leur ensemble, avec le maximum de bombement un peu antéro-supérieur; surmontées d'une crête postéro-dorsale étroite et peu amincie, bâillantes dans le bas de la région antérieure et surtout dans toute la région dorsale. Stries concentriques assez fortes et un peu irrégulières. Épiderme sombre, non brillant, d'un vert bouteille assez foncé, surtout dans la région postérieure. Intérieur d'un nacré bleuté, carnéolé sous les sommets. — Sommets assez renflés, mais peu saillants, largement excoriés, un peu ridés à leur naissance. Sillon dorsal très arqué et peu accusé. Ligament allongé, fort et robuste. Lunule allongée et très étroite.

Longueur maximum. . . . .   66 millimètres

Hauteur maximum (à 13 de la perpendiculaire). . .   39 1/2 —

Hauteur de la perpendiculaire.   37   —

Épaisseur maximum (point maximum de la convexité,
à : 16 des sommets ; 8 1/2 de la perpendiculaire ; 27 du
bord antérieur ; 41 du rostre ; 23 de l'angle postéro-
dorsal ; 28 du pied de la perpendiculaire).   . . .   23 millimètres
Corde apico-rostrale.   56   —
Distance des sommets à l'angle postéro-dorsal. . .   31   —
Distance de cet angle au rostre.   30   —
Distance du rostre à la perpendiculaire.   42   —
Distance du pied de la perpendiculaire à l'angle pos-
téro-dorsal.   40   —
Région antérieure   20   ---
Région postérieure.   47   —

ANODONTA INÆQUABILIS, Bourguignat (p. 69).

Coquille de taille moyenne, d'un galbe irrégulièrement subelliptique,
allongée dans une direction décurrente, assez renflée, terminée par un
rostre très long. Bord supérieur rapidement déclive en ligne droite depuis
les sommets jusqu'à l'angle postéro-dorsal, s'infléchissant ensuite jusqu'au rostre avec une courbure concave et sous un angle de 143 degrés.
Bord inférieur ondulé, d'abord arqué dans la partie antérieure, jusqu'un
peu au delà de la perpendiculaire, puis ensuite fortement sinueux, avec
le maximum de sinuosité à 21 millimètres au delà de la perpendiculaire,
se terminant presque brusquement au rostre. Région antérieure haute et
bien arrondie, déclive dans le bas. Région postérieure allant en s'atténuant à partir de la perpendiculaire qui correspond à la hauteur maximum, se terminant par un rostre basal, allongé, assez large, tronqué
obliquement à son extrémité. — Valves solides, un peu épaisses, bombées
particulièrement dans une direction apico-rostrale inférieure, bâillantes
dans la région antérieure et surtout au dessus du rostre. Stries concentriques grossières et irrégulières. Épiderme non brillant, d'un fauve roux
foncé, un peu verdâtre dans la région antérieure. Intérieur d'un nacré
bleuté, passant à l'orangé sous les sommets. — Sommets un peu renflés,
légèrement saillants, très fortement dénudés. Sillon dorsal arqué, bien
accusé. Ligament très gros et très robuste. Lunule assez étroite et un
peu courte.

Longueur maximum.	83 millimètres
Hauteur maximum . . . . , ...	27 —
Hauteur de la perpendiculaire.	26 —
Épaisseur maximum (point maximum de la convexité, à : 24 des sommets ; 15 de la perpendiculaire ; 42 du bord antérieur ; 21 de l'angle postéro-dorsal ; 45 du rostre ; 30 du pied de la perpendiculaire). . . .	26 —
Corde apico-rostrale.	68 —
Distance des sommets à l'angle postéro-dorsal. . .	34 —
Distance de cet angle au rostre.	39 —
Distance du rostre à la perpendiculaire.	52 —
Distance du pied de la perpendiculaire à l'angle postéro-dorsal.	49 —
Région antérieure	29 —
Région postérieure	57 —

ANODONTA MONTAPASI, Bourguignat et Péchaud

(p. 69).

Coquille de taille moyenne, d'un galbe subrhomboïdal déprimé, dans une direction déclive, terminée par une partie rostrale tronquée et obtuse, bien inférieure. Bord supérieur très arqué–descendant presque depuis les sommets jusqu'au rostre sous forme d'angle postéro-dorsal bien sensible, à peu près en ligne droite dans la partie voisine du rostre. Bord inférieur arqué-arrondi antérieurement ensuite recto-déclive jusqu'au rostre. Région antérieure haute et bien arrondie, à peine un peu déclive dans le bas. Région postérieure un peu plus de deux fois plus longue que l'antérieure, allant progressivement en s'amincissant depuis l'extrémité de la perpendiculaire jusqu'au rostre qui est obliquement tronqué à son extrémité sub-basale. — Valves un peu épaisses, peu bombées, surmontées d'une crête postéro-dorsale très peu accusée, fortement bâillantes au-dessus du rostre et surtout dans le bas de la région antérieure. Stries concentriques très grossières et très irrégulières. Épiderme non brillant, d'un marron foncé un peu verdâtre dans la région postérieure. Intérieur d'un bleuté nacré et irisé, violacé sous les sommets. — Sommets très peu renflés, non saillants, fortement excoriés. Sillon dor-

sal à peine accusé. Ligament très fort et très saillant. Lunule étroite et
un peu allongée.

Longueur maximum.	73 millimètres
Hauteur maximum (à 9 de la perpendiculaire).	46 —
Hauteur de la perpendiculaire.	45 —
Épaisseur maximum (point maximum de la convexité, à : 24 des sommets; 16 de la perpendiculaire; 40 du bord antérieur; 39 du rostre; 19 de l'angle postéro-dorsal; 31 du pied de la perpendiculaire).	23 —
Corde apico-rostrale	63 —
Distance des sommets à l'angle postéro-dorsal.	33 —
Distance de cet angle au rostre	35 —
Distance du rostre à la perpendiculaire.	46 —
Distance du pied de la perpendiculaire à l'angle postéro-dorsal.	47 —
Région antérieure	24 —
Région postérieure.	51 —

Cette espèce diffère de l'*Anodonta inæquabilis :* par son galbe plus
court; plus tronqué ; par son bord inférieur droit et non pas sinueux; par
sa région postérieure plus large et moins allongée; par ses valves plus
déprimées; etc.

ANODONTA GIBBOSULA, Bourguignat (p. 69).

Coquille de taille moyenne, d'un galbe sub-ovoïde, renflée, allongée
dans une direction décurrente, terminée par un rostre long et basal.
Bord supérieur court, arqué, se prolongeant jusqu'au rostre suivant
une courbure régulière, sans angle postéro-dorsal apparent. Bord inférieur allongé avec un sentiment de sinuosité peu prononcé dans sa
partie médiane, bien arqué dans la région antérieure, à peine retroussé
vers le rostre. Région antérieure bien arrondie, un peu déclive dans le
bas. Région postérieure un peu plus de deux fois plus longue que l'antérieure, allant en s'élargissant un peu jusqu'à 15 millimètres de la perpendiculaire, se terminant par un rostre camard, mais allongé, bien
plus arqué en dessus qu'en dessous. — Valves solides, un peu épaisses,

13

bien bombées dans leur ensemble, surmontées d'une crête postéro-dorsale presque nulle, bâillantes dans toute la région antérieure et au-dessus du rostre jusque sous le ligament. Stries concentriques assez grossières un peu irrégulières. Epiderme terne, rugueux surtout dans tout le pourtour, d'un marron foncé un peu fauve. Intérieur d'un bleuté nacré, irisé, carnéolé sous les sommets. — Sommets profondément excoriés, bien renflés, mais à peine saillants. Sillon dorsal très arqué, faiblement accusé. Ligament un peu court, solide, robuste. Lunule étroite et allongée.

Longueur maximum.	72 millimètres
Hauteur maximum (à 15 de la perpendiculaire). . .	40 —
Hauteur de la perpendiculaire.	38 —
Épaisseur maximum (point maximum de la convexité, à : 24 des sommets ; 16 de la perpendiculaire ; 39 du bord antérieur ; 38 du rostre ; 14 de l'angle postéro-dorsal ; 28 du pied de la perpendiculaire). . . .	27 —
Corde apico-rostrale	60 —
Distance des sommets à l'angle postéro-dorsal. . .	24 —
Distance de cet angle au rostre.	41 —
Distance du rostre à la perpendiculaire.	45 —
Distance du pied de la perpendiculaire à l'angle postéro-dorsal.	40 —
Région antérieure	23 —
Région postérieure.	51 —

Cette singulière espèce se distingue des deux précédentes par sa taille plus petite, par son galbe plus renflé, par son profil avec un rostre basal camard, par son ensemble plus étroitement allongé, etc.

ANODONTA INVENUSTA, Bourguignat (p. 72).

Coquille d'assez petite taille, d'un galbe subovoïde assez allongé, dans une direction un peu décurrente, faiblement renflée, terminée par un rostre basal un peu étroit. Bord supérieur court et très arqué, s'infléchissant d'abord assez rapidement jusqu'à l'angle postéro-dorsal, puis ensuite suivant une courbe presque continue jusqu'au rostre. Bord inférieur droit et très légèrement sinueux dans son milieu, notablement plus arqué

dans la région antérieure que dans la postérieure. Région antérieure
arrondie, un peu déclive dans le bas. Région postérieure un peu plus de
deux fois et demie plus longue que l'antérieure, allant en s'élargissant
à peine jusqu'à 10 millimètres de la perpendiculaire, se prolongeant ensuite en un rostre basal, bien plus arqué en dessus qu'en dessous. —
Valves un peu minces, régulièrement bombées, avec le maximum de
bombement presque médian, surmontées d'une crête postéro-dorsale
étroite et faiblement comprimée; bâillement des valves assez sensible
dans toute la région antérieure, encore plus accusé au-dessus du rostre.
Stries concentriques presque grossières et irrégulières. Épiderme un peu
brillant, d'un fauve jaunâtre, passant au gris dans la région antérieure,
avec des maculatures vertes dans la région rostrale. Intérieur d'un nacré
légèrement rosé, irisé. — Sommets peu renflés, à peine saillants, largement dénudés. Sillon dorsal peu marqué, presque droit. Ligament fort
et assez allongé. Lunule courte, mais large.

Longueur maximum.	66 millimètres	
Hauteur maximum (à 10 de la perpendiculaire). . .	39	—
Hauteur de la perpendiculaire.	37	—
Épaisseur maximum (point maximum de la convexité, à : 25 des sommets; 16 de la perpendiculaire ; 34 du bord antérieur ; 33 du rostre; 18 de l'angle postéro-dorsal ;24 du pied de la perpendiculaire). . . .	22	—
Corde apico-rostrale	57	—
Distance des sommets à l'angle postéro-dorsal. . .	23	—
Distance de cet angle au rostre.	39	—
Distance du rostre à la perpendiculaire.	44	—
Distance du pied de la perpendiculaire à l'angle pos-téro-dorsal.	40	—
Région antérieure	18	—
Région postérieure	49	—

Cette espèce voisine de l'*Anodonta fallax* en diffère : par sa taille un peu
plus petite ; par son galbe proportionnellement plus allongé ; par sa partie
rostrale plus allongée et moins camarde, plus étroitement profilée à son
extrémité ; par ses valves moins bombées avec le bombement plus médian ; etc.

ANODONTA UNIONIFORMIS, Locard (p. 72).

Coquille de petite taille, d'un galbe réniforme, un peu court, bien bombé, dans une direction très déclive, terminée par un rostre très obtus. Bord supérieur régulièrement arqué depuis le sommet jusqu'au rostre, avec un angle postéro-dorsal très peu sensible. Bord inférieur légèrement sinueux dans sa partie médiane, un peu plus arqué postérieurement qu'antérieurement. Région antérieure arrondie, très déclive dans le bas. Région postérieure deux fois et demie plus grande que l'antérieure, allant en augmentant très légèrement jusqu'à 9 milimètres au delà de la perpendiculaire, terminée par un rostre camard, basal, bien arrondi à son extrémité, plus arqué en dessus qu'en dessous. — Valves un peu minces, bien bombées, avec le maximum de bombement presque médian, surmontées d'une crête postéro-dorsale très peu développée ; bâillement des valves très faible dans la partie antérieure, bien plus accentué au-dessus du rostre. Stries concentriques assez fines, un peu irrégulières. Épiderme lisse et brillant, d'un marron rougeâtre vers les sommets, fauve dans la région antérieure, un peu verdâtre dans la région postérieure. Intérieur d'un nacré ardoisé et irisé. — Sommets non saillants, largement renflés comme le reste de la coquille et peu dénudés. Sillon dorsal droit, accusé surtout vers les sommets. Ligament assez court, assez robuste, d'un roux clair. Lunule assez large, mais un peu étroite.

Longueur maximum . . . . 48 millimètres
Hauteur maximum (à 9 de la perpendiculaire) . . . 31   —
Hauteur de la perpendiculaire. 28   —
Épaisseur maximum (point maximum de la convexité,
    à : 9 des sommets ; 11 de la perpendiculaire ; 24 du
    bord antérieur ; 23 du rostre ; 14 de l'angle postéro-
    dorsal ; 17 du pied de la perpendiculaire 18   —
Corde apico-rostrale. 42   —
Distance des sommets à l'angle postéro-dorsal. . . 23 1/2 —
Distance de cet angle au rostre. 25   —
Distance du rostre à la perpendiculaire. 27   —
Distance du pied de la perpendiculaire à l'angle pos-
    téro-dorsal 30   —

Région antérieure . . . . 15 millimètres
Région postérieure 35   —

Cette élégante Anodonte, comme celles de ce groupe, ont absolument
un facies d'*Unio*. On confondrait volontiers notre *Anodonta unioniformis*
avec l'*Unio Lagnisicus* Bourguignat, dont elle a presque exactement le
galbe. On ne saurait donc la rapprocher d'aucune autre des Anodontes
connues.

ANODONTA MANCULOPSIS, Locard (p. 72).

Coquille de très petite taille, d'un galbe subovoïde, allongée dans une
direction fortement décurrente, terminée par un rostre basal un peu
pointu. Bord supérieur presque régulièrement arqué depuis les sommets
jusqu'au rostre, sans angle postéro-dorsal bien accusé. Bord inférieur
presque droit dans sa partie médiane, bien plus arqué dans la région
antérieure que dans la postérieure. Région antérieure bien arrondie, déclive dans le bas. Région postérieure plus de deux fois et demie plus
longue que l'antérieure, allant en s'élargissant lentement jusqu'à 10 millimètres au delà de la perpendiculaire, terminée par un rostre presque
exactement basal, par conséquent beaucoup plus arqué en dessus qu'en
dessous. — Valves un peu épaisses, bien bombées dans leur ensemble,
surmontées d'une crête postéro-dorsale presque nulle, le maximum de
bombement sensiblement médian ; bâillement assez prononcé dans la région
antérieure, bien plus accusé au-dessus du rostre. Stries concentriques
assez fortes, irrégulières, un peu feuilletées à la périphérie. Épiderme
d'un brun roux un peu clair vers les sommets, plus sombre à la périphérie. Intérieur d'un nacré bleuté, irisé, légèrement roséolé sous les sommets. — Sommets à peine saillants, bien bombés, ornés de rides concentriques ondulées, presque régulières. Sillon dorsal à peine accusé, arqué.
Ligament un peu court, mais gros et robuste. Lunule large et courte.

Longueur maximum. . . . . 44 millimètres
Hauteur maximum (à 10 de la perpendiculaire). . . 26   —
Hauteur de la perpendiculaire 22   —
Épaisseur maximum (point maximum de la convexité,
   à : 17 des sommets ; 12 de la perpendiculaire ; 23 1/2
   du bord antérieur ; 12 de l'angle postéro-dorsal ;

22 du rostre ; 16 du pied de la perpendiculaire). .	17 millimètres
Corde apico-rostrale	38 —
Distance des sommets à l'angle postéro-dorsal . . .	19 —
Distance de cet angle au rostre	23 —
Distance du rostre à la perpendiculaire	29 1/2 —
Distance du pied de la perpendiculaire à l'angle postéro-dorsal.	27 —
Région antérieure	12 1/2 —
Région postérieure	32 —

Comme son nom l'indique, cette petite Anodonte a tout à fait la forme de notre *Unio manculus*. Comparée à l'*Anodonta unioniformis* on la distinguera : à son galbe plus étroit, plus allongé, plus régulièrement renflé-ovoïde ; à son rostre plus basal et plus étroit ; etc.

ANODONTA RIPARIOPSIS, Locard (p. 72).

Coquille de petite taille, d'un galbe subelliptique assez comprimé, dans une direction bien déclive, terminée par un rostre allongé et inférieur. Bord supérieur très arqué, s'infléchissant rapidement jusque vers un angle postéro-dorsal assez ouvert et ensuite jusqu'au rostre, suivant une courbe peu prononcée. Bord inférieur avec un soupçon de sinuosité peu accusé, un peu au delà de la perpendiculaire, beaucoup plus retroussé dans la région antérieure que dans la postérieure. Région antérieure arrondie, bien déclive dans le bas. Région postérieure près de trois fois plus longue que l'antérieure, allant en s'élargissant lentement jusqu'à 18 millimètres au delà de la perpendiculaire, terminée par un rostre inférieur à profil camard, bien plus arqué en dessus qu'en dessous. — Valves légèrement épaisses, faiblement bombées, surtout dans la région des sommets, comprimées un peu dans le voisinage du sillon basal, avec le maximum de bombement sur la ligne apico-rostrale, surmontées d'une crête postéro-dorsale allongée, étroite et un peu comprimée ; bâillement très faible dans le bas de la région antérieure, un peu plus accentué au dessus du rostre. Stries concentriques assez grosses, comme irrégulières. Épiderme un peu brillant, d'un roux grisâtre, presque uniforme, plus foncé sur la région dorsale. Extérieur d'un nacré bleuté et irisé, légèrement carnéolé sous les sommets. — Sommets un peu renflés, à peine saillants,

ornés de quelques rides ondulées à leur origine. Sillon dorsal faiblement accusé, assez arqué. Ligament allongé, saillant, noirâtre. Lunule
étroite et longue.

Longueur maximum . . . . 51 millimètres
Hauteur maximum (à 18 de la perpendiculaire). . . 35 —
Hauteur de la perpendiculaire . . . . 30 —
Epaisseur maximum (point maximum de la convexité,
   à : 21 des sommets ; 17 de la perpendiculaire ; 32 du
   bord antérieur ; 32 du rostre ; 15 de l'angle postéro-
   dorsal ; 24 du pied de la perpendiculaire). . . . 58 —
Corde apico-rostrale . . . . 53 —
Distance des sommets à l'angle postéro-dorsal . . . 32 —
Distance de cet angle au rostre . . . . 27 —
Distance du rostre à la perpendiculaire . . . . . 40 —
Distance du pied de la perpendiculaire à l'angle pos-
   téro-dorsal . . . . 37 —
Région antérieure . . . . 16 —
Région postérieure . . . . 46 —

Cette petite espèce a tout à fait le galbe et l'allure de l'*Unio riparius ;*
de là le nom de *ripariopsis* que nous lui avons donné ; on la distinguera
donc des deux espèces précédentes : à sa taille un peu plus petite ; à ses
valves bien moins renflées ; à son profil plus allongé ; à son rostre ; etc.

ANODONTA NANUSOPSIS, Locard (p. 72).

Coquille de petite taille, d'un galbe subovalaire un peu court, dans une
direction un peu déclive, assez renflée dans son ensemble et terminée par
un rostre court très inférieur. Bord supérieur bien arqué jusque vers
l'angle postéro-dorsal, s'infléchissant ensuite très rapidement et presque
en droite ligne jusqu'au rostre. Bord inférieur droit dans son milieu,
mais sur une courte partie, bien plus retroussé dans la région antérieure
que dans la postérieure. Région antérieure bien arrondie, un peu déclive
dans la partie inférieure. Région postérieure deux fois plus longue seulement que l'antérieure, allant en s'élargissant à peine jusqu'à 9 millimètres
au delà de la perpendiculaire, terminée par une partie rostrale courte,
presque exactement basale, à profil camard, beaucoup plus arquée en

dessus qu'en dessous. — Valves un peu minces, bien bombées dans tout leur ensemble, surmontées d'une crête postéro-dorsale très étroite et faiblement comprimée ; bâillement faible dans le bas de la région antérieure, bien plus accentué au-dessus du rostre. Stries concentriques assez fortes, assez régulières. Epiderme d'un fauve grisâtre un peu sombre. Intérieur d'un nacré ardoisé et irisé, passant au carnéolé sous les sommets. — Sommets bombés, mais non saillants, participant au renflement général des valves. Sillon dorsal peu marqué, mais assez arqué. Ligament très gros, très robuste, un peu court. Lunule assez large et un peu courte.

Longueur maximum	54	millimètres
Hauteur maximum (à 9 de la perpendiculaire) . . .	33	—
Hauteur de la perpendiculaire	31	—
Epaisseur maximum (point maximum de la convexité, à : 19 des sommets ; 12 de la perpendiculaire ; 30 du bord antérieur ; 26 du rostre ; 14 de l'angle postéro-dorsal ; 20 du pied de la perpendiculaire)	19	—
Corde apico-rostrale	44	—
Distance des sommets à l'angle postéro-dorsal . . .	23	—
Distance de cet angle au rostre.	28	—
Distance du rostre à la perpendiculaire	32	—
Distance du pied de la perpendiculaire à l'angle postéro-dorsal	34	—
Région antérieure	18	—
Région postérieure	37	—

Par son galbe, cette Anodonte rappelle en un peu plus grand le galbe de l'*Unio nanus*. On la distinguera donc des espèces précédentes : par son profil plus court, plus ramassé ; par son rostre plus camard et plus inférieur ; par sa région antérieure plus large et plus arrondie ; par son angle postéro-dorsal plus accusé ; par ses valves bombées en verre de montre ; etc.

ANODONTA INDETRITA, Locard (p. 73).

Coquille de taille moyenne, d'un galbe assez renflé, irrégulièrement sub-ovoïde, un peu courte, dans une direction déclive, terminée par un rostre à peine inférieur, mais obtus. Bord supérieur commençant presque au sommet, très faiblement arqué jusqu'à l'angle postéro-dorsal, pour s'infléchir en ligne droite jusqu'au rostre, sous un angle de 135 degrés environ. Bord inférieur d'abord droit, avec un sentiment de sinuosité au delà de la perpendiculaire, puis s'infléchissant jusqu'au rostre, suivant une assez brusque courbure à partir de 20 millimètres au delà de la perpendiculaire. Région antérieure étroite, bien arrondie, un peu décurrente dans le bas. Région postérieure exactement deux fois et demie plus longue que l'antérieure, allant en s'élargissant lentement jusqu'à 24 millimètres au delà de la perpendiculaire, terminée par une partie rostrée un peu inférieure, arrondie, plus arquée en dessous qu'en dessus. — Valves un peu minces, bien bombées suivant une région triangulaire qui part des sommets et dont la base correspond à la corde qui joint le rostre au pied de la ligne de plus grande hauteur ; bâillement peu accusé dans le bas de la région antérieure, bien plus prononcé au-dessus du rostre ; crête postéro-dorsale assez comprimée, haute et longue. Stries concentriques un peu fortes, assez irrégulières. Epiderme d'un roux clair, un peu fauve vers les sommets. Intérieur d'un nacré bleuté, irisé, carnéolé sous les sommets. Sommets antérieurs comme obliques, renflés, mais non saillants. Sillon dorsal droit et bien marqué. Ligament très allongé, fort, d'un roux foncé. Lunule courte et assez large.

Longueur maximum	72 millimètres	
Hauteur maximum (à 24 de la perpendiculaire). . .	49	—
Hauteur de la perpendiculaire	44	—
Epaisseur maximum (point maximum de la convexité, à : 23 des sommets ; 37 du bord antérieur; 15 1/2 de la perpendiculaire ; 42 du rostre ; 23 de l'angle postéro-dorsal ; 31 du pied de la perpendiculaire) . .	27	—
Corde apico-rostrale.	65	—
Distance des sommets à l'angle postéro-dorsal. . .	33	—
Distance de cet angle au rostre.	41	—
Distance du rostre à la perpendiculaire	52	—
Distance du pied de la perpendiculaire à l'angle postéro-dorsal.	52	—
Région antérieure	22	—
Région postérieure	56	—

Cette espèce présente quelque analogie avec l'*Anodonta Arelatensis* que l'on trouve dans les mêmes lieux ; mais elle en diffère : par sa taille plus grande ; par son galbe plus renflé ; par son rostre plus obtus, plus arrondi ; par ses stries beaucoup plus fines, son test paraissant lisse et non pas costulé ; par son profil bien moins, allongé ; etc.

ANODONTA MARIONI, Coutagne (p. 73).

« Coquille d'une forme ovalaire très obtusément subtriangulaire, terminée par un rostre arrondi et inférieur, remarquable par une convexité presque centrale excessivement prononcée, allant en s'atténuant sur la région antérieure qui est relativement comprimée, s'accentuant d'une façon exagérée sous la région postérieure entre la perpendiculaire et la ligne maximum. Bord supérieur rectiligne, puis offrant une descente faiblement ondulée de l'angle au rostre. Bord inférieur convexe, décurrent jusqu'à 34 millimètres en arrière de la perpendiculaire. Région antérieure très développée, ronde, décurrente inférieurement. Région postérieure presque aussi haute que longue, peu allongée comparativement à l'antérieure, terminée par une partie rostrale très obtuse et inférieure. — Valves non bâillantes, brillantes, peu épaisses pour la taille, d'un jaune marron clair sur la région ombonale, passant au rougeâtre sur les sommets et se fonçant vers les contours, enfin d'un marron accentué à partir de l'arête dorsale sur toute la région de la crête. Intérieur d'une nacre blanche-bleuacée. — Sommets comme écrasés, à crochets très aigus, couverts de rides ondulées. Arête dorsale limitée par deux sillons obsolètes divergeant des sommets au rostre ; descente rapide de l'arrête sur la région de la crête postéro-dorsale qui est comprimée. Ligament symphynoté. Lunule grande, triangulaire. »

Longueur maximum.	135 millimètres
Hauteur maximum (à 34 de la perpendiculaire). . .	82 —
Hauteur de la perpendiculaire.	75 —
Épaisseur maximum (point maximum de la convexité, à : 15 de la perpendiculaire ; 40 des sommets ; 67 du rostre ; 68 du bord antérieur ; 42 de l'angle postéro-dorsal ; 40 de la base de la peapendiculaire). . .	55 —
Corde apico-rostrale.	97 —
Distance des sommets à l'angle postéro-dorsal. . .	37 —
Distance de cet angle au rostre.	71 —
Distance du rostre à la perpendiculaire.	76 —
Distance du pied de la perpendiculaire à l'angle pos	

téro-dorsal. . . . .   82 millimètres
Région antérieure   52   —
Région postérieure   85   —

(Bourg.).

ANODONTA CALLOSÆFORMIS, Servain (p. 75).

Coquille de taille moyenne, d'un galbe subovalaire court, dans une direction bien décurrente, bien renflée dans son ensemble, terminée par un rostre infra-médian un peu arrondi. Bord supérieur d'abord faiblement arqué, ensuite plus infléchi jusqu'à l'angle postéro-dorsal, descendant enfin plus rapidement jusqu'au rostre. Bord inférieur bien arqué, à peine un peu plus retroussé à son extrémité antérieure qu'à l'autre. Région antérieure bien arrondie, décurrente dans le bas. Région postérieure un peu plus de deux fois plus grande que l'antérieure, allant en s'élargissant jusqu'à 15 millimètres au delà de la perpendiculaire, terminée par un rostre court, un peu arrondi à son extrémité, plus arqué en dessous qu'en dessus. — Valves assez épaisses, bien renflées dans leur ensemble, avec le maximum de bombement un peu supérieur, surmontées d'une crête postéro-dorsale bien dévèloppée et assez amincie, bâillantes dans le bas de la région antérieure et surtout au dessus du rostre jusque sous le ligament. Stries concentriques assez fines et assez régulières. Épiderme d'un jaune verdâtre, plus foncé dans la région postéro-dorsale, un peu brillant. Intérieur nacré, un peu bleuté et irisé. — Sommets renflés, mais à peine saillants, ornés de rides ondulées. Sillon dorsal un peu arqué, subbifide dans une assez longue étendue. Ligament court, mais fort et robuste. Lunule assez large et un peu courte.

Longueur maximum. . . . .   75 millimètres
Hauteur maximum (à 15 de la perpendiculaire). . .   47   —
Hauteur de la perpendiculaire.   42   —
Épaisseur maximum (point maximum de la convexité,
   à : 17 des sommets; 15 de la perpendiculaire; 33 du
   bord antérieur; 41 du rostre; 21 de l'angle postéro-
   dorsal; 30 du pied de la perpendiculaire). . . .   26   —
Corde apico-rostrale.   63   —
Distance des sommets à l'angle postéro-dorsal . . .   30   —

Distance de cet angle au rostre. . . . .   39 7/2 millim.
Distance du rostre au pied de la perpendiculaire. .   41   —
Distance du pied de la perpendiculaire à l'angle pos-
    téro-dorsal.   47   —
Région antérieure   24   —
Région postérieure   53   —

ANODONTA DEPERETIANA, Locard (p. 76).

Coquille de taille assez grande, d'un galbe largement ovalaire, mais un
peu court, bien renflée, dans une direction faiblement décurrente, terminée
par un rostre court, obtus, infra-médian. Bord supérieur très légèrement
arqué, descendant à peine depuis les sommets jusqu'à l'angle postéro-
dorsal, s'infléchissant ensuite en ligne droite jusqu'au rostre, sous un
angle d'un peu moins de 145 degrés. Région antérieure bien arrondie,
très légèrement déclive dans le bas. Région postérieure à peine un peu
plus de deux fois plus longue que l'antérieure, allant en s'élargissant très
faiblement jusqu'à 21 millimètres au delà de la perpendiculaire, terminée
par un rostre court, arrondi, un peu plus arqué en dessous qu'en dessus.
— Valves un peu minces, très bombées dans leur ensemble, surtout dans
une direction allant des sommets jusqu'au dessous du rostre, faiblement
comprimées dans le haut de la région antérieure, et le long d'une crête
postéro-dorsale un peu courte et assez étroite ; bâillement assez prononcé
dans la région inférieure et au dessus du rostre. Stries concentriques très
fines, assez régulières. Épiderme d'un roux clair un peu fauve vers les
sommets, légèrement verdâtre dans le bas, passant au brun dans la région
postéro-dorsa'e. Intérieur d'un nacré un peu bleuté, bien irisé. — Sommets très bombés quoique à peine saillants, dénudés à leur naissance et
ornés de quelques rides ondulées. Sillon dorsal bien marqué, un peu
arqué, sub-bifide à son extrémité. Ligament fort et robuste, assez allongé.
Lunule longue et étroite.

Longueur maximum. . . . .   98 millimètres
Hauteur maximum (à 21 de la perpendiculaire). . .   58   —
Hauteur de la perpendiculaire.   55   —
Épaisseur maximum (point maximum de la convexité,
    à : 34 des sommets ; 25 de la perpendiculaire ; 56 du

bord antérieur; 45 du rostre; 23 de l'angle postéro-
dorsal; 41 du pied de la perpendiculaire).   .   .   .   35 millimètres

Corde apico-rostrale   77   —
Distance des sommets à l'angle postéro-dorsal. . .   38   —
Distance de cet angle au rostre.   47   —
Distance du rostre à la perpendiculaire.   65   —
Distance du pied de la perpendiculaire à l'angle pos-
téro-dorsal.   63   —
Région antérieure   32   —
Région postérieure.   68   —

Cette espèce que nous sommes heureux de dédier à M. Depéret, professeur de géologie à la Faculté des sciences de Lyon, est voisine de
l'*Anodonta Milleti ;* elle en diffère : par son galbe plus nettement elliptique,
plus allongé, inscrit dans une direction moins déclive ; par sa région postérieure moins haute et plus rostrée ; par son sillon postéro-dorsal plus
droit et plus accusé ; etc.

ANODONTA AVENIONENSIS, Locard (p. 76).

Coquille de grande taille, d'un galbe largement ovalaire, peu allongée,
peu renflée dans son ensemble, dans une direction faiblement décurrente,
terminée par un rostre très court, très large, bien arrondi à son extrémité,
infra-médian et un peu retroussé vers le haut. Bord supérieur bien arqué
depuis la région antérieure jusqu'à l'angle postéro-dorsal, s'infléchissant
ensuite plus rapidement et en ligne droite jusqu'au rostre. Bord supérieur très largement arqué, à peu près également retroussé à ses deux
extrémités. Région antérieure, sub-anguleuse dans le haut, largement arrondie, un peu décurrente dans le bas. Région postérieure un peu plus
de deux fois plus longue que l'antérieure, allant en s'élargissant à peine
jusqu'à 14 millimètres au delà de la perpendiculaire, terminée par une
région rostrale plus arquée en dessus qu'en dessous. — Valves un peu
épaisses, peu bombées, surmontées d'une crête postéro-dorsale faiblement comprimée ; bâillement très faible dans la région antérieure, beaucoup plus accentué au dessus du rostre. Stries concentriques très fines et
presque régulières. Épiderme lisse et brillant, d'un beau marron clair, un
peu rougâtre sous les sommets, plus foncé dans la région postéro-dorsale.

Intérieur d'un bleuté nacré et irisé, un peu carnéolé sous les sommets. — Sommets peu renflés, à peine saillants, ondulés à leur naissance. Sillon dorsal peu marqué quoique assez arqué et vaguement bifide à son extrémité. Ligament allongé, fort et très robuste. Lunule un peu courte et assez large.

Longueur maximum.	114 millimètres
Hauteur maximum (à 14 de la perpendiculaire). . .	72 —
Hauteur de la perpendiculaire.	68 —
Épaisseur maximum (point maximum de la convexité, à : 43 des sommets; 68 du bord antérieur; 31 de la perpendiculaire; 52 du rostre; 27 de l'angle postéro-dorsal; 49 du pied de la perpendiculaire). .	32 —
Corde apico-rostrale.	94 —
Distance des sommets à l'angle postéro-dorsal. . .	48 —
Distance de cet angle au rostre.	56 —
Distance du rostre à la perpendiculaire.	74 —
Distance du pied de la perpendiculaire à l'angle postéro-dorsal.	75 —
Région antérieure	37 —
Région postérieure	79 —

Cette espèce est voisine de l'*Anodonta episema*. Elle s'en distingue par ses valves moins renflées, par son galbe plus ovalaire, par son bord supérieur et inférieur plus arqué, par son rostre bien plus large et plus obtus, par sa crête postéro-dorsale moins comprimée, etc.

ANODONTA PERRIERI, Locard (p. 77).

Coquille de taille moyenne, d'un galbe subarrondi, légèrement ovalaire dans une direction faiblement décurrente, peu renflée, terminée par un rostre obtus un peu infra-médian. Bord supérieur d'abord presque droit et assez allongé, s'infléchissant ensuite vers le rostre, suivant une ligne assez courte. Bord inférieur d'abord presque droit, mais très déclive, s'arrondissant ensuite jusqu'au rostre. Région antérieure haute et arrondie, un peu décurrente dans le bas. Région postérieure un peu moins de deux fois plus longue que l'antérieure, allant en s'élargissant dans le bas jusqu'à 13 millimètres au delà de la perpendiculaire, terminée par un rostre un peu retroussé, plus arqué en dessous qu'en dessus. — Valves peu renflées, assez minces, faiblement bàillantes dans la région antérieure, plus ouvertes au-dessus du rostre, surmontées d'une crête postéro-dorsale, peu comprimée et assez haute. Stries concentriques peu fines, plus saillantes et plus rapprochées à la périphérie. Intérieur d'un gris fauve, un peu verdâtre dans la région postérieure. Sommets d'un blanc nacré, ardoisé, bien irisé dans la région postérieure. — Sommets un peu bombés, ornés de quelques rides ondulées. Sillon postéro-dorsal peu accusé. Ligament fort, allongé, d'un brun foncé. Lunule courte et assez large.

Longueur maximum	86	millimètres
Hauteur maximum (à 13 de la perpendiculaire) . . .	58	—
Hauteur de la perpendiculaire	54	—
Epaisseur maximum (point maximum de la convexité, à : 30 des sommets; 50 du bord antérieur; 20 de la perpendiculaire; 38 du rostre ; 23 de l'angle postéro-dorsal; 37 du pied de la perpendiculaire) . .	25	—
Corde apico-rostrale	66	—
Distance des sommets à l'angle postéro-dorsal . . .	34	—
Distance de cet angle au rostre.	40	—
Distance du rostre à la perpendiculaire	54	—
Distance du pied de la perpendiculaire à l'angle postéro-dorsal	59	—
Région antérieure	30	—
Région postérieure	56	—

Cette espèce que nous sommes heureux de dédier à M. le professeur Perrier, du Muséum de Paris, appartient au groupe de l'*Anodonta Milleti*, et est en quelque sorte intermédiaire entre l'*Anodonta Dantessantyi* et l'*A. elachista*.

ANODONTA MERIDIONALIS, Locard (p. 77).

Coquille de taille moyenne, d'un galbe subarrondi, peu renflée, dans une direction un peu décurrente, terminée par un rostre inférieur très court et très obtus. Bord supérieur d'abord presque droit et assez al-

longé, s'infléchissant ensuite brusquement jusqu'au rostre sous un angle
de moins de 120 degrés. Bord inférieur très arqué, surtout dans la région
postérieure. Région antérieure bien arrondie, décurrente dans le bas.
Région postérieure un peu moins de deux fois plus longue que l'antérieure, allant en s'élargissant à peine jusqu'à 11 millimètres au delà de
la perpendiculaire, comme tronquée à son extrémité rostrale. — Valves
un peu minces, faiblement bombées, avec le maximum de bombement
inscrit dans une région allant des sommets au-dessous du rostre, faiblement bâillantes et seulement au-dessus du rostre ; crête postéro-dorsale
courte, mais très haute et bien comprimée. Stries concentriques assez
fortes et assez régulières. Epiderme lisse et brillant, d'un fauve rougeâtre
vers les sommets, passant ensuite au marron un peu foncé à la périphérie.
Extérieur nacré, carnéolé sous les sommets, d'un blanc bleuté sur le
reste des valves. — Sommets très peu saillants, ornés de grosses rides
concentriques, à peine dénudés. Sillon apico-rostral bien marqué, subbifide, faiblement arqué. Ligament solide, robuste, presque noir. Lunule
assez large, mais un peu courte.

Longueur maximum	79	millimètres
Hauteur maximum (à 11 de la perpendiculaire)	56	—
Hauteur de la perpendiculaire	54	—
Epaisseur maximum (point maximum de la convexité, à : 26 des sommets ; 34 du bord antérieur ; 18 de la perpendiculaire ; 45 du rostre ; 33 de l'angle postéro-dorsal ; 31 du pied de la perpendiculaire)	26	—
Corde apico-rostrale	66	—
Distance des sommets à l'angle postéro-dorsal	35	—
Distance de cet angle au rostre	43	—
Distance du rostre à la perpendiculaire	47	—
Distance du pied de la perpendiculaire à l'angle postéro-dorsal	59	—
Région antérieure	27	—
Région postérieure	53	—

Cette espèce présente quelque analogie avec l'*Anodonta elachista,* mais
elle en diffère : par sa taille beaucoup plus grande ; par son galbe moins
déprimé, plus arrondi ; par son bord supérieur plus droit et relativement
allongé ; par son sillon dorsal plus arqué ; par son bord inférieur plus
arrondi ; par son rostre encore plus court et plus obtus ; etc.

ANODONTA CIRCULUS, Bourguignat (p. 77).

Coquille de petite taille, d'un galbe subarrondi, déprimée, dans une direction à peine déclive, terminée par une région rostrale très courte et retroussée vers le haut. Bord supérieur allongé, presque rectiligne jusqu'à l'angle postéro-dorsal, s'infléchissant ensuite brusquement, suivant un angle de 125 degrés jusqu'au rostre, et suivant une ligne légèrement concave. Bord inférieur très arrondi, un peu plus arqué en arrière qu'en avant. Région antérieure un peu plus anguleuse dans le haut, ensuite bien arrondie, faiblement déclive dans le bas. Région postérieure moins de deux fois plus grande que l'antérieure, allant en augmentant très légèrement jusqu'à 11 millimètres au delà de la perpendiculaire, pour s'arquer dans le bas de manière à former un rostre très court, bien arrondi en dessous, et légèrement concave en dessus. — Valves faiblement bombées dans leur ensemble, avec le maximum de bombement presque médian, atténuées dans le haut de la région antérieure et le long d'une crête postéro-dorsale longue et haute, bâillantes dans la région antérieure et au-dessus du rostre. Stries concentriques très fines et très régulières. Épiderme lisse et brillant, d'un roux pâle dans la partie médiane, passant au gris un peu cendré à la périphérie. Intérieur d'un nacré bleuté sur les bords, bien carnéolé sous les sommets et sur une grande partie de la coquille. Sommets aplatis, à peine saillants à leur origine, un peu ridés. Sillon postéro-dorsal presque droit et bien marqué. Ligament allongé et symphynoté. Lunule assez large et un peu longue.

Longueur maximum	53	millimètres
Hauteur maximum (à 11 de la perpendiculaire) . . .	37	—
Hauteur de la perpendiculaire	35	—
Épaisseur maximum (point maximum de la convexité, à : 15 des sommets; 8 de la perpendiculaire; 26 du bord antérieur; 29 du rostre; 18 de l'angle postéro-dorsal; 23 du pied de la perpendiculaire). . . .	16	—
Corde apico-rostrale	42	—
Distance des sommets à l'angle postéro-dorsal . . .	21	—
Distance de cet angle au rostre	29	—
Distance du rostre à la perpendiculaire	32	—

Distance du pied de la perpendiqulaire à l'angle pos-
téro-dorsal . . . .   40 millimètres
Région antérieure   19   —
Région postérieure   34   —

Cette élégante espèce, voisine de l'*Anodonta elachista* Bourguignat,
déjà figuré, en diffère par son galbe un peu moins haut, par sa région
antérieure plus arrondie, par son rostre plus basal et plus accusé, par
son bord postéro-supérieur concave et non rectiligne, ce qui dégage
mieux le rostre, etc.

ANODONTA MEA, Bourguignat (p. 78).

Coquille de petite taille, d'un galbe obtusément subtrigone-arrondi,
bien renflée, terminée par une partie rostrée très obtuse, basale et arrondie. Bord supérieur un peu allongé et presque droit, s'infléchissant rapidement jusqu'au rostre, suivant une courbe un peu arquée et formant un
angle postéro-dorsal d'environ 140 degrés. Bord inférieur un peu allongé,
jusqu'à 12 millimètres de la perpendiculaire et bien déclive, puis, à partir
de ce point, largement arrondi jusqu'au rostre. Région antérieure assez
étroitement arrondie, très décurrente dans le bas. Région postérieure un
peu plus de deux fois plus longue que l'antérieure, allant en s'agrandissant jusqu'à 12 millimètres au delà de la perpendiculaire, puis ensuite
largement arrondi, mais plus arqué en dessus qu'en dessous, se terminant par un rostre très obtus et bien infra-médian. — Valves assez
minces, bien renflées, surtout dans leur milieu, un peu atténuées dans
le haut de la région antérieure et le long d'une crête postéro-dorsale
peu haute, bâillantes légèrement dans la région antérieure, beaucoup
plus ouvertes en dessus du rostre. Stries concentriques fines et régulières. Epiderme lisse et brillant, d'un fauve grisâtre clair, passant au
verdâtre sous la région postéro-dorsale. Intérieur d'un bleuté nacré,
légèrement rosé, irisé, passant à l'orangé sous les sommets. — Sommets
assez renflés, finement accuminés à la naissance et un peu saillants,
ornés de quelques rares rides ondulées. Sillon dorsal arqué et presque
confus. Ligament allongé, peu saillant, très robuste. Lunule un peu large,
mais assez courte.

Longueur maximum	58	millimètres
Hauteur maximum (à 12 de la perpendiculaire) . . .	40	—
Hauteur de la perpendiculaire	35	—
Epaisseur maximum (point maximum de la convexité, à : 22 des sommets ; 12 de la perpendiculaire ; 29 du bord antérieur ; 28 du rostre ; 19 de l'angle postéro-dorsal ; 20 1/2 du pied de la perpendiculaire), . .	20	—
Corde apico-rostrale	48	—
Distance des sommets à l'angle postéro-dorsal . . .	24	—
Distance de cet angle au rostre	32	—
Distance du rostre à la perpendiculaire	35	—
Distance du pied de la perpendiculaire à l'angle postéro-dorsal.	48	—
Région antérieure	18	—
Région postérieure.	40	—

Cette espèce est voisine de l'*Anodonta circulus*, mais elle s'en distingue : par ses valves bien plus bombées ; par sa région antérieure bien plus étroite ; par son bord inférieur plus droit et plus décurrent ; par son bord supérieur convexe et non concave au-dessus du rostre ; par son rostre plus arrondi et non retroussé ; etc.

ANODONTA PENTAGONA, Locard (p. 78).

Coquille de taille moyenne, d'un galbe subpentagone, assez renflée dans une direction déclive, terminée par un rostre inframédian extrêmement court. Bord supérieur presque droit et très allongé jusqu'à l'angle postéro-dorsal, s'infléchissant brusquement jusqu'au rostre, suivant une ligne un peu arquée. Bord antérieur très irrégulier et fortement déclive jusqu'à environ 18 millimètres au delà de la perpendiculaire, puis ensuite brusquement retroussé vers le rostre, avec un léger sinus un peu en deçà de la perpendiculaire. Région antérieure bien arrondie, bien déclive dans le bas. Région postérieure moins de deux fois plus grande que l'antérieure, allant en s'agrandissant rapidement jusqu'à 18 millimètres au delà de la perpendiculaire, terminée par une région rostrale très large et très courte. — Valves assez épaisses, avec une région plus particulièrement renflée allant des sommets au point maximum de la courbure du bord basal, et un peu comprimées en dessous de cette région saillante, bâillantes surtout au-dessus du rostre. Stries concentriques fines et assez régulières. Epiderme lisse, un peu brillant, d'un fauve verdâtre, un peu roux vers les sommets. Intérieur nacré, d'un blanc bleuté, irisé, passant au carnéolé sous les sommets. — Sommets non saillants, participant au bombement général. Sillon dorsal arqué, mais très peu accusé. Ligament allongé, fort et robuste, en partie symphynoté. Lunule étroite et courte.

Longueur maximum.	74 millimètres
Hauteur maximum (à 18 de la perpendiculaire). . .	54 —
Hauteur de la perpendiculaire.	47 —
Épaisseur maximum (point maximum de la convexité, à : 23 des sommets; 40 du bord antérieur; 14 de la perpendiculaire; 37 du rostre; 24 de l'angle postéro-dorsal; 31 du pied de la perpendiculaire. . . .	24 —
Corde apico-rostrale	59 —
Distance des sommets à l'angle postéro-dorsal. . .	34 —
Distance de cet angle au rostre.	33 —
Distance du rostre à la perpendiculaire.	45 —
Distance du pied de la perpendiculaire à l'angle postéro-dorsal	54 —
Région antérieure.	26 —
Région postérieure.	49 —

· On pourrait, à première vue, prendre cette étrange forme, si particulièrement caractérisée par son profil presque régulièrement pentagonal pour une anomalie; nous avons eu sous les yeux plus de quinze échantillons absolument semblables, et nous nous croyons, en conséquence, suffisamment autorisé à ériger cette forme au rang d'espèce.

ANODONTA ROTULA, Servain (p. 78).

Coquille de petite taille, d'un galbe subovalaire assez régulier, dans une direction faiblement déclive, terminée par une partie rostrale courte, et un peu inférieure. Bord supérieur allongé et arqué, s'infléchissant depuis les sommets jusqu'à l'angle postéro-dorsal un peu lentement, puis ensuite plus rapidement et suivant une courbure d'un faible rayon jusqu'au rostre. Bord inférieur bien arqué, à peine un peu plus retroussé dans la région antérieure que dans la postérieure. Région antérieure grande, haute et bien arrondie, faiblement déclive dans le bas. Région postérieure un peu plus d'une fois et demie plus grande que l'antérieure, allant en augmentant faiblement jusqu'à 6 millimètres seulement de la perpendiculaire, se terminant par un rostre un peu arrondi, infra-médian et plus arqué en dessus qu'en dessous. — Valves assez épaisses, bien bombées dans leur ensemble, un peu comprimées vers la crête postéro-dorsale qui est courte et peu haute, avec le maximum de bombement presque médian, bâillantes dans tout le bas de la région antérieure, et au-dessus du rostre jusqu'au ligament. Stries concentriques un peu rugueuses, feuilletées tout à fait à la périphérie. Épiderme non lisse, d'un roux foncé un peu jaunâtre, passant au vert sombre dans le voisinage de la crête. Intérieur d'un bleuté nacré et irisé. — Sommets un peu renflés, mais non saillants, fortement excoriés. Sillon dorsal presque droit et assez marqué. Ligament allongé, fort et robuste. Lunule un peu longue et assez étroite.

Longueur maximum.	56 millimètres
Hauteur maximum (à 6 de la perpendiculaire). . .	36 —
Hauteur de la perpendiculaire.	34 —
Épaisseur maximum (point maximum de la convexité, à : 8 des sommets ; 7 de la perpendiculaire ; 18 1/2 du bord antérieur ; 28 du rostre ; 17 de l'angle postéro-dorsal ; 20 du pied de la perpendiculaire). . . .	20 —
Corde apico-rostrale.	43 —
Distance des sommets à l'angle postéro-dorsal. . .	16 —
Distance de cet angle au rostre	36 —
Distance du rostre à la perpendiculaire.	32 —
Distance du pied de la perpendiculaire à l'angle postéro-dorsal	36 —
Région antérieure	21 1/2 —
Région postérieure.	36 —

ANODONTA LABELLIFORMIS, Locard (p. 79).

Coquille de taille moyenne, d'un galbe subovalaire, bien renflée, un peu courte, dans une direction à peine déclive, terminée par une région rostrale très courte et très obtuse. Bord supérieur allongé, à peine arqué jusqu'à l'angle postéro-dorsal, s'infléchissant en ligne droite et brusquement jusqu'au rostre. Bord inférieur bien arqué, mais irrégulièrement profilé, avec le maximum de courbure à 20 millimètres au delà de la perpendiculaire, et se relevant assez brusquement à partir de ce point jusqu'au rostre. Région antérieure arrondie, un peu déclive dans le bas. Région postérieure moins de deux fois plus longue que l'antérieure, allant en s'agrandissant lentement jusqu'à 17 millimètres au delà de la perpendiculaire, terminée par un rostre infra-médian, obtus, plus arqué en dessus qu'en dessous. — Valves un peu minces, très bombées dans leur ensemble, et plus particulièrement suivant un triangle ayant les sommets pour origine et pour base la région qui va du point maximum de la courbure inférieure au rostre, comprimées dans le haut de la région antérieure et le long de la crête postéro-dorsale qui est haute, mais peu longue ; bâillement des valves très prononcé dans la région antérieure, bien plus faible au-dessus du rostre. Stries concentriques fines et assez régulières. Épiderme un peu terne, d'un marron très sombre, un peu roussâtre vers les sommets. Intérieur d'un nacré bleuté, légèrement carnéolé sous les sommets. — Sommets bombés à peine saillants, comme comprimés latéralement. Sillon dorsal bien marqué, un peu flexueux. Ligament noirâtre, allongé et robuste. Lunule très courte, mais assez large.

Longueur maximum. . . . .   95 millimètres
Hauteur maximum (à 17 de la perpendiculaire). . .   58   —
Hauteur de la perpendiculaire.   54   —
Épaisseur maximum (point maximum de la convexité,
     à : 22 des sommets ; 45 du bord antérieur ; 10 de la
     perpendiculaire ; 51 du rostre ; 30 de l'angle postéro-
     dorsal ; 37 du pied de la perpendiculaire). . . .   32   —
Corde apico-rostrale   70   —
Distance des sommets à l'angle postéro-dorsal. . .   38   —
Distance de cet angle au rostre.   41   —
Distance du rostre à la perpendiculaire.   58   —
Distance du pied de la perpendiculaire à l'angle postéro-
     dorsal   62   —
Région antérieure   35   —
Région postérieure.   61   —

Cette espèce du groupe de l'*Anodonta rotula* se rapproche davantage de l'*Anodonta Letourneuxi* que nous ne connaissons pas en France; elle rappelle, en beaucoup plus grand, le galbe de l'*A. rotula*.

ANODONTA MARISTORUM, Bourguignat (p. 79).

Coquille de taille moyenne, d'un galbe ovalaire, assez renflée et très courte, dans une direction bien décurrente, terminée par un rostre basal arrondi et retroussé vers le haut. Bord supérieur bien allongé et d'abord presque rectiligne, descendant très lentement jusqu'à l'angle postéro-dorsal ensuite s'infléchissant brusquement jusqu'au rostre, suivant une ligne un peu concave, et formant un angle d'environ 125 degrés. Bord inférieur bien arqué surtout dans la partie postérieure où il est particulièrement arrondi. Région antérieure très haute et assez large, bien décurrente dans le bas. Région postérieure un peu plus de deux fois plus longue que l'antérieure, allant en augmentant jusqu'à 19 millimètres de la perpendiculaire, puis terminée par un rostre très court, bien arrondi en dessous et à son extrémité. — Valves minces, très bombées surtout dans la région apico-rostrale, surmontées d'une crête postéro-dorsale haute, longue et bien atténuée, bâillantes dans le bas et au-dessus du rostre jusqu'au dessous du ligament. Stries fines, mais un peu irrégulières, concentriques. Épiderme assez brillant, d'un gris clair dans la partie supérieure, puis d'un vert d'eau dans tout le bas, passant au vert olive sur la partie postéro-dorsale avec quelques petits rayons de même teinte que le reste de la coquille. Sillon dorsal bien marqué. Intérieur d'un beau nacré bleuté, bien irisé sous les sommets. — Sommets comme comprimés, très obliques, non saillants, ornés de rides un peu ondulées. Ligament un peu court, assez fort, mais peu saillant. Lunule allongée et large.

Longueur maximum.	80	millimètres
Hauteur maximum (à 19 de la perpendiculaire). . .	54	—
Hauteur de la perpendiculaire.	48	—
Épaisseur maximum (point maximum de la convexité, à : 25 des sommets; 19 de la perpendiculaire; 40 du bord antérieur; 42 du rostre; 25 de l'angle apico-rostral; 30 du pied de la perpendiculaire) . . .	26	—
Corde apico-rostrale	65	—
Distance des sommets à l'angle postéro-dorsal. . .	32	—

Distance de cet angle au rostre. . . . . 42 millimètres

Distance du rostre à la perpendiculaire. . . . . 50 —

Distance du pied de la perpendiculaire à l'angle postéro-

dorsal . . . . 54 —

Région antérieure . . . . 21 —

Région postérieure. . . . . 55 —

ANODONTA ROTHOMAGENSIS, Locard (p. 79).

Coquille d'assez grande taille, d'un galbe renflé dans son ensemble et subovalaire un peu court, dans une direction faiblement déclive, terminée par un rostre infra-médian large et obtus. Bord supérieur presque droit et peu allongé, s'infléchissant en ligne droite jusqu'au rostre à partir de l'angle postéro-dorsal sous un angle de 130 degrés. Bord inférieur déclive-arqué, un peu plus retroussé dans la région postérieure que dans l'antérieure. Région antérieure bien arrondie, un peu décurrente dans le bas. Région postérieure un peu moins de deux fois plus grande que l'antérieure, terminée par une partie rostrée arrondie, à peine plus arquée en dessous qu'en dessus et infra-médiane. — Valves assez épaisses, bien bombées dans leur ensemble, surtout suivant une région arquée allant des sommets au dessous du rostre, avec le maximum de bombement un peu infra-postérieur, très légèrement bâillantes dans le bas, plus ouvertes au dessous du rostre et surmontées d'une crête postéro-dorsale comprimée, assez haute, mais un peu courte. Stries concentriques fines, régulières. Épiderme d'un vert pâle, jaunâtre, passant au roux vers les sommets et au vert foncé dans la région postéro-supérieure. Intérieur d'un nacré bleuté-ardoisé, irisé, légèrement carnéolé sous les sommets. — Sommets non saillants, mais bien bombés dans leur ensemble, ornés de quelques rides ondulées. Sillon postéro-dorsal assez accusé et passablement arqué. Ligament fort, très allongé, d'un roux jaunâtre. Lunule assez étroite, peu longue.

Longueur maximum. . . . . 95 millimètres

Hauteur maximum (à 18 de la perpendiculaire). . . 60 —

Hauteur de la perpendiculaire . . . . 56 —

Épaisseur maximum (point maximum de la convexité,

à : 44 des sommets; 25 de la perpendiculaire; 53 du

. bord antérieur ; 36 du rostre ; 35 de l'angle postéro-
  dorsal ; 32 du pied de la perpendiculaire). . . . . 31 millimètres
Corde apico-rostrale. . . . . 75 —
Distance des sommets à l'angle postéro-dorsal. . . 31 —
Distance de cet angle au rostre. . . . . 52 —
Distance du rostre à la perpendiculaire. . . . . 60 —
Distance du pied de la perpendiculaire à l'angle pos-
  téro-dorsal. . . . . 62 —
Région antérieure. . . . . 33 —
Région postérieure. . . . . 64 —

Cette espèce est voisine de l'*Anodonta Maristorum* ; elle s'en distingue :
par sa taille plus forte ; par son galbe notablement plus allongé et inscrit
dans une direction moins déclive ; par son bord inférieur moins arqué ;
par son rostre plus allongé, moins obtus, moins retroussé ; etc.

ANODONTA GABATIFORMIS, Locard (p. 79).

Coquille de taille moyenne, bien bombée dans son ensemble, d'un galbe
subarrondi, un peu elliptique, dans une direction faiblement déclive,
terminée par un rostre inférieur très obtus et arrondi. Bord supérieur droit
jusqu'à l'angle postéro-dorsal, s'infléchissant suivant une ligne presque
droite jusqu'au rostre et formant un angle de 130 degrés. Bord inférieur
bien arrondi, un peu plus arqué antérieurement que postérieurement.
Région antérieure largement arrondie, déclive dans le bas. Région postérieure deux fois plus longue que l'antérieure, allant en s'élargissant faiblement jusqu'à 21 millimètres au delà de la perpendiculaire avec une
partie rostrée courte, plus arquée en dessous qu'en dessus. — Valves un
peu minces, très renflées, surmontées d'une crête postéro-dorsale comprimée, haute et peu longue, faiblement bâillantes dans la région antérieure, beaucoup plus ouvertes au dessus du rostre. Stries concentriques
d'abord fines et régulières, devenant plus fortes sur le dernier tiers de la
hauteur totale. Épiderme brillant, d'un roux clair, un peu jaunâtre, devenant plus foncé sur la région postéro-dorsale. Intérieur d'un nacré légèrement bleuté, passant au rosé sous les sommets. — Sommets obliques
et très bombés, à peine saillants. Sillon dorsal droit, très fortement

accusé. Ligament un peu allongé, fort, d'un brun foncé. Lunule longue
et large.

Longueur maximum.	91 millimètres
Hauteur maximum (à 21 de la perpendiculaire). . .	56 —
Hauteur de la perpendiculaire.	52 —
Épaisseur maximum (point maximum de la convexité, à : 23 des sommets; 46 du bord antérieur; 14 de la perpendiculaire; 49 du rostre; 27 de l'angle postéro-dorsal; 35 du pied de la perpendiculaire).	32 —
Corde apico-rostrale.	71 —
Distance des sommets à l'angle postéro-dorsal. . .	36 —
Distance de cet angle au rostre..	47 —
Distance du rostre à la perpendiculaire.	56 —
Distance du pied de la perpendiculaire à l'angle postéro-dorsal.	61 —
Région antérieure..	31 —
Région postérieure.	61 —

C'est avec un point de doute que nous inscrivons cette curieuse espèce
dans le groupe de l'*Anodonta tricassina,* car aucune coquille de ce
groupe ne présente un pareil bombement dans les valves, ou un sillon
postéro-dorsal aussi vigoureusement dessiné. Cependant comme profil
notre *Anodonta gabatiformis* présente quelque analogie avec l'*Anodonta
Rothomagensis;* c'est cette dernière considération qui nous a conduit à
rapprocher ces deux formes dans notre classification.

ANODONTA NICOLLONI, Locard (p. 81).

Coquille de taille assez petite, d'un galbe peu renflé, largement ovalaire, dans une direction déclive, terminée par un rostre à peine infra-
médian, court, obtus et arrondi. Bord supérieur allongé et légèrement
arqué, s'infléchissant ensuite sur le rostre suivant une ligne un peu courte
et sous un angle d'environ 140 degrés. Bord inférieur un peu arrondi,
plus arqué postérieurement qu'antérieurement. Région antérieure arrondie
et bien déclive dans le bas. Région postérieure deux fois et demie plus
grande que l'antérieure, allant en s'élargissant jusqu'à 18 millimètres au

delà de la perpendiculaire, terminée par une partie rostrée obtuse et
arrondie à son extrémité. —. Valves minces, peu bombées, avec le
maximum de bombement presque médian, surmontées d'une crête postéro-
dorsale un peu comprimée, courte, mais assez haute; bâillement bien
prononcé au-dessus du rostre. Stries concentriques très fines, accusées
seulement à la périphérie. Épiderme presque lisse, brillant, d'un roux clair
un peu jaunâtre, avec deux ou trois rayons verts apico-rostraux. Intérieur
d'un blanc nacré bleuté, irisé, légèrement rosé vers les sommets. — Sommets très peu renflés, non saillants, ornés de quelques rides ondulées peu
accusées à la naissance. Sillon apico-rostral peu marqué, subsinueux.
Ligament allongé, peu saillant, d'un roux fauve. Lunule large et un peu
courte.

Longueur maximum.	74	millimètres
Hauteur maximum (à 18 de la perpendiculaire).	48	—
Hauteur de la perpendiculaire	41	—
Épaisseur maximum (point maximum de la convexité, à : 31 des sommets; 21 de la perpendiculaire; 40 du bord antérieur; 32 du rostre; 24 de l'angle pos-téro-dorsal; 28 du pied de la perpendiculaire).	22	—
Corde apico-rostrale.	61	—
Distance des sommets à l'angle postéro-dorsal.	34	—
Distance de cet angle au rostre.	36	—
Distance du rostre à la perpendiculaire.	51	—
Distance du pied de la perpendiculaire à l'angle pos-téro-dorsal.	51	—
Région antérieure.	21	—
Région postérieure.	54	—

Cette espèce, voisine de l'*Anodonta maculata* de Sheppard, s'en distingue: par sa taille plus grande; son galbe plus allongé; sa région
antérieure plus étroite; ses valves moins bombées; son rostre plus large
et plus arrondi; son profil moins déclive; etc.

ANODONTA NITEFACTA, Locard (p. 81).

Coquille de taille assez petite, d'un galbe subovalaire un peu court
dans une direction déclive, terminée par un rostre un peu aigu, basal et

retroussé vers le haut. Bord supérieur allongé et presque droit jusqu'à l'angle postéro-dorsal, s'infléchissant ensuite jusqu'au rostre suivant une ligne légèrement ondulée, et sous un angle de 120 degrés. Bord inférieur bien arqué, plus recourbé dans la région postérieure que dans l'antérieure. Région antérieure bien arrondie, un peu déclive dans le bas. Région postérieure, moins de deux fois et demie plus grande que l'antérieure, allant en s'élargissant jusqu'à 20 millimètres au delà de la perpendiculaire, terminée par une partie rostrale un peu aiguë. — Valves minces un peu bombées, avec le maximum de bombement reporté vers le haut, surmontées d'une crête postéro-dorsale haute et assez comprimée, bâillantes surtout au-dessus du rostre. Stries concentriques assez fortes dans le bas. Épiderme brillant, d'un fauve roux vers les sommets, passant au verdâtre et au jaunâtre sous le reste de la coquille. Intérieur d'un nacré bleuté, irisé, carnéolé tout à fait sous les sommets. — Sommets un peu renflés, à peine saillants, obliques. Sillon dorsal droit et bien marqué. Ligament allongé, peu épais, d'un fauve roux. Lunule un peu large et assez longue.

Longueur maximum.	73	millimètres
Hauteur maximum (à 19 de la perpendiculaire). . .	48	—
Hauteur de la perpendiculaire	42	—
Épaisseur maximum (point maximum de la convexité, à : 17 des sommets ; 10 1/2 de la perpendiculaire ; 32 1/2 du bord antérieur ; 44 du rostre ; 22 de l'angle postéro-dorsal ; 31 de la base de la perpendiculaire).	23	—
Corde apico-rostrale	60	—
Distance des sommets à l'angle postéro-dorsal. . .	30	—
Distance de cet angle au rostre.	40	—
Distance du rostre à la perpendiculaire.	42	—
Distance du pied de la perpendiculaire à l'angle postéro-dorsal.	51	—
Région antérieure	22	—
Région postérieure.	51	—

Cette espèce est voisine de notre *Anodonta Nicolloni*. Elle s'en distingue : par son galbe plus bombé ; par son profil plus allongé ; par son rostre bien plus étroit ; par son bord inférieur moins arrondi ; par son angle postéro-dorsal moins ouvert ; etc,

ANODONTA ALSATICA, Locard (p. 84).

Coquille peu renflée dans son ensemble, d'assez grande taille, d'un galbe subarrondi, terminée par une région rostrale bien développée. Bord supérieur d'abord presque droit et assez allongé jusqu'à l'angle postéro-dorsal, puis arqué-concave jusqu'au rostre et bien infléchi. Bord inférieur bien arqué, irrégulièrement arrondi, très déclive dans la partie antérieure, puis droit sur une faible longueur, ensuite un peu plus retroussé dans la région antérieure que vers le rostre. Région antérieure haute, mais étroite, déclive dans le bas. Région postérieure un peu moins de trois fois plus longue que l'antérieure, allant en s'élargissant jusqu'à 23 millimètres de la perpendiculaire, terminée par un rostre un peu inférieur, large, regardant vers le haut. — Valves un peu minces, peu renflées avec le maximum de bombement presque central, très faiblement bâillantes dans le bas de la région antérieure, un peu plus ouvertes au-dessus du rostre, surmontées d'une crête postéro-dorsale haute et bien comprimée. Stries concentriques assez accusées, surtout dans le voisinage de la périphérie, un peu irrégulières. Epiderme assez brillant, d'un roux clair vers les sommets, passant au gris roux un peu jaunâtre dans la région antérieure et au vert clair dans la région postérieure. Intérieur nacré, carnéolé sous les sommets, d'un blanc rosé dans la région antérieure, et d'un blanc bleuté vers le rostre. — Sommets dénudés, non saillants. Sillon dorsal arqué et bien accusé. Ligament allongé, fort, noirâtre. Lunule étroite et longue.

Longueur maximum.	103	millimètres
Hauteur maximum (à 23 de la perpendiculaire). . .	60	—
Hauteur de la perpendiculaire.	55	—
Epaisseur maximum (point maximum de la convexité, à : 36 des sommets ; 22 de la perpendiculaire ; 48 du bord antérieur ; 55 du rostre ; 32 de l'angle postéro-dorsal ; 37 du pied de la perpendiculaire). . . .	29	—
Corde apico-rostrale.	85	—
Distance des sommets à l'angle postéro-dorsal. . . .	44	—
Distance de cet angle au rostre.	51	—
Distance du rostre à la perpendiculaire.	74	—

Distance de la base de la perpendiculaire à l'angle
postéro-dorsal. . . . .   67 millimètres
Région antérieure.   27   —
Région postérieure.   77   —

Cette belle espèce dont nous devons la connaissance à M. de Loriol de Genève est voisine du véritable *Anodonta piscinalis* de Nilson, tel qu'il est représenté par Rossmässler (1836. *Iconogr.*, pl. XIX, fig. 281. *tantum)* mais elle en diffère: par son galbe plus déprimé ; par sa forme moins haute ; par sa direction plus déclive ; par son rostre moins étroit et moins allongé ; par ses stries moins saillantes; etc.

ANODONTA ORIVALENSIS, Locard (p. 85).

Coquille de taille moyenne, d'un galbe un peu renflé, subovalaire, assez allongée, dans une direction à peine décurrente, terminée par un rostre court, obtus et inframédian. Bord supérieur très allongé, à peine arqué, s'infléchissant ensuite brusquement jusqu'au rostre suivant une ligne courte et flexueuse. Bord inférieur largement arrondi, à peine un peu plus retroussé dans la région antérieure que dans la postérieure. Région antérieure haute et large, bien arrondie, faiblement anguleuse dans le haut, légèrement déclive dans le bas. Région postérieure moins de deux fois plus longue que l'antérieure, allant en s'élargissant à peine jusqu'à 10 millimètres au delà de la perpendiculaire, terminée par un rostre un peu retroussé vers le haut. — Valves un peu minces, assez bombées, avec le maximum de bombement sensiblement médian, bâillantes dans le bas et surtout au-dessus du rostre, surmontées d'une crête postéro-dorsale bien comprimée, courte mais haute. Stries concentriques fines, peu accusées. Epiderme lisse et brillant, d'un fauve un peu clair, devenant beaucoup plus foncé dans la région postéro-dorsale, avec deux ou trois rayons sombres dans cette même région. Intérieur d'un nacré un peu blanc, irisé, légèrement carnéolé tout à fait sous les sommets. — Sommets très peu saillants, ornés d'assez nombreuses rides ondulées. Sillon postéro-dorsal assez accusé, un peu flexueux. Ligament long, un peu fort, d'un brun foncé. Lunule courte, mais assez large.

Longueur maximum. . . . .   75 millimètres
Hauteur maximum (à 10 de la perpendiculaire). . .   48   —

Hauteur de la perpendiculaire. . . . .   46 millimètres
Épaisseur maximum (point maximum de la convexité,
  à : 24 des sommets ; 9 de la perpendiculaire ; 36 du
  bord antérieur ; 38 du rostre ; 30 de l'angle postéro-
  dorsal ; 26 du pied de la perpendiculaire). . . .   23   —
Corde apico-rostrale.   57   —
Distance des sommets à l'angle postéro-dorsal. . .   34   —
Distance de cet angle au rostre.   32   —
Distance du rostre à la perpendiculaire.   45   —
Distance du pied de la perpendiculaire à l'angle pos-
  téro-dorsal.   52   —
Région antérieure.   28   —
Région postérieure.   48   —

Cette espèce voisine de l'*Anodonta Arnouldi* s'en distingue : à sa taille
un peu plus grande ; à son galbe un peu moins renflé et surtout moins
arrondi ; à son bord supérieur plus allongé ; à son bord inférieur moins
arqué ; à sa région postérieure plus développée en longueur et plus
rostrée ; etc.

<hr>

CONCLUSIONS

Lorsque l'on examine la plupart des catalogues consacrés à la fois aux
Mollusques terrestres et à ceux des eaux douces, on est frappé de ce fait,
c'est qu'en général le plus souvent les auteurs ne signalent qu'un très
petit nombre de Nayades, alors qu'ils constatent dans le même pays l'existence d'une grande quantité d'espèces terrestres. Est-ce à dire qu'en
réalité la faune terrestre de nos pays, est réellement plus riche et plus
variée que la faune aquatique? non certes, et nous allons voir qu'au
contraire, la nature des milieux dans lesquels vivent ces êtres les inci-
tent plus encore que les autres à se modifier, sous l'influence de la
multiplicité des conditions biologiques dans lesquelles ils sont appelés à
vivre.

Mais en outre, il faut bien l'avouer, la recherche des Nayades présente ordinairement des difficultés d'un ordre tout particulier qui n'existe plus lorsqu'il s'agit des Mollusques terrestres et des autres coquillages des eaux douces. De là, cette infériorité manifeste dans le nombre des échantillons d'Anodontes ou d'Unios, que nous voyons dans les collections et qui partant figurent dans les catalogues. Nous en avons maintes fois fait l'expérience.

S'agit-il, en effet, de Limmées, de Physes, de Planorbes, de Sphæries ou de Pisidies, comme la plupart du temps, on peut les recueillir dans de tout petits ruisseaux, dans d'étroites mares, ou sur les bords facilement accessibles de marais peu profonds, le chercheur n'a, en quelque sorte, qu'à se baisser, pour rapporter au logis d'amples moissons de ces petits coquillages dont le nombre rivalisera avec celui des Hélices, des Clausilies, des Pupas ou des Succinées. Mais pour récolter les grandes coquilles des Unios ou des Anodontes, c'est bien autre chose! Pour se les procurer en nombre, le naturaliste devra s'équiper tout différemment; à part quelques rares échantillons enfouis dans la vase, mais qu'il peut attirer à lui sur les bords des ruiseeaux, des rivières ou des lacs, il lui faudra organiser de véritables pêches en bateau, aller au large, draguer souvent à d'assez grandes profondeurs, s'il veut étudier sérieusement la faune de ces grands Lamellibranches.

Or ce n'est pas toujours chose ni bien simple, ni bien pratique. On n'a pas aussi facilement à sa disposition une barque avec ses engins de dragage, qu'une simple filoche de chasse. Pêcher en grandes eaux est souvent une opération délicate, parfois pénible et même dispendieuse. Et pourtant combien de nos belles Nayades, fuyant les bords des rivages, s'enfoncent dans le sable fin ou la vase de nos cours d'eau, pour s'enfouir à des profondeurs dépassant plusieurs mètres. C'est là, à notre avis, une des principales raisons, pour lesquelles nos catalogues sont en général si pauvres en fait d'indications relatives à cette partie de la faune.

Si, dans le travail que nous présentons aujourd'hui, le nombre des formes que nous avons pu y consigner est aussi considérable, c'est uniquement parce que nous nous sommes efforcé, autant que nous l'avons pu, d'étendre le champ de nos investigations, bien plus qu'on a ordinairement coutume de le faire. Malgré cela, comme nous le disions en commençant, combien de contrées nous sont encore inconnues !

Mais, outre cette première considération, uniquement basée sur le mode utilisé pour se procurer des matériaux d'étude, il en est une autre, plus importante encore qui milite en faveur du grand nombre de formes auquel nous avons été conduit par nos études. De tous les Mollusques terrestres, des eaux marines ou des eaux douces, ce sont surtout ces derniers qui sont le plus particulièrement sollicités à se modifier par l'extrême variabilité de la nature des milieux dans lesquels ils sont appelés à vivre. Cette importante donnée, sur laquelle on ne saurait trop insister mérite d'être relevée. Malheureusement, nous ne pouvons la traiter ici avec tout le développement et tous les détails qu'un pareil sujet comporte, nous nous bornerons simplement à en esquisser les principaux traits.

Nature des cours d'eau. — Rien n'est plus varié que l'allure des différents cours d'eaux dans lesquels peuvent vivre les Nayades; et pourtant on peut dire, d'une manière générale, qu'on trouve des Unios et des Anodontes aussi bien dans les fleuves, les rivières, les torrents, les ruisseaux, que dans les eaux plus calmes des lacs, des étangs, des marais ou des simples mares. Il suffit que ces eaux ne soient point trop froides, leurs fonds pas trop mobiles ni trop grossiers, pour que des Margaritanes, des Unios, des Pseudanodontes ou des Anodontes puissent y vivre et s'y reproduire. Mais il va sans dire que toutes les espèces ne s'y comporteront point de la même façon. C'est dans nos grands fleuves que vivent les *Unio sinatus* et les plus beaux *Unio rhomboideus;* les Margaritanes ne redoutent pas l'eau vive et fraîche des torrents; tandis que les Anodontes et les petites Unios au test mince recherchent les milieux plus calmes, moins profonds et plus vaseux. Jamais dans des eaux trop rapides, nous ne rencontrerons de grandes Anodontes; jamais aussi, dans des eaux trop tranquilles ne se développeront certaines Unios. On peut dresser à part la faunule des grands fleuves, comme celle des rivières, des lacs ou des étangs; et si parfois ces faunes ont un certain nombre de points communs, bien souvent aussi, elles ont leurs formes caractéristiques.

N'en est-il point de même de la faune ichtyologique? et pourtant les poissons peuvent se déplacer avec une facilité et une rapidité qui manquent totalement à ces pauvres Mollusques. Si le poisson émigre, lorsque le milieu ne lui convient plus, le coquillage, pour ainsi dire fixé à son rivage, est condamné à une mort certaine, à moins qu'il ne finisse par s'adapter aux conditions nouvelles qui lui sont faites.

Mais souvent aussi, le Mollusque, quoique se déplaçant très lentement et très difficilement par lui-même, est entraîné rapidement et au loin par les grosses eaux. De cette émigration naturelle, mais forcée, il résulte une action directe sur la propagation des formes malacologiques. C'est ainsi que se produisent, en quelque sorte journellement, ces déplacements des Mollusques qui, partant d'un centre d'apparition, vont en se propageant rapidement le long des différents cours d'eau qui se succèdent ou s'entrecroissent. Parfois, si la forme est robuste elle reste toujours à peu près la même ; c'est le cas du *Dreissensia polymorpha* ou de l'*Unio rhomboideus ;* mais si elle est plus délicate, si ses formes sont plus souples et plus dociles aux influences des milieux, il s'en suivra des modifications plus ou moins complexes, qui donneront naissance à presque autant de formes que de milieux différents.

Il est bien certain en effet, que toutes nos Nayades n'ont pas été créées en même temps ; elles remontent toutes à un certain nombre de formes ancestrales, plus simple, beaucoup moins nombreuses, qui ont nécessairement dû se modifier à mesure qu'elles passaient de leur milieu primitif dans un milieu nouveau. Ainsi s'expliquent ces différences dans la faune d'un même cours d'eau suivant les points où on l'observe. Les Unios et les Anodontes qui vivent dans le haut Rhône au nord de Lyon ne sont plus du tout les mêmes que celles que nous rencontrerons plus au sud, vers Avignon ou Arles ; et pourtant un examen attentif de ces deux faunes démontre qu'il existe un certain nombre de chaînons communs qui, reliant et servant de trait d'union à ces différentes espèces, montrent qu'elles procèdent évidemment d'une origine commune.

La nature des cours d'eau peut exercer une action mécanique sur les Mollusques. En général, les formes allongées semblent se trouver plus fréquemment dans les cours d'eau rapides ; dans ces mêmes milieux, les formes sont aussi souvent plus déprimées, moins renflées ; enfin, le test est ordinairement plus solide, plus épais, plus résistant, à la condition toutes fois, que ces eaux soient suffisamment chargées de matières calcaires. Nous avons, dans un autre travail, cité[1] un exemple frappant de ces modifications survenues dans une faune, donné par le changement de la nature des eaux ; nous pourrions facilement multiplier de tels exemples.

Nature des fonds. — La nature des fonds paraît avoir une très grande influence sur les Mollusques. Déjà on a observé, pour les Mollusques marins, que chaque nature de fond a sa forme propre. Il en sera absolument de même pour nos Acéphales d'eau douce. Jamais on ne rencontre une Margaritane dans des eaux vaseuses, et réciproquement les grandes Anodontes ne sauraient vivre dans les fonds sablonneux des

---

(1) A. Locard, 1881. *Études sur les variations malacologiques*, II, p. 458.

ruisseaux aux eaux vives. En général, ce sont les fonds à éléments vaseux qui ont la faune la plus riche et la plus variée ; et celà se comprend aisément ; car c'est dans de tels fonds que le Mollusque trouvera toujours une abondante nourriture qui semble faire défaut dans les fonds sablonneux sur lesquels courent des eaux plus pures et plus limpides.

En outre, comme lorsqu'il s'agit de Mollusques terrestres, les fonds d'origine calcaire ont une faune plus riche et plus variée que les fonds gneissiques, granitiques ou porphyriques. Ces derniers fonds donnent naissance à des sables plus ou moins grossiers, aux éléments anguleux qui peuvent blesser l'animal, et dont le frottement contre la coquille finit par l'altérer. Les fonds calcaires sont toujours plus doux et partant conviennent mieux à nos Mollusques.

De la nature des fonds, plus encore peut-être que de la composition chimique des eaux, dépend la manière d'être de l'épiderme et du test. Dans les fonds vaseux, ou tout au moins à éléments extrêmement ténus, la plupart des Nayades ont le test lisse, brillant, régulier ; parfois, à la vérité, il s'encroûte ; mais lorsqu'on le débarrasse de cet élément adventif, le test reprend sa belle apparence normale. Au contraire, avec les sables et les graviers, le test se corrode, se dénude, la surface de la coquille devient inégale, souvent raboteuse ; l'intérieur est moins riche en matière nacrée, et souvent donne naissance à des perles, c'est-à-dire à des anomalies de la substance testacée. En somme, avec un peu d'expérience et de pratique il sera toujours facile de reconnaître, à l'allure extérieure de la coquille, dans quelle nature de fond elle a passé son existence.

Profondeur des eaux. — Plusieurs naturalistes ont déjà fait ressortir l'influence de la profondeur de l'eau sur les Mollusques ; les belles recherches de MM. Forel [1] et S. Clessin [2] sur la faune profonde des eaux de la Suisse montrent quelles influences peuvent résulter de ces conditions si particulières ; nous n'y reviendrons donc point, d'autant plus qu'il s'agit là de milieux en quelque sorte exceptionnels, où l'on va rarement recueillir des Mollusques. Mais nous dirons qu'il est d'une observation constante que la taille des Acéphales se modifie en raison de la profondeur à laquelle ils habitent. D'autre part, si le niveau vient à changer sensiblement,

---

(1) Forel, 1874-1876. *Matériaux pour servir à l'étude de la faune profonde du lac Léman. In Bull. Soc. vaudoise des sciences naturelles.*

(2) S. Clessin, 1876. *Les Pisidium de la faune profonde des lacs suisses. In Bull. Soc. vaudoise,* XIV.

comme cela arrive parfois dans certains marais ou étangs dont la hauteur
de l'eau diminue suivant les saisons, et surtout aussi suivant la quantité
des apports des ruisselets voisins, les Mollusques exposés à de tels chan-
gements se développent toujours moins bien que ceux qui restent soumis
à une égale et constante charge d'eau.

Ne voit-on pas en effet les Anodontes et les Unios, malgré la difficulté
qu'ils éprouvent à se déplacer, tracer leur étroit sillon dans la vase pour
tâcher de compenser par leur plus grand éloignement du bord la dimi-
nution du volume de l'eau qui le recouvrait, lorsqu'arrrive l'époque des
sécheresses. Les Mollusques marins de la Méditerrannée, ou ceux de
l'Océan qui vivent au dessous de l'influence des marées, présentent par
contre une beaucoup plus grande fixité dans leur habitat, puisque celui-ci,
en temps que hauteur d'eau, ne se modifie pas sensiblement.

Il est bien évident qu'avec une variation dans la hauteur de l'eau, surtout si cette hauteur n'est pas très considérable, il en résultera une éléva-
tion ou un abaissement plus grand dans la température du fond. Or, ce
que le Mollusque recherche avant tout, c'est la plus grande régularité, la
plus parfaite constance dans son *modus vivendi*; et pourtant, on le com-
prendra sans peine, un tel régime, est éminemment variable dans les
conditions les plus ordinaires, les plus normales de la plupart de nos
cours d'eau.

Composition chimique des eaux. — Est-il un milieu de nature chimique
plus variable que celui dans lequel vivent nos grandes Nayades ? Depuis
l'eau fraîche et pure qui sourd à travers les fentes des roches primor-
diales, ou qui descendent des glaciers, jusqu'aux mares croupissantes
surabondamment enrichies de principes de toutes sortes, quelle succes-
sion de gammes variées n'a-t-on pas à parcourir.

En général ces eaux trop pures ne font nullement l'affaire du Mollusque.
Il donne la préférence aux eaux plus chargées en calcaires et plus riches
en principes organiques. Un peu de substance minérale ne l'effraye point,
mais dans de tels milieux son individu aura nécessairement à subir des
modifications appropriées à leur nature. Il restera petit et trapu, si ces
eaux sont trop pauvres en principes nutritifs et minéralisateurs ; il
deviendra gros et grand, si au contraire il peut rencontrer dans ces eaux
à la fois les éléments calcaires nécessaires pour le développement de son
enveloppe testacée et les substances organiques indispensables à sa propre
subsistance.

Une influence indéniable de la composition chimique du milieu se manifeste souvent dans le facies externe du Mollusque. Souvent, quoique se rapportant à des formes absolument différentes, les coquilles d'une station présentent extérieurement une même apparence qui peut induire en erreur un naturaliste inexpérimenté. Ainsi par exemple, aux environs d'Avignon, dans le Rhône, on trouve un certain nombre d'Anodontes au contours très caractérisés et très différents, tels que les *Anodonta Milleti, Avenionensis, Dantessantei, subrhombea* et *elachista*; rien qu'à leur galbe, toutes ces formes sont très facilement distinctes, et pourtant elles ont toutes, par la coloration de leur épiderme, un même air de famille qui leur est commun. Les Unios du plateau Central ont souvent une même coloration noirâtre, avec les sommets fortement excoriés que nous ne retrouverons jamais chez les espèces plus pâles et plus lisses de l'Est ou du Nord.

Dans la mer, la composition chimique des eaux présente bien également de très sensibles variations ; mais l'ensemble des éléments constituant de tels milieux offre une beaucoup plus grande fixité que lorsqu'il s'agit des eaux douces. De là, cette fixité relative, que nous observons chez les animaux marins, à opposer à l'excessive variabilité que nous venons de constater chez les Mollusques du monde des eaux douces.

Nous aurions pu multiplier encore bien davantage nos exemples ; mais nous croyons en avoir très suffisamment dit pour motiver ce polymorphisme si frappant dans la faune que nous venons d'étudier. Il a sa raison d'être, sa logique justification, dans le polymorphisme même des milieux. Si donc nous rencontrons autant de diversité dans la manière d'être de ces milieux, ne soyons plus surpris si elle trouve un juste écho dans le monde animal qui les habite.

TABLE ALPHABÉTIQUE

Anodon Avonensis, Brown. . . . 72
— cellensis, Brown. 23
— ponderosa, Brown. 74
— stagnalis, Brown. 20
— subrhombea, Brown. . . . 76
ANODONTA, Cuvier. 18
Anodonta abbreviata, Brgt. . . 75
— *acallia*, Ray. 69
— *acyrta*, Brgt. 24
Anodonta Adami, Brgt. 40
Anodonta Æchmopsis, Brgt. . . 58
— *æquorea*, Brgt. 60,174
Anodonta æschmopsis, West. . . 58
— Alacer, Brgt. 86
Anodonta Alethinia, Brgt. . 86,153
Anodonta Alleniana, Cast. . . . 46
— Aloisi, Brgt. 75
— Alpestris, Charp. 61
Anodonta Alsatica, Loc. . . 84,225
— *Alsterica*, Serv. 83
Anodonta ambiella, Hagen. . . . 41
Anodonta amnica, Dr. 71
Anodonta anatina, Brot. 71,75
— anatina, Dr. 62
— anatina, Dup. 63
— anatina, Hec. 57
Anondonta anatina, Lin. . . . 60
Anodonta anatina, Stab. 80

Anodonta anatinella, Brgt. . . 80
— *Anceyi*, Brgt. 31
— *Annesiaca*, Loc. . . . 28,110
Anodonta antinorina, Brgt. . . . 39
— antipiscinalis, Brgt. . . . 44
Anodonta Antorida, Brgt. . . . 39
— *Antriciaca*, Loc. . . . 55,165
Anodonta Apollonica, Brgt. . . . 21
— aquatica, Serv. 50
— arasiana, West 17
Anodonta arealis, Küst. 62
— *Arelatensis*, Jacq. 73
— *Aresta*, Loc. 41,137
— *Arnouldi*, Brgt. 85
Anodonta Aristidis, Brgt. . . . 84
— arrosa, Castr. 46
— Arturi, Brgt. 82
Anodonta arundinum, Serv. . . 49
— *Arvernica*, Brgt. 44
— *Ataxiaca*, Baich. 73
— *Auboirica*, Brgt. . . . 58,172
— *Avenionensis*, Loc. . . 76,209
— *Avonica*, Cout. 72
Anodonta Balatonica, Serv. . . . 50
Anodonta Barboræoa, Serv. . . 48
Anodonta Barbozana, Castr. . . 47
Anodonta Beccariana, Brgt. . . 78
Anodonta Benacensis, Villa. . . 65

Anodonta Berlani, Brgt. . . . 14
Anodonta Bisuntinensis, Loc. 66,185
— *Blaca*, Brgt. 53,159
— *Blanci*, Brgt.. 55
Anodonta Bocageana, Cout. . . . 46
— Boettgeri, Brgt.. 44
— Boffiliana, Brgt.. 46
Anodonta Bourguignati, Mab. . 70
— *Brebissoni*, Loc. . . . 42,139
Anodonta Briandiana, Serv.. . . 75
— Broti, Brgt. 54
— Brusinæ, Loc. 86
Anononta Burgundina, Loc. . 63,180
Anodonta Bythiæca, Serv. . . . 44
Anodonta Cadomensis, Loc. . 38,129
— *calara*, Serv.. 37
— *Caletengis*, Loc. . . . 50,154
Anodonta callosa, Held. 75
Anodonta callosæformis, Serv. 75,207
Anodonta Campshystera, Brgt. . . 84
Anodonta campyla, Brgt. . . . 44
— *Camuriana*, Pech.. . . . 65
Anodonta Capelloiana, Castr. . .
Anodonta cariosa, Küst. . . . 28
— *cariosula*, Ancey. . . . 30,114
— *carisiana*, Mab. 38
Anodonta Carotæ, Brgt. 75
Anodonta Carvalhoi, Castr. . . 46
— *Carvalhopsis*, Loc. . . 46,142
Anodonta Caspia, Brgt. 79
— Castroi, Brgt. 41
Anodonta Castropsis, Fagot. . . 42
— *catocyrta*, Cout. . . . 21,106
— *catula*, Cout.. 34,123
Anodonta cellensis, Brot. . . 28,37
— cellensis, Drouët. . . . 26,34
— cellensis, Mörch.. 54
— cellensis, Rossmäss. . . . 22
Anodonta Charpyi, Dup. . . . 23
— *chresimella*, Brgt.. . . 55,164
— *circulus*, Brgt. 77,213
Anodonta Clessini, Brgt. 65
— coarctata, Dup. 65
— coarctata, Kob. 69
— coarctata, Pot. Mich. . . . 74
Anodonta codiella, Brgt. . . . 66
Anodonta codopsis, Serv.. . . . 66
Anodonta cœnosella, Brgt. . . 47,148
— *Colloba*, Brgt. 67
Anodonta complanata, Drouët. . . 11

Anodonta complanata, Moq. . 15,16
— complanata, Nord.. 13
— complanata, Rosm.. . . . 11
— complacita, Serv. 55
Anodonta Condatina, Let. . . 30
Anodonta contadina, Loc. . . . 30
— convexa, Drouët. 18
Anodonta cordata, Brgt. . . . 22
— *coupha*, Serv. 25
— *Coutagnei*, Brgt. 44
Anodonta Coutagni, Brgt. . . . 44
— Culoxiana, Nic. 56
Anodonta curta, Serv. 45
Anodonta cygnæa, Brgt. 2ö
— cygnæa, Brot. 20
Anodonta cygnæa, Linné. . . . 26
Anodonta cygnæa, Mörch. . . . 20
— cygnæa, Rossm.. . . 18,19,22
— cypholena, Serv. 45
Anodonta cyrtoptychia, Brgt.. . 40
Anodonta cystoptychia, West. . . 40
— Danica, Mörch.. 61
Anodonta Dantessantyi, Brgt. . 77
Anodonta de Bettana, West. . . 49
Anodonta dehonesta, Serv.. . 33,119
Anodonta Deita, Serv.. 70
Anodonta delicatula, Serv.. . 33,122
— *Delpretei*, Brgt. 31
— *Deperetiana*, Loc. . . 76,208
Anodonta depressa, Schm. . . . 55
Anodonta Desmoulinsiana, Dup. 27
Anodonta Desori, Cout. 54
— diminuta, Brgt. 56
Anodonta Dinellina, Mab. . 43,140
— *Divinita*, Brgt. . . . 47,147
— *Doei*, Brgt. 36
— *Doeopsis*, Loc. 36,128
Anodonta Doriana, Issel 40
— dorsuosa, Drouët. 17
— Dubreili, Serv. 50
Anodonta Dupuyi, R. Dr. . . . 43
Anodonta Duregica, Serv. . . . 70
Anodonta elachista, Brgt. . . . 77
— *ellipsopsis*, Brgt. 33
— *elodea*, Pech. 59
Anodonta elongata, Borch.. . . . 12
— elongata, Brot. 37
— elongata, Joba.. 16
— elongata, Hol. 16
— embia, Brgt. 42

Anodonta episema, Brgt. . . . 76	Anodonta Herciniana, Serv. 49
Anodonta eporediana, Ines. . . . 51	— Hermanni, Brgt. 66
Anodonta Ervica, Brgt. 69	— Humberti, Brgt. 55
Anodonta eucaca, Serv. 72	— hydatina, Serv. 50
Anodonta eucypha, Brgt. . . . 19	— hypæschra, Serv. 72
Anodonta eudora, Brgt. 56	*Anodonta icana*, Brgt. . . . 38,132
Anodonta Eunotaia, Brgt. . . . 74	Anodonta Idrina, Cles. 56
— *eupelina*, Serv. 33	— Idrina, Kob. 48
Anodonta eusomata, Serv. . . . 78	— Idrina, Spin. 61
Anodonta Euthymeana, Loc. . . 30	— Idrinella Brgt. 62
— *exocha*, Brgt. 84	*Anodonta Idronopsis*, Loc. . 61,177
— *exulcerata*, Villa. . . . 70	— *illota*, Brgt. 70
— *Fagoti*, Brgt. 27	— *illuviosa*, Brgt. 71
— *fallax*, Colb. 71	Anodonta illysæca, Brgt. . . . 84
— *fastigata*, B. P. . . . 67,193	— immundata, Serv. 72
— *Financei*, Loc. 47,146	*Anodonta impura*, Serv. . . . 61
— *Florenciana*, Loc. . . . 49	— *inæquabilis*, Brgt. . . . 69,195
Anodonta fæda, Serv. 72	— *incrassata*, Shep. 47
Anodonta fædata, Serv. . . 67,190	— *indetrita*, Loc. 73,204
Anodonta formosa, Drouët. . . 76	— *Indusina*, Brgt. . . . 59,173
Anodonta Forschammeri, B. . . 21	Anodonta inflata, Le Count. . . . 22
— *fragillima*, Cles. 25	*Anodonta inornata*, Küst. . . . 52
Anodonta fragillissima, Cles. . . 25	— *intermedia*, Loc. 50
Anodonta Francfurti, Serv. . . 83	— *invenusta*, Brgt. . . . 72,198
— *Friedlanderiana*, Serv. . 51	— *invicta*, Loc. 63,179
— *gabatiformis*, Loc. . . 79,221	— *Isiodurensis*, Loc. . . 36,127
— *Gabilloti*, Loc. 23,107	Anodonta Jobæ, Dupuy. 16
— *Gallica*, Brgt. 23	*Anodonta Jourdheuili*, Ray. . . 56
— *gastroda*, Brgt. 39	— *Journei*, Ray. 82
— *Georgei*, Brgt. 57	Anodonda Journeopsis, Schr. . . 83
— *Germanica*, Serv. 50	*Anodonta Juriana*, Loc. . . 62,178
Anodonta Gestroi, Brgt. 54	Anodonta Kleciacki, Drouët. . . 70
— gibba, Held. 40	— Klettii, Rommas. 15
Anodonta gibbosula, Brgt. . . 69,197	— Kobeltiana, Adami. . . . 55
— *glabra*, Villa. 61	— Konkanica, Brgt. 69
— *glabrella*, Brgt. 62,176	*Anodonta Krapinensis*, Let. . . 60
— *glischra*, Brgt. 57,169	— *labelliformis*, Loc. . . 79,217
— *glossodes*, Loc. 29,112	— *Lacannica*, Brgt. . . . 46,141
— *Glyca*, Brgt. 35	— *lacuum*, Brgt. 37
— *Glycella*, Brgt. 35	Anodonta Lederi, Brgt. 44
— *Gougetana*, Oger. . . . 44	— Letourneuxiana, Brgt. . . 78
Anodonta Grateloupiana, West. . 12	— Leukoranea, Brgt. . . . 20
— Gratelupeana, Gass. . . 11,12	— Leukoranensis, Drouët . . 20
— gravida, Drouët. . . . 20,21	— Ligerica, West 12
Anodonta Gueretini, Serv. . . 43	— limpida, Brgt. 56
Anodonta Hagenmulleri, Brgt. . . 41	— littoralis, Drouët. 41
— Hazayana, Serv. 50	*Anodonta lirata*, Brgt. 24
Anodonta Hecartiana, Loc. . . 19	— *Livronica*, Fag. 30
Anodonta Helvetica, Brgt. . . . 56	— *Locardi*, Brgt. 20
Anodonta Henriquezi, Cast. . . 24	Anodonta Locardi, West. . . . 17

Anodonta Loppionica, Brgt. . . 48
— *Loroisi*, Brgt. 58
— *Lortetiana*, Loc. 70
Anodonta Lucasi, Desh. 41
— Lusitanica, Morl. 70
— Lusoiana, Cast. 46
Anodonta Lutetiana, Cout. . . 54
— *luxata*, Held. 52
— *Mabillei*, Brgt. 42
Anodonta Mabilli, Brgt. 42
— Machadoiana, Cast. . . . 46
— macilenta, Morel. 41
Anodonta macrostena, Serv. . . 45
— *maculata*, Schep. 80
Anodonta Maganica, Serv. 41
Anodonta manculopsis, Loc. 72,201
Anodonta manica, Serv. 44
Anodonta mansueta, Brgt. . 35,126
— *Mantuacina*, Brgt. . . 32,118
— *Marbozensis*, Loc. . . 38,133
— *Marcida*, Pech. . . . 58,170
— *Marconi*, Brgt. . . . 55,167
— *Marioni*, Cout. . . . 73,206
Anodonta Maristorum, Brgt. 79,219
Anodonta Maritzana, Brgt. . . . 45
Anodonta Marsolinæ, Brgt. . 32,117
Anodonta Martorelli, Brgt. . . . 41
— maxima, Dr 18
Anodonta mea, Brgt. . . 78,214
Anodonta media, Brgt. 82
— Melinia, Brgt. 41
— Melitopolitana, Mil. . . . 84
— Mengoiana, Cast. 47
— meretrix, Brgt. 48
Anodonta Meridionalis, Loc. 77,211
— *Merularum*, Brgt. . . 66,187
Anodonta microptera, Ros. . . . 86
— Middendorffi, Siem. . . . 14
Anodonta Milleti, R. Dr. . . . 75
Anodonta minima, Joba. 16
Anodonta minima, Millet. . . . 82
— *Miranella*, Brgt. 86
Anodonta misara, Serv. 56
Anodonta mitis, Brgt. . . . 66,188
— *mitula*, Brgt. 54,163
Anodonta moctera, Serv. . . . 78
— Mondegana, Cast. 42
Anodonta Montapasi, Brgt. . 69,196
Anodonta Monterosatoi, Brgt. . . 49
Anodonta Morchiana, Cless. . . 64

Anodonta Morini, Serv. 47
— Moulinsiana, Dup. 27
— mutabilis, Cles. 25,64
Anodonta Nansoutyana, Brgt. . 28
— *nanusopsis*, Loc. . . . 72,203
— *nefaria*, Serv. 39
— *Nevirnesis*, Pech. 19
— *Nicolloni*, Loc. . . . 81,222
Anodonta Nilsoni, Küst. 53
Anodonta nitefacta, Loc . . 81,223
— *Noeli*, Brgt, Loc. . . . 29,111
Anodonta Normandi, Dup. . . . 15
Anodonta Nycterina, Brgt. . . 62
Anodonta oblonga, Auct. . . . 29,111
Anodonta oblonga, Millet. . . . 57
— *obnixa*, Loc. 53,161
Anodonta ocnera, Serv. 47
— ocnerella, Serv. 47
Anodonta Ogerieni, Brgt. . . . 58
Anodonta opalina, Küst. 84
— oviformis, Cless. 71
Anodonta ovula, Serv. 67
— *ovularis*, Brgt. 67,191
— *palustris*, d'Orb. 61
— *Pamboni*, Pac. 40,134
— *pammegala*, Brgt. . . . 18
— *parvula*, Dr. 64
Anodonta pathyscica, Brgt. . . . 83
— Pechaudiana, Brgt. . . . 42
Anodonta peleca, Serv. 84
— *pelecina*, Loc. 33,121
— *Penchinati*, Brgt. . . . 42
— *pentagona*, Loc. . . . 78,215
— *perardua*, Loc. . . . 41,136
Anodonta perlora, Serv. 67
Anodonta Perrieri, Loc. . . 77,210
— *Perroudi*, Loc. 29
— *Philypna*, Serv. . . . 57,170
— *philhydra*, Pech. 43
— *Picardi*, Brgt. 83
Anodonta Pictetiana, Br. 37
— Pictetiana, Mort. 54
— Pilariana, Brgt. 61
— piscinalis, Bötg. 20
— piscinalis, Dr. 76
— piscinalis, Nils. 84
— piscinalis, Rössm. 77
— piscinalis, Stab. 80
— Platenica, Serv. 50
Anodonta poedica, Pillot. . . . 65

Anodonta ponderiformis, Loc. 41,137
Anodonta ponderosa, Pfeif. . . 42,137
— Poppeana, Serv. 86
Anodonta popularis, Brgt. . . 46,144
— Potiezi, Brgt. 74
Anodonta potinia, Sch. 83
— psammita, Brgt. 72
Anodonta pygmæa, Brgt. . . 66,189
— Pyrenaica, Loc. . . . 55,166
Anodonta quadrungulata, Serv. 31
— Racketti, Brgt. 74
Anodonta radiata, Mörch. . . 43,53
Anodonta Ramburi, Mol. . . . 83
— Rayi, Brgt. 59
Anodonta Rayi, West. . . . , 12
— Raymondoi, Brgt 82
— Rayopsis, Serv. 61
— regularis, Morel. 40
Anodonta Reneana, Pech. . . . 19
Anodonta Renoufi, Serv. 75
— resima, Brgt. 84
— Ressmanni, Brgt. 56
Anodonta Rhodani, Brgt. . . . 32
Anodonta rhomboidea, Schl. . . 16
— rhynchonella, Brgt. . . . 86
Anodonta rhynchota, Serv. . . 56
Anodonta Ribeiroiana, Castr. . . 42
Anodonta Richardi, Brgt. . . 51
— ripariopsis, Loc. . . . 72,202
— Riqueti, Brgt. 38,131
Anodonta Roblinica, Adami. . . 55
— Rosari, Castr. 46
Anodonta Rosmässleriana, Dup. 51
Anodonta rostrata, Drouët. . . 56
— rostrata, Dup. 27
— rostrata, Kob. 55
Anodonta Rothomagensis, Loc. 79,220
— rotula, Serv. 78,216
Anodonta Rumanica, Let. . . . 83
— ruvida, Brgt. 70
— ruvidella, Serv. 70
— Rynchota, Serv. 48
Anodonta Saint-Simoniana, Fag. 28
— Scaldiana, Dup. 57
Anodonta Scaldiana, Kob. . . . 63
Anodonta scaphidella, Let. . . 84
Anodonta Schroederi, Brit. . . . 44
Anodonta Sebinensis, Ad. . . . 56
Anodonta Sedakovii, Siem. . . . 14
Anodonta sedentaria, Mab. . . 79

Anodonta segnis, Brgt. . . . 52,157
— Sequanica, Brgt. 74
Anodonta Serbica, Let. 58
Anodonta Servaini, Brgt. . . . 37
Anodonta Servaini, West. . . . 15
Anodonta sigela, Brgt. . . . 51,155
— siliqua, Küst. 34
— siliquiformis, Loc. . . 34,124
— Solmanica, Loc. . . . 30,113
— Sourbieui, Brgt. . . . 64,184
— spathuliformis, Loc. . . 59
Anodonta specialis, Bast. . . . 78
Anodonta Spengleri, Brgt. . . 36
— Spiridionis, Let. 85
— spondea, Brgt. 48,149
— stagnalis, Serv. . . . - 20
— stataria, Ray. 21
— sterra, Serv. 48,150
— Sturmi, Brgi. 54
— subarealis, Fag. 63
— subinornata, Brgt. . . 53,158
— subluxata, Rast. 68
— submacilenta, Serv. . . . 41
— subponderosa, Dup. . . . 41
— subquadrangulata, Loc. 31,116
— subrhombea, Brown. . . 76
— Suranica, Brgt. 68
Anodonta Tamegana, Cast. . . . 46
— Taurica, Brgt. 20
— Telmæca, Serv. 41
— tenella, Held. 61
Anodonta Thanorella, Brgt. . 63,182
— Thibauti, Serv. 48,152
Anodonta Thiese, Brgt. 20
Anodonta thripedesta, Loc. . . 32
Anodonta Tibiscana, Brgt. . . . 83
— Tigurica, Serv. 70
— Tihanica, Serv. 50
— Tissoti, Serv. 50
— Trasimenica, Kob. . . . 49
— trepedesta, West. 32
Anodon. trianguliformis, Brgt. 64,183
— tricassina, Pill. 81
Anodonta tricassinæformis, Sch. . 82
Anodonta Trinurcina, Loc. . 26,109
— tritonum, Cout. 34
Anodonta truncata, Par. . . . 75
Anodonta ultronea, Brgt. . . 53,160
— unioniformis, Loc. . . 72,200
— Vaschaldei, Pac. . . . 20,105

Anodonta Vegesakensis, Brgt. . . 86
Anodonta Vendeana, Serv. . 46,145
Anodonta ventricosa, Böt. . . . 44
Anodonta ventricosa, Pfeif. . . 22
Anodonta vietula, Brgt. 37
— viriata, Serv. . . . , . 41
— Visurgitana, Brgt. 56
— Wenceslai, Cast. 46
Anodonta Westerlundi, Fag. . 68
Musculus maximus, Schr. . . . 18
Mya arenaria, Schr. 26
Mytilus anatinus, Da Cost. . . . 61
— anatinus, Lin. 60
— anatinus, Mat.. 71
— anatinus, Schr. 50
— anatinus, Shep. 23
— anatinus, Sturm. 54
— Avonensis, Mtg. 72
— cygnæus, Lin. 26
— cygnæus, Mat. 74
— cygnæus, Schr. 84
— incrassatus, Shep. 47
— macula, Shep. 80
— stagnalis, Sow. 20
PSEUDANODONTA. 11
Pseudanodonta anticomplanata, B. 11
Pseudanodonta aploa, Brgt. . 16,100
— *Ararisiana,* Cout. . . . 17
— *Arnouldi,* Pac. . . . 13,91
Pseudanodonta Berlani, Brgt. . . 14
Pseudanodonta Brebissoni, Loc. 18,104
— *Cazioti,* Brgt. 17,101
Pseudanodonta complanata, Z. . . 11
— Danubialis, Brgt. 11
Pseudanodonta dorsuosa, Dr. . 17

Pseudanodonta ellipsiformis, B. . 13
Pseudanodonta elongata, Held. . 16
— *Euthymei,* Pac. . . . 16,99
— *globosa,* Brgt. 12
— *Grateloupiana,* Brgt. . 11,12
Pseudanodonta Gratelupeana, Brgt. 12
Pseudanodonta imperialis, Serv. 13,92
— *Isarana,* Brgt. 13,93
Pseudanodonta Kletti, Brgt. . . 16
Pseudanodonta Klettii, Rossm. 15
— *lacustris,* Serv. 13,95
— *Ligerica,* Serv. 14
Pseudanodonta Letourneuxi, B. . 11
Pseudanodonta Locardi, Cout. . 17
— *Mongazonæ,* Brgt. . . 13,94
Pseudanodonta mecyna, Brgt. . 11
Pseudanodonta Nantelica, Brgt. 12,87
— *Normandi,* Dup. 15
Pseudanodonta Normandi, Brgt. . 15
— Nordenskioldi, Brgt. . . . 13
Pseudanodonta Pacomei, Brgt. 17,102
Pseudanodonta Pancici, Let. . . 11
Pseudanodonta Pechaudi, Brgt. 12,88
Pseudanodonta Penchinati, Brgt. . 11
— præclara, Brgt. 11
Pseudanodonta Rayi, Mab. . . 14
— *rivalis,* Brgt. 14,96
— *Rothomagensis,* Loc. . 12,90
Pseudanodonta Rossmässleri, Brgt. 11
— scrupea, Brgt. 13,15
Pseudanodonta Servaini, Brgt. 15
— *septentrionalis,* Loc. . 15,97
Pseudanodonta Tanousi, Let. . . 11
Pseudanodonta Trivurtina, B. 18,103